Einführung in die
theoretische Gasdynamik

Einführung in die theoretische Gasdynamik

Von

Dr. Robert Sauer

o. Professor für Mathematik und analytische Mechanik
an der Technischen Hochschule München

Dritte verbesserte Auflage

Mit 120 Abbildungen

Springer-Verlag

Berlin/Göttingen/Heidelberg

1960

ISBN-13: 978-3-642-92791-1   e-ISBN-13: 978-3-642-92790-4
DOI: 10.1007/978-3-642-92790-4

Vorwort zur dritten Auflage

Auch die dritte Auflage wendet sich wieder in erster Linie an den Ingenieur oder Physiker und erstrebt eine möglichst anschauliche Darstellung des Stoffes. In Anbetracht der großen Bedeutung, welche die programmgesteuerten elektronischen Rechenanlagen inzwischen auch im Bereich der Gasdynamik erlangt haben, sind in der neuen Auflage die numerischen Methoden gegenüber den graphischen stark in den Vordergrund gerückt worden. Die graphischen Methoden dienen nur noch der anschaulichen Erläuterung.

Der Stoff ist teilweise anders angeordnet als früher. Neu hinzugekommen ist ein Absatz über asymptotische Entwicklungen für überschlanke Körper (§ 10) und ein Absatz über transsonische und hypersonische Strömungen (§ 23).

Wiederum habe ich vielen Fachkollegen, vor allem Herrn YOSHINOBU MORIKAWA sowie Herrn Privatdozent Dr. D. SUSCHONK für Verbesserungsvorschläge zu danken. Ganz besonderer Dank gebührt Herrn C. v. CONTA, der mit minutiöser Sorgfalt und unermüdlichem Fleiß das Manuskript überarbeitet und die Korrekturen gelesen hat, sowie Herrn H. HUBER für die große Mühe bei der Anfertigung der Figuren. Nicht zuletzt sei auch dem Verlag für die rasche Erledigung der Herausgabe der neuen Auflage und die traditionell vorzügliche Ausstattung des Buches herzlich gedankt.

München, im Mai 1960

Robert Sauer

Vorwort zur ersten Auflage

Das vorliegende Buch über Gasdynamik geht auf eine Vortragsreihe zurück, die der Verfasser im Sommer 1940 in Göttingen auf Veranlassung von CARL WIESELSBERGER für das Aachener Aerodynamische Institut gehalten hat. Dem Gedächtnis dieses leider so früh verstorbenen Kollegen möge es gewidmet sein.

Zweck des Buches ist es, eine zusammenfassende Darstellung zu geben für die in zahlreichen Zeitschriftenaufsätzen verstreuten neueren theoretischen Untersuchungen über die Gasströmung bei hohen Geschwindigkeiten; der Einfluß der Kompressibilität wird hierbei wesentlich, und es kommen andere Gesetze als in der gewöhnlichen Aerodynamik und Hydrodynamik ins Spiel. Die aktuelle Bedeutung dieses verhältnismäßig jungen Zweiges der Strömungslehre für Luftfahrt und Ballistik liegt auf der Hand. In erster Linie wendet sich das Buch an die im praktischen Forschungsbetrieb stehenden Ingenieure und technischen Physiker sowie an Studierende der Aerodynamik, um ihnen eine zeitraubende und oft mühsame Durcharbeitung des Originalschrifttums zu ersparen oder zu erleichtern. Dieser Zielsetzung entsprechend wurde soweit als möglich eine anschauliche, dem ingenieurmäßigen Denken angepaßte Darstellung erstrebt.

Wie der Titel „Theoretische Gasdynamik" ausdrückt, erstreckt sich der Inhalt lediglich auf die theoretisch-mathematische Behandlung der Probleme. Die experimentellen und meßtechnischen Fragen bleiben außer Betracht. Weitere Beschränkungen liegen in der Voraussetzung der stationären Strömung und in der Vernachlässigung der Reibung und Wärmeleitung. Dagegen werden wir uns nicht auf die ebene Strömung beschränken, sondern auch die achsensymmetrische Strömung als den praktisch wichtigsten Sonderfall der räumlichen Strömung ausführlich erörtern.

Für freundliche Mithilfe bei den Korrekturen danke ich den Herren Prof. Dr. J. LENSE, Dozent Dr. habil. A. NAUMANN und Prof. Dr. H. PETERS sowie Frau Dr. E. LENSE. Bei der Durchsicht des Manuskripts sowie bei der Herstellung der Zeichnungen und der Durchführung von Zahlenrechnungen haben mir meine Assistenten Dr.-Ing. H. PÖSCH, Dipl.-Ing. C. HEINZ und Dipl.-Ing. K. W. BRÜCKNER wertvolle Dienste geleistet. Besonderer Dank gebührt dem Springer-Verlag, der von Anfang an meinen Plan verständnisvoll gefördert und trotz der kriegsbedingten Schwierigkeiten das Buch in verhältnismäßig kurzer Zeit und in der üblichen vorzüglichen Ausstattung herausgebracht hat.

Aachen, im November 1942

R. Sauer

Inhaltsverzeichnis

Inhaltsverzeichnis IX

Einleitung

Wenn die Strömungsgeschwindigkeit eines Gases klein ist im Vergleich zur Schallgeschwindigkeit, kann man das Gas als inkompressibel betrachten. Die Aerodynamik fällt bei dieser Idealisierung, welche die mathematische Behandlung wesentlich vereinfacht, mit der Hydrodynamik der Flüssigkeiten zusammen. Wir werden sehen, daß der durch Vernachlässigung der Kompressibilität des Gases in der Kontinuitätsgleichung hervorgerufene Fehler kleiner als 1% bleibt, wenn die Strömungsgeschwindigkeit etwa $^1/_7$ der Schallgeschwindigkeit des Gases nicht übersteigt. Bei größeren Geschwindigkeiten, d. h. bei Zunahme des Verhältnisses der Strömungsgeschwindigkeit zur Schallgeschwindigkeit, wird der Einfluß der Kompressibilität auf den Stromlinienverlauf immer stärker und nach Überschreitung der Schallgeschwindigkeit treten völlig neue Erscheinungen auf. Störungen breiten sich dann nicht mehr in das ganze Strömungsfeld aus, sondern nur in ein sich stromabwärts erstreckendes Teilgebiet, und zu den stetigen Geschwindigkeits-, Dichte-, Druckänderungen usw. kommen gewisse unstetige Zustandsänderungen, die sogenannten „Verdichtungsstöße" hinzu. Der mathematische Grund für dieses wesentlich verschiedene Verhalten der „Unterschall"- und „Überschallströmungen" liegt darin, daß die Differentialgleichungen im Unterschallgebiet ebenso wie bei den inkompressiblen Medien vom elliptischen, im Überschallgebiet dagegen vom hyperbolischen Typus sind.

Im vorliegenden Buch werden für die Aerodynamik der „kompressiblen Strömungen", die man kurz als „Gasdynamik" zu bezeichnen pflegt, die grundlegenden theoretischen Zusammenhänge behandelt und die für die Praxis wichtigsten mathematischen Theorien und numerischen Berechnungsmethoden entwickelt. Zur Vereinfachung werden hierbei einige einschränkende Voraussetzungen getroffen, insbesondere:

a) Vernachlässigung der Reibung und Wärmeleitfähigkeit des strömenden Gases,

b) Vernachlässigung der Schwerkraft und sonstiger äußerer Kräfte. Außerdem beschränken wir uns, abgesehen vom einleitenden Paragraphen, durchwegs auf stationäre Vorgänge.

In erster Linie werden wir ebene und achsensymmetrische räumliche Strömungen behandeln, daneben aber auch allgemeinere räumliche Strömungen, wie sie insbesondere bei schief angeblasenen Drehkörpern und bei Tragflügeln endlicher Spannweite vorkommen. Wegen der Voraussetzung a) sind die Grenzschichtprobleme nicht Gegenstand dieses Buches.

Grundbegriffe

Ausgehend von den Erhaltungssätzen der Masse, des Impulses und der Energie werden die strömungsdynamischen und thermodynamischen Grundbegriffe erläutert. Die Grundgleichungen werden zunächst für die nichtstationäre dreidimensionale Strömung hergeleitet und dann auf den stationären Fall angewandt. Als wichtige und einfachste Spezialfälle werden die ebenen und die achsensymmetrischen stationären Strömungen ausführlicher besprochen.

§ 1. Grundgleichungen

1.1 Erhaltungssätze der Masse und des Impulses. Die Grundgleichungen für die Strömung eines Gases sind die Erhaltungssätze der Masse, des Impulses und der Energie. Wir beschäftigen uns zuerst mit den beiden ersten dieser Erhaltungssätze.

Die Strömungsgeschwindigkeit $\mathfrak{w}$, die Dichte ϱ und der Druck p sowie die übrigen später noch einzuführenden Zustandsgrößen des Gases sind Funktionen des Ortes (x, y, z = rechtwinklige cartesische Koordinaten) und der Zeit t. Die Komponenten des Vektors $\mathfrak{w}$ bezeichnen wir mit w_1, w_2, w_3, seinen Betrag $|\mathfrak{w}|$ mit w (Fig. 1).

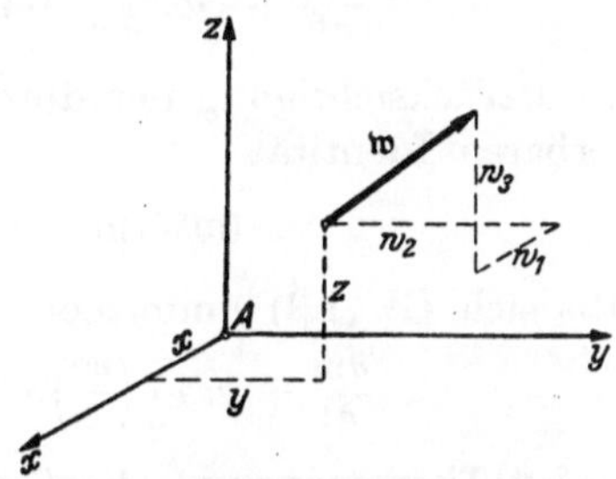

Fig. 1. Komponenten des Geschwindigkeitsvektors

Der Erhaltungssatz der Masse wird für ein singularitätenfreies, d.h. keine Quellen und Senken enthaltendes Raumgebiet durch die Kontinuitätsgleichung

$$\frac{\partial \varrho}{\partial t} + \operatorname{div}(\varrho \mathfrak{w}) = 0 \qquad (1.1)$$

ausgedrückt. Führt man die substantielle Ableitung

$$\frac{d}{dt} = \frac{\partial}{\partial t} + \frac{dx}{dt}\frac{\partial}{\partial x} + \frac{dy}{dt}\frac{\partial}{\partial y} + \frac{dz}{dt}\frac{\partial}{\partial z}$$

$$= \frac{\partial}{\partial t} + w_1 \frac{\partial}{\partial x} + w_2 \frac{\partial}{\partial y} + w_3 \frac{\partial}{\partial z} = \frac{\partial}{\partial t} + (\mathfrak{w}\nabla) \qquad (1.2)$$

ein, welche sich auf die zeitliche Änderung des Zustandes der Substanzteilchen bezieht, dann läßt sich Gl. (1.1) auch in der Form

$$\frac{d\varrho}{dt} + \varrho \operatorname{div} \mathfrak{w} = 0 \tag{1.1*}$$

schreiben. Unter ∇ wird wie üblich der vektorielle Operator mit den
Komponenten $\frac{\partial}{\partial x}$, $\frac{\partial}{\partial y}$, $\frac{\partial}{\partial z}$ verstanden.

Der Erhaltungssatz des Impulses kann durch das Grundgesetz der
Mechanik: „Kraft $=$ Masse $\times$ Beschleunigung", angewandt auf die Volumeneinheit des strömenden Gases, ausgedrückt werden. Bei Vernachlässigung der Reibung und Schwerkraft gemäß den Voraussetzungen a)
und b) der Einleitung erhält man hierbei die EULERsche Bewegungsgleichung

$$\varrho \frac{d\mathfrak{w}}{dt} = -\operatorname{grad} p \quad \text{oder} \quad \frac{\partial \mathfrak{w}}{\partial t} + (\mathfrak{w}\nabla)\mathfrak{w} = -\frac{1}{\varrho}\operatorname{grad} p. \tag{1.3}$$

Sie läßt sich zerlegen in die drei Komponentengleichungen

$$\frac{\partial w_1}{\partial t} + \left\{ w_1 \frac{\partial w_1}{\partial x} + w_2 \frac{\partial w_1}{\partial y} + w_3 \frac{\partial w_1}{\partial z} \right\} = -\frac{1}{\varrho}\frac{\partial p}{\partial x},$$

$$\frac{\partial w_2}{\partial t} + \left\{ w_1 \frac{\partial w_2}{\partial x} + w_2 \frac{\partial w_2}{\partial y} + w_3 \frac{\partial w_2}{\partial z} \right\} = -\frac{1}{\varrho}\frac{\partial p}{\partial y},$$

$$\frac{\partial w_3}{\partial t} + \left\{ w_1 \frac{\partial w_3}{\partial x} + w_2 \frac{\partial w_3}{\partial y} + w_3 \frac{\partial w_3}{\partial z} \right\} = -\frac{1}{\varrho}\frac{\partial p}{\partial z}.$$

Mit Berücksichtigung der durch Berechnung der Komponenten verifizierbaren Identität

$$(\mathfrak{w}\nabla)\mathfrak{w} = \operatorname{grad}\left(\frac{w^2}{2}\right) - \mathfrak{w} \times \operatorname{rot} \mathfrak{w}$$

läßt sich Gl. (1.3) umformen in

$$\frac{\partial \mathfrak{w}}{\partial t} + \operatorname{grad}\left(\frac{w^2}{2}\right) - \mathfrak{w} \times \operatorname{rot}\mathfrak{w} = -\frac{1}{\varrho}\operatorname{grad} p. \tag{1.3*}$$

1.2 Thermodynamische Grundbegriffe. Erhaltungssatz der Energie.
Zwischen Druck p, Dichte ϱ und absoluter Temperatur T eines Gases
besteht ein funktionaler Zusammenhang,

$$F(p, \varrho, T) = 0,$$

den man Zustandsgleichung des betreffenden Gases nennt. Neben den
Zustandsgrößen p, ϱ, T werden wir alsbald noch weitere Zustandsgrößen
einführen, die dann zu anderen Formen der Zustandsgleichung führen.

Die substantielle Gesamtenergieänderung dE eines kleinen Gasvolumens und die daran geleistete Arbeit dA werden, bezogen auf die
Masseneinheit, gegeben durch

$$dE = d\left(\frac{\mathfrak{w}^2}{2}\right) + dU,$$

$$dA = -\frac{\mathfrak{w}\operatorname{grad} p}{\varrho}\,dt - p\,d\left(\frac{1}{\varrho}\right) = -d\left(\frac{p}{\varrho}\right) + \frac{1}{\varrho}\frac{\partial p}{\partial t}\,dt,$$

so daß der 1. Hauptsatz der Wärmelehre $dQ = dE - dA$ lautet:

$$dQ = dI + d\left(\frac{\mathfrak{w}^2}{2}\right) - \frac{1}{\varrho}\frac{\partial p}{\partial t}\,dt.\qquad(1.4)$$

Hierbei sind die innere Energie U und die Enthalpie I neue auf die Masseneinheit bezogene Zustandsgrößen, zwischen denen die Beziehung

$$I = U + \frac{p}{\varrho}\qquad(1.5)$$

besteht. $\frac{1}{\varrho}$ ist das Volumen der Masseneinheit und dQ die im Zeitelement dt der Masseneinheit zugeführte Wärmemenge. Gl. (1.4) gilt auch im Falle unstetigen Verhaltens von p, $\mathfrak{w}$, U und $\frac{1}{\varrho}$ (Verdichtungsstoß, vgl. § 18), wobei allerdings das Glied $- \frac{1}{\varrho}\frac{\partial p}{\partial t}\,dt$ wegfällt, wie man durch unmittelbare Anwendung des Erhaltungssatzes der Energie auf die die Unstetigkeitsfront je Einheitsquerschnitt und Zeiteinheit passierende Masse des Gases sofort sehen kann.

Das mechanische Wärmeäquivalent ist in den Gln. (1.4), (1.5) gleich Eins gesetzt. Wir nehmen hier und auch weiterhin stets an, daß zur Messung auch der Wärmemengen die mechanische Energieeinheit herangezogen wird.

Bei reversiblen Prozessen, bei denen die Beschleunigungsarbeit $- \frac{\mathfrak{w}\,\mathrm{grad}\,p}{\varrho}\,dt = - \frac{dp}{\varrho} + \frac{1}{\varrho}\frac{\partial p}{\partial t}\,dt$ nach Gl. (1.3) vollständig in kinetische Energie $\left(\frac{\mathfrak{w}^2}{2}\right)$ umgewandelt wird $\left(\text{also } d\left(\frac{\mathfrak{w}^2}{2}\right) = - \frac{dp}{\varrho} + \frac{1}{\varrho}\frac{\partial p}{\partial t}\,dt\right)$, hat man wegen Gl. (1.4) die Energiebilanz:

$$dQ = dI - \frac{1}{\varrho}\,dp = dU + p\,d\left(\frac{1}{\varrho}\right).\qquad(1.4^*)$$

Die spezifischen Wärmen bei konstantem Volumen bzw. konstantem Druck sind nach Gl. (1.4*) durch

$$c_v = \frac{\partial U(\varrho, T)}{\partial T},\quad c_p = \frac{\partial I(p, T)}{\partial T}\qquad(1.6)$$

gegeben. Dabei wird U als Funktion von ϱ und T, jedoch I als Funktion von p und T betrachtet.

dU und dI sind die vollständigen Differentiale der Zustandsfunktionen U und I. Dagegen ist dQ kein vollständiges Differential, d. h., es existiert keine Zustandsgröße Q. Die Thermodynamik lehrt, daß dQ durch Multiplikation mit $\frac{1}{T}$ als integrierendem Faktor ein vollständiges Differential wird, sofern man einen reversiblen Prozeß betrachtet:

$$dS = \frac{dQ}{T} = \frac{1}{T}\left(dI - \frac{dp}{\varrho}\right).\qquad(1.7)$$

Die hierdurch bis auf eine additive Konstante definierte, wieder auf die Masseneinheit bezogene Zustandsfunktion S heißt Entropie.

Der 2. Hauptsatz der Wärmelehre

$$dS \geqq \frac{dQ}{T} \tag{1.8}$$

sagt aus, daß die Entropieänderung eines betrachteten Systems stets größer oder gleich der durch die absolute Temperatur T dividierten Wärmezufuhr ist, wobei im Falle eines reversiblen Prozesses das Gleichheitszeichen gilt. Wenn wir entsprechend der Voraussetzung a) der Einleitung die Wärmeleitfähigkeit und Reibung vernachlässigen, so wird an den Substanzelementen des strömenden Gases nur adiabatische, reversible Beschleunigungs- und Volumenänderungsarbeit geleistet (wobei wir zunächst von den später zu behandelnden irreversiblen Verdichtungsstößen absehen). Es gilt also das Gleichheitszeichen und bei Ausschluß von Wärmequellen und -senken wird $dQ = 0$ und $dS = \dfrac{dQ}{T} = 0$, so daß die substantielle Ableitung der Entropie verschwindet:

$$\frac{dS}{dt} = 0. \tag{1.9}$$

Diese zu den Erhaltungssätzen (1.1) und (1.3) der Masse und des Impulses hinzukommende Gleichung bringt den Erhaltungssatz der Energie zum Ausdruck. Nach Gl. (1.9) und (1.7) ist längs der Bahn eines Substanzteilchens

$$dI = \frac{dp}{\varrho}, \quad I = \int \frac{dp}{\varrho}. \tag{1.10}$$

Wir nehmen nun p und S als unabhängige, den Zustand des Gases kennzeichnende Zustandsgrößen und gehen von der Zustandsgleichung

$$\varrho = \varrho(p,S)$$

aus. Die durch

$$\frac{1}{a^2} = \frac{\partial \varrho(p,S)}{\partial p} \tag{1.11}$$

definierte Geschwindigkeit a heißt Schallgeschwindigkeit des Gases in dem durch p und S gekennzeichneten Zustand. In Ziff. 8.4 werden wir erkennen, daß a diesen Namen zu Recht führt, daß nämlich a die Ausbreitungsgeschwindigkeit kleiner Störungen relativ zu dem strömenden Gas ist. Längs der Bahn eines Substanzteilchens ist

$$\frac{d\varrho}{dt} = \frac{\partial \varrho}{\partial p}\frac{dp}{dt} + \frac{\partial \varrho}{\partial S}\frac{dS}{dt} = \frac{1}{a^2}\frac{dp}{dt},$$

wobei von Gl. (1.9) Gebrauch gemacht wurde. Daher kann Gl. (1.11) durch

$$a^2 = \frac{dp}{d\varrho} \tag{1.11*}$$

ersetzt werden, wenn die Ableitung als substantielle Ableitung verstanden, also längs der Bahn eines Substanzteilchens gebildet wird.

1.3 Vollkommene Gase mit konstanten spezifischen Wärmen. Wir werden uns fortan im wesentlichen auf vollkommene Gase mit konstanten spezifischen Wärmen beschränken. Die vollkommenen Gase genügen der Zustandsgleichung

$$p = R \varrho T, \tag{1.12}$$

wobei R eine für das Gas charakteristische Konstante ist. Die innere Energie $U(T)$ sowie die Enthalpie $I(T)$ sind Funktionen von T allein. Infolgedessen ist $\dfrac{\partial U}{\partial T} = \dfrac{dU}{dT}$ und $\dfrac{\partial I}{\partial T} = \dfrac{dI}{dT}$. Die Gln. (1.6) können durch

$$dU = c_v\, dT, \quad dI = c_p\, dT, \quad U = c_v T, \quad I = c_p T \tag{1.13}$$

ersetzt werden. Aus der Zustandsgleichung (1.12) und der Definition (1.5) folgt

$$dI = c_p\, dT = d\left(U + \frac{p}{\varrho}\right) = c_v\, dT + d\left(\frac{p}{\varrho}\right) = (c_v + R)\, dT,$$

also

$$R = c_p - c_v. \tag{1.14}$$

Für die Entropie ergibt sich aus den Gln. (1.7), (1.4*), (1.13), (1.14) und (1.12)

$$dS = c_v \frac{dT}{T} + \frac{p}{T} d\left(\frac{1}{\varrho}\right) = c_v \frac{dT}{T} - (c_p - c_v)\frac{d\varrho}{\varrho} = c_v \left\{\frac{dT}{T} - (\gamma - 1)\frac{d\varrho}{\varrho}\right\};$$

hierbei ist $c_p/c_v = \gamma$ gesetzt. Unter Voraussetzung konstanter spezifischer Wärmen c_v, c_p ist auch γ eine Konstante, und es folgt durch Integration der vorangehenden Gleichung unter Berücksichtigung der Beziehung (1.12)

$$\frac{S - \bar{S}}{c_v} = \ln\left(T/\bar{T}\right) - (\gamma - 1)\ln(\varrho/\bar{\varrho})$$
$$= \ln\left(\frac{p/\bar{p}}{\varrho/\bar{\varrho}}\right) - (\gamma - 1)\ln(\varrho/\bar{\varrho}) = \ln\left\{\frac{p/\bar{p}}{(\varrho/\bar{\varrho})^\gamma}\right\}, \tag{1.15}$$

oder nach ϱ aufgelöst

$$\varrho = \varrho(p,S) = \bar{\varrho}\left(\frac{p}{\bar{p}}\right)^{1/\gamma} e^{\frac{\bar{S} - S}{c_p}}. \tag{1.15*}$$

Der Querstrich bezieht sich auf einen beliebigen Ausgangszustand.

Die Luft wird im folgenden durch ein vollkommenes Gas mit konstanten spezifischen Wärmen und $\gamma = 1{,}405$ sowie $R = 287{,}1 \left[\dfrac{\mathrm{m}^2}{{}^\circ \mathrm{s}^2}\right]$ approximiert.

Bei isentropischen Zustandsänderungen ($S = \text{const}$), mit denen wir es fortan vor allem zu tun haben, ergibt sich aus Gl. (1.15*) sowie unter Benützung der Zustandsgleichung (1.12) die Poissonsche Gleichung

$$\frac{p}{\bar{p}} = \left(\frac{\varrho}{\bar{\varrho}}\right)^\gamma = \left(\frac{T}{\bar{T}}\right)^{\frac{\gamma}{\gamma - 1}}. \tag{1.16}$$

Für die Schallgeschwindigkeit erhält man hieraus nach Gl. (1.11) bzw. (1.11*)

$$a^2 = \left(\frac{dp}{d\varrho}\right)_{S=\text{const}} = \gamma\,\frac{\bar{p}}{\bar{\varrho}^\gamma}\,\varrho^{\gamma-1} = \gamma\,\frac{p}{\varrho} = \gamma RT, \quad \text{also} \quad \frac{a}{\bar{a}} = \sqrt{T/\bar{T}}, \qquad (1.17)$$

d. h., a ist der Quadratwurzel aus der absoluten Temperatur proportional.

In differentieller Form lassen sich die Gln. (1.16) und (1.17) durch

$$\frac{dp}{p} = \gamma\,\frac{d\varrho}{\varrho} = \frac{\gamma}{\gamma-1}\,\frac{dT}{T} = \frac{2\gamma}{\gamma-1}\,\frac{da}{a} \qquad (1.18)$$

darstellen.

§ 2. Stationäre Strömungen

2.1 Spezialisierung der Grundgleichungen für stationäre Strömungen. Wir wenden uns jetzt zum Spezialfall der stationären Strömung. Dann bleiben $\mathfrak{w}$, p, ϱ usf. an jedem festgehaltenen Ort des Strömungsfeldes zeitlich konstant, sind also Funktionen nur von x, y, z, nicht aber von t. Die partielle Ableitung $\frac{\partial}{\partial t}$ verschwindet und die substantielle Ableitung (1.2) vereinfacht sich zu

$$\frac{d}{dt} = w_1\frac{\partial}{\partial x} + w_2\frac{\partial}{\partial y} + w_3\frac{\partial}{\partial z} = (\mathfrak{w}\nabla). \qquad (2.1)$$

Bei einer nichtstationären Strömung mit $\frac{\partial\mathfrak{w}}{\partial t} \neq 0$ sind die Bahnlinien (= Wegkurven der Substanzteilchen) wohl zu unterscheiden von den Stromlinien (= Integralkurven des Richtungsfeldes der Geschwindigkeitsvektoren in einem bestimmten Zeitpunkt, wie es sich bei einer Momentaufnahme des Strömungsfelds ergibt). Bei der stationären Strömung dagegen sind wegen $\frac{\partial\mathfrak{w}}{\partial t} = 0$ die Bahnlinien und Stromlinien miteinander identisch.

Die Kontinuitätsgleichung (1.1) und die Bewegungsgleichung (1.3*) spezialisieren sich bei der stationären Strömung zu

$$\operatorname{div}(\varrho\,\mathfrak{w}) = 0, \qquad (2.2)$$

$$\operatorname{grad}\left(\frac{w^2}{2}\right) - \mathfrak{w}\times\operatorname{rot}\mathfrak{w} = -\frac{1}{\varrho}\operatorname{grad}p. \qquad (2.3)$$

2.2 Bernoullische Gleichung (Energiesatz). Bei stationärer Strömung entfällt in Gl. (1.3*) das erste Glied $\frac{\partial\mathfrak{w}}{\partial t}$. Die Projektionen der drei folgenden Glieder, nämlich der Vektoren $\operatorname{grad}\left(\frac{w^2}{2}\right)$, $\mathfrak{w}\times\operatorname{rot}\mathfrak{w}$, $\frac{1}{\varrho}\operatorname{grad}p$ auf die Richtung der Strömungsgeschwindigkeit $\mathfrak{w}$ sind $w\frac{dw}{dl}$, 0, $\frac{1}{\varrho}\frac{dp}{dl}$, wobei dl das Linienelement der Stromlinien ist. Längs einer Stromlinie gilt also

$$w\,dw + \frac{dp}{\varrho} = 0 \quad \text{bzw.} \quad \frac{w^2}{2} + \int\limits_{p_0}^{p} \frac{dp}{\varrho} = 0. \tag{2.4}$$

[Wegen Gl. (1.3*) gilt Gl. (2.4) bei wirbelfreier Strömung im ganzen Strömungsfeld.] Man bezeichnet diese Gleichung als BERNOULLIsche Gleichung. Da längs der Stromlinien die Entropie konstant ist, gilt außerdem Gl. (1.10), so daß die BERNOULLIsche Gleichung auch in der Form des Energiesatzes (1.4)

$$w\,dw + dI = 0 \quad \text{bzw.} \quad \frac{w^2}{2} + I = \text{const} = I_0 \tag{2.5}$$

geschrieben werden kann.

Die Integrationskonstanten p_0 und I_0 sind i. allg. von Stromlinie zu Stromlinie verschieden. Sie sind die Werte, welche Druck und Enthalpie an etwaigen Staupunkten der betreffenden Stromlinie, d. h. an Stellen $w = 0$, annehmen, und werden daher als Ruhewerte oder Staupunktwerte des Druckes und der Enthalpie bezeichnet. Die Ruhewerte aller Zustandsgrößen sollen fortan stets durch den Index 0 gekennzeichnet werden.

Bei vollkommenen Gasen mit konstanten spezifischen Wärmen ist längs einer Stromlinie nach Gl. (1.16)

$$\frac{1}{\varrho} = \frac{1}{\varrho_0}\left(\frac{p}{p_0}\right)^{-1/\gamma}, \quad \text{also} \quad \int\limits_{p_0}^{p} \frac{dp}{\varrho} = \frac{\gamma}{\gamma-1}\,\frac{p_0}{\varrho_0}\left[\left(\frac{p}{p_0}\right)^{\frac{\gamma-1}{\gamma}} - 1\right].$$

Die BERNOULLIsche Gleichung (2.4) spezialisiert sich hiernach zur Formel von DE SAINT VENANT und WANTZEL

$$w^2 = \frac{2\gamma}{\gamma-1}\,\frac{p_0}{\varrho_0}\left[1 - \left(\frac{p}{p_0}\right)^{\frac{\gamma-1}{\gamma}}\right] = w_{\max}^2\left[1 - \left(\frac{p}{p_0}\right)^{\frac{\gamma-1}{\gamma}}\right]. \tag{2.6}$$

Die Strömungsgeschwindigkeit w kann nach Gl. (2.6) von $w = 0$ bei $p = p_0$ an nicht unbegrenzt, sondern nur bis zur Höchstgeschwindigkeit

$$w_{\max} = \sqrt{\frac{2\gamma}{\gamma-1}\,\frac{p_0}{\varrho_0}} = \sqrt{\frac{2\gamma}{\gamma-1}\,RT_0} \tag{2.7}$$

ansteigen, die für $p = 0$, also beim Ausströmen ins Vakuum, erreicht wird.

Für die Schallgeschwindigkeit a ergibt sich aus den Gln. (1.16) und (1.17)

$$a^2 = \gamma\,\frac{p}{\varrho} = \gamma\,\frac{p_0}{\varrho_0}\left(\frac{p}{p_0}\right)^{\frac{\gamma-1}{\gamma}},$$

woraus mit Hilfe von Gl. (2.6)

$$a^2 = \gamma\,\frac{p_0}{\varrho_0} - \frac{\gamma-1}{2}\,w^2 = \gamma R T_0 - \frac{\gamma-1}{2}\,w^2 = \frac{\gamma-1}{2}\,(w_{\max}^2 - w^2) \qquad (2.8)$$

folgt. Die Schallgeschwindigkeit a hat hiernach im Ruhezustand $w = 0$ den Höchstwert

$$a_0 = a_{\max} = \sqrt{\gamma\,\frac{p_0}{\varrho_0}} = \sqrt{\gamma R T_0} = \sqrt{\frac{\gamma-1}{2}}\,w_{\max} \qquad (2.9)$$

und sinkt mit zunehmendem w bis auf $a = 0$ bei $w = w_{\max}$.

Bei der sogenannten kritischen Geschwindigkeit

$$w^* = a^* = \sqrt{\frac{\gamma-1}{\gamma+1}}\,w_{\max} = \sqrt{\frac{2\gamma}{\gamma+1}\,\frac{p_0}{\varrho_0}} = \sqrt{\frac{2}{\gamma+1}}\,a_0 \qquad (2.10)$$

fallen nach Gl. (2.8) die Strömungs- und Schallgeschwindigkeit miteinander zusammen. Druck, Dichte und Temperatur nehmen dabei die kritischen Werte

$$p^* = \left(\frac{2}{\gamma+1}\right)^{\frac{\gamma}{\gamma-1}} p_0, \quad \varrho^* = \left(\frac{2}{\gamma+1}\right)^{\frac{1}{\gamma-1}} \varrho_0, \quad T^* = \frac{2}{\gamma+1}\,T_0 \qquad (2.11)$$

an.

Durch die Gln. (2.6) und (2.8) sind der Druck p und die örtliche Schallgeschwindigkeit a als Funktionen der Strömungsgeschwindigkeit w dargestellt. p hängt außerdem noch vom Staudruck p_0 und vom Quotienten $\frac{p_0}{\varrho_0}$ oder, was auf dasselbe hinaus läuft, von der Staupunktstemperatur $T_0 = \frac{1}{R}\,\frac{p_0}{\varrho_0}$ ab. a_0 dagegen ebenso wie die maximale Geschwindigkeit $w_{\max}$ und die kritische Geschwindigkeit a^* sind durch die Staupunkttemperatur T_0 allein festgelegt. Für Luft mit $\gamma = 1{,}405$ und $T_0 = 288°$ ist $w_{\max} \approx 757$ [m/s]; der Quotient $\frac{w_{\max}}{a^*}$ hat den Wert

$$\sqrt{\frac{\gamma+1}{\gamma-1}} \approx 2{,}437.$$

2.3 Isoenergetische Strömung. Croccoscher Wirbelsatz. Wir werden uns fortan ausschließlich mit isoenergetischen Strömungen befassen. Bei diesen ist der Staupunktwert der Enthalpie I_0 auf allen Stromlinien derselbe, also im ganzen Strömungsfeld konstant. Bei vollkommenen Gasen ist I eine Funktion von T allein, mit I_0 also auch die Staupunkttemperatur T_0 eine Konstante im ganzen Strömungsfeld. Nach den Gln. (2.7), (2.9) und (2.10) haben dann auch $w_{\max}$, a_0 und a^* auf allen Stromlinien denselben Wert. Man beachte, daß mit $T_0 = \frac{1}{R}\,\frac{p_0}{\varrho_0}$ zwar das Verhältnis $\frac{p_0}{\varrho_0}$ im ganzen Strömungsfeld konstant ist, daß aber p_0 und ϱ_0 selbst ebenso wie die Entropie S im allgemeinen von Stromlinie zu Stromlinie verschiedene Werte annehmen.

Im Spezialfall der isentropischen Strömungen ($S = S_0 = $ const im ganzen Strömungsfeld) hat nicht nur $\frac{p_0}{\varrho_0}$, sondern auch p_0 und ϱ_0 selbst auf jeder Stromlinie denselben Wert; denn für vollkommene Gase mit konstanten spezifischen Wärmen ergibt sich leicht aus Gl. (1.15*): Sind p_0, ϱ_0 und $\hat{p}_0$, $\hat{\varrho}_0$ die Staupunktwerte des Druckes und der Dichte auf zwei verschiedenen Stromlinien, dann ist wegen der vorausgesetzten Isentropie ($S = S_0 = \hat{S}_0$) sofort $\frac{\hat{\varrho}_0}{\varrho_0} = \left(\frac{\hat{p}_0}{p_0}\right)^{1/\gamma}$ und wegen der Beschränkung auf isoenergetische Strömungen außerdem $\frac{\hat{\varrho}_0}{\varrho_0} = \frac{\hat{p}_0}{p_0}$. Daraus folgt für $\gamma \neq 1$ die Behauptung $\hat{p}_0 = p_0$, $\hat{\varrho}_0 = \varrho_0$.

Die aus einem homogenen Anfangszustand entstehenden stationären Strömungen sind (unter den in der Einleitung getroffenen allgemeinen Voraussetzungen) isoenergetisch wegen Gl. (1.4). Hierher gehören insbesondere die Strömungen im Windkanal mit homogenem Kesselzustand und die Strömung um einen in ruhender homogener Luft sich bewegenden Flugkörper. Dieser letztere bezüglich der ruhenden Luft nichtstationäre Vorgang wird stationär, wenn man ihn auf ein mit dem Flugkörper starr verbundenes Koordinatensystem bezieht; dabei ist vorausgesetzt, daß die Fluggeschwindigkeit nach Größe und Richtung konstant bleibt.

Der Energiesatz (2.5)

$$\frac{w^2}{2} + I = I_0$$

gilt bei den isoenergetischen Strömungen für das ganze Strömungsfeld mit derselben Konstanten I_0. Infolgedessen gilt hier die Differentialbeziehung

$$w\,dw + dI = 0 \qquad (2.12)$$

nicht nur längs der Stromlinien, sondern für beliebige Wege im Strömungsfeld. Die Entropiegleichung (1.7) läßt sich daher umformen in

$$-dS = \frac{1}{T}\left(w\,dw + \frac{dp}{\varrho}\right), \text{ also } -T\,\mathrm{grad}\,S = \mathrm{grad}\left(\frac{w^2}{2}\right) + \frac{1}{\varrho}\,\mathrm{grad}\,p. \quad (2.13)$$

Durch Einsetzen in die Bewegungsgleichung (1.3*) unter Berücksichtigung von $\frac{\partial \mathfrak{w}}{\partial t} = 0$ ergibt sich sodann der CROCCOsche Wirbelsatz[1]

$$\mathfrak{w} \times \mathrm{rot}\,\mathfrak{w} = -T\,\mathrm{grad}\,S\,. \qquad (2.14)$$

Er enthält folgende wichtige Aussage: Eine wirbelfreie Strömung, d. h. eine Strömung mit $\mathrm{rot}\,\mathfrak{w} = 0$ ist im ganzen Strömungsfeld isentropisch; denn aus $\mathrm{rot}\,\mathfrak{w} = 0$ folgt $\mathrm{grad}\,S = 0$, also $S = $ const.

Außerdem bestätigt der Wirbelsatz die uns bereits bekannte Tatsache, daß jede Strömung, wenn auch nicht im ganzen Strömungsfeld, so doch längs jeder Stromlinie isentropisch ist; denn aus Gl. (2.14) folgt

$$\mathfrak{w}\,\mathrm{grad}\,S = w_1\frac{\partial S}{\partial x} + w_2\frac{\partial S}{\partial y} + w_3\frac{\partial S}{\partial z} = 0\,. \qquad (2.15)$$

---

[1] OSWATITSCH, K.: Luftf.-Forschg. Bd. 20 (1943) S. 260.

Hieraus ergibt sich nach Gl. (1.11) weiter

$$(\mathfrak{w}\,\nabla)\,\varrho \equiv \mathfrak{w}\,\mathrm{grad}\,\varrho = \frac{\partial\varrho}{\partial S}\,\mathfrak{w}\,\mathrm{grad}\,S + \frac{\partial\varrho}{\partial p}\,\mathfrak{w}\,\mathrm{grad}\,p = \frac{1}{a^2}\,\mathfrak{w}\,\mathrm{grad}\,p,$$

ausführlich geschrieben

$$w_1\,\varrho_x + w_2\,\varrho_y + w_3\,\varrho_z = \frac{1}{a^2}\,(w_1\,p_x + w_2\,p_y + w_3\,p_z). \tag{2.16}$$

Die Bewegungsgleichung (1.3) liefert bei Beschränkung auf isoenergetische Strömungen in der Form des Croccoschen Wirbelsatzes (2.14) die drei Komponentengleichungen

$$\begin{aligned}
w_2\left(\frac{\partial w_1}{\partial y} - \frac{\partial w_2}{\partial x}\right) + w_3\left(\frac{\partial w_1}{\partial z} - \frac{\partial w_3}{\partial x}\right) - T\,\frac{\partial S}{\partial x} &= 0, \\[2mm]
w_3\left(\frac{\partial w_2}{\partial z} - \frac{\partial w_3}{\partial y}\right) + w_1\left(\frac{\partial w_2}{\partial x} - \frac{\partial w_1}{\partial y}\right) - T\,\frac{\partial S}{\partial y} &= 0, \\[2mm]
w_1\left(\frac{\partial w_3}{\partial x} - \frac{\partial w_1}{\partial z}\right) + w_2\left(\frac{\partial w_3}{\partial y} - \frac{\partial w_2}{\partial z}\right) - T\,\frac{\partial S}{\partial z} &= 0.
\end{aligned} \tag{2.17}$$

Außerdem erhält man aus der Kontinuitätsgleichung (2.2) mit Rücksicht auf Gl. (2.16)

$$0 = \frac{1}{\varrho}\,\mathrm{div}\,(\varrho\,\mathfrak{w}) = \frac{\partial w_1}{\partial x} + \frac{\partial w_2}{\partial y} + \frac{\partial w_3}{\partial z} + \frac{1}{a^2\varrho}\left(w_1\,\frac{\partial p}{\partial x} + w_2\,\frac{\partial p}{\partial y} + w_3\,\frac{\partial p}{\partial z}\right).$$

Hieraus folgt nach Einsetzen der durch $\dfrac{\partial\mathfrak{w}}{\partial t} = 0$ vereinfachten Bewegungsgleichungen (1.3)

$$\begin{aligned}
-\frac{1}{\varrho}\,\frac{\partial p}{\partial x} &= w_1\,\frac{\partial w_1}{\partial x} + w_2\,\frac{\partial w_1}{\partial y} + w_3\,\frac{\partial w_1}{\partial z}, \\[2mm]
-\frac{1}{\varrho}\,\frac{\partial p}{\partial y} &= w_1\,\frac{\partial w_2}{\partial x} + w_2\,\frac{\partial w_2}{\partial y} + w_3\,\frac{\partial w_2}{\partial z}, \\[2mm]
-\frac{1}{\varrho}\,\frac{\partial p}{\partial z} &= w_1\,\frac{\partial w_3}{\partial x} + w_2\,\frac{\partial w_3}{\partial y} + w_3\,\frac{\partial w_3}{\partial z}
\end{aligned}$$

und nach geeigneter Zusammenfassung der Glieder schließlich

$$\begin{aligned}
&\left(1 - \frac{w_1^2}{a^2}\right)\frac{\partial w_1}{\partial x} + \left(1 - \frac{w_2^2}{a^2}\right)\frac{\partial w_2}{\partial y} + \left(1 - \frac{w_3^2}{a^2}\right)\frac{\partial w_3}{\partial z} - \frac{w_2\,w_3}{a^2}\left(\frac{\partial w_2}{\partial z} + \frac{\partial w_3}{\partial y}\right) - \\[2mm]
&- \frac{w_3\,w_1}{a^2}\left(\frac{\partial w_3}{\partial x} + \frac{\partial w_1}{\partial z}\right) - \frac{w_1\,w_2}{a^2}\left(\frac{\partial w_1}{\partial y} + \frac{\partial w_2}{\partial x}\right) = 0.
\end{aligned} \tag{2.18}$$

2.4 Mach-Zahl. Die Strömungsgeschwindigkeit w läßt sich dimensionslos machen durch Bezug entweder auf die örtliche Schallgeschwindigkeit a oder auf die kritische Geschwindigkeit a^*.

Wir benützen hierbei die Bezeichnungen

$$M = w/a, \quad M^* = w/a^* \tag{2.19}$$

und nennen M nach E. Mach[1] die Mach-Zahl der Strömung an der betreffenden Stelle.

---

[1] Mach, E.: Sitzungsber. Akad. Wiss. Wien Abt. IIa Bd. 95 (1887) S. 164; Bd. 98 (1889) S. 1310 und Bd. 105 (1896) S. 605.

Da a^* konstant ist, a sich aber mit w ändert, ist M^* zu w proportional, M dagegen nicht. Nach Gl. (2.8) und (2.10) sind w, M und M^* verknüpft durch

$$M^2 = \frac{w^2}{a^2} = \frac{2w^2}{(\gamma+1)a^{*2} - (\gamma-1)w^2} = \frac{2M^{*2}}{(\gamma+1) - (\gamma-1)M^{*2}},$$

$$M^{*2} = \frac{w^2}{a^{*2}} = \frac{(\gamma+1)M^2}{(\gamma-1)M^2 + 2}. \tag{2.20}$$

Mit Hilfe dieser Beziehungen folgt aus Gl. (2.6)

$$\left.\begin{aligned} \frac{p_0}{p} &= \left[\frac{\gamma-1}{2}M^2 + 1\right]^{\frac{\gamma}{\gamma-1}} = \left[\frac{\gamma+1}{(\gamma+1) - (\gamma-1)M^{*2}}\right]^{\frac{\gamma}{\gamma-1}}, \\ M^2 &= \frac{2}{\gamma-1}\left[\left(\frac{p_0}{p}\right)^{\frac{\gamma-1}{\gamma}} - 1\right], \quad M^{*2} = \frac{\gamma+1}{\gamma-1}\left[1 - \left(\frac{p}{p_0}\right)^{\frac{\gamma-1}{\gamma}}\right]. \end{aligned}\right\} \tag{2.21}$$

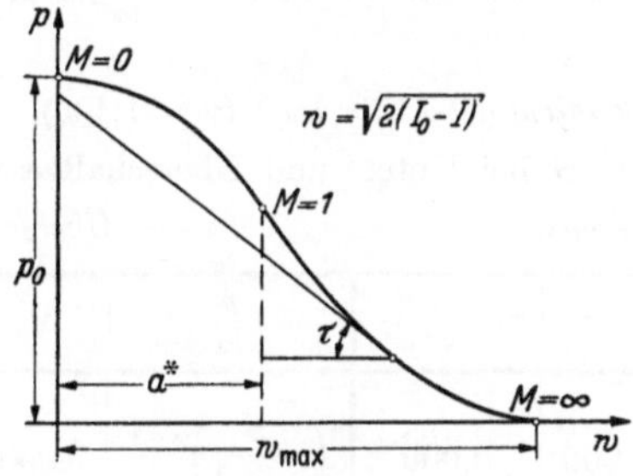

Fig. 2. $p(w)$-Kurve

Außerdem ergibt sich für die Stromdichte ϱw bzw. ihren durch Division mit $\varrho^* a^*$ dimensionslos gemachten Wert aus den Gln. (1.16), (2.21) und (2.11) nach elementarer Rechnung

$$\Theta = \frac{\varrho w}{\varrho^* a^*} = \left[\frac{\left(\frac{\gamma+1}{2}\right)^{\frac{\gamma+1}{\gamma-1}}}{\frac{\gamma-1}{2}}\right]^{1/2} \cdot \left(\frac{p}{p_0}\right)^{1/\gamma}\sqrt{1 - \left(\frac{p}{p_0}\right)^{\frac{\gamma-1}{\gamma}}}$$

$$= \left(\frac{\gamma+1}{2}\right)^{\frac{\gamma+1}{2(\gamma-1)}} \frac{M}{\left(\frac{\gamma-1}{2}M^2 + 1\right)^{\frac{\gamma+1}{2(\gamma-1)}}} = M^*\left(\frac{\gamma+1}{2} - \frac{\gamma-1}{2}M^{*2}\right)^{\frac{1}{\gamma-1}}. \tag{2.22}$$

In Zahlentafel 1 und in den Fig. 2 und 3 sind die Beziehungen (2.21) und (2.22) für Luft ($\gamma = 1{,}405$) dargestellt.

Die kritische Geschwindigkeit a^* trennt die Bereiche der Unter- und Überschallgeschwindigkeiten. Man hat

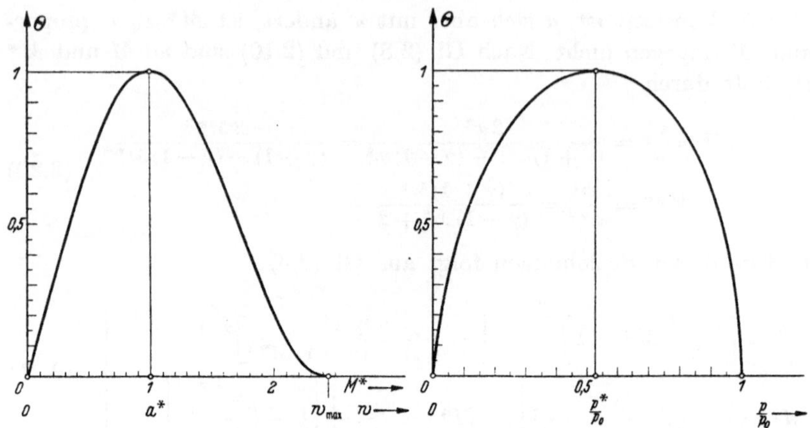

Fig. 3. Stromdichte Θ als Funktion von w bzw. $\dfrac{p}{p_0}$ für Luft ($\gamma = 1,405$)

Zahlentafel 1 für Luft ($\gamma = 1,405$).

Stromdichte Θ bei Unter- und Überschallgeschwindigkeit

Unterschallbereich   *Überschallbereich*

$\dfrac{p}{p_0}$	M	M^*	$\Theta = \dfrac{\varrho\,w}{\varrho^*\,w^*}$	$\dfrac{p}{p_0}$	M	M^*	$\Theta = \dfrac{\varrho\,w}{\varrho^*\,w^*}$
1,000	0,000	0,000	0,000	$\left(\dfrac{2}{\gamma+1}\right)^{\frac{\gamma}{\gamma-1}}$ $= 0,527$	1,000	1,000	1,000
0,998	0,054	0,059	0,094	0,500	1,045	1,037	0,998
0,996	0,077	0,083	0,130	0,450	1,131	1,105	0,987
0,990	0,120	0,131	0,212	0,400	1,221	1,174	0,964
0,980	0,170	0,186	0,289	0,350	1,319	1,245	0,930
0,970	0,208	0,228	0,351	0,300	1,430	1,319	0,883
0,960	0,241	0,264	0,404	0,250	1,559	1,398	0,826
0,950	0,271	0,295	0,451	0,200	1,708	1,484	0,745
0,940	0,298	0,324	0,489	0,150	1,898	1,581	0,646
0,920	0,347	0,376	0,558	0,100	2,157	1,698	0,520
0,900	0,390	0,422	0,617	0,080	2,304	1,753	0,458
0,890	0,411	0,443	0,642	0,060	2,484	1,816	0,387
0,860	0,468	0,503	0,712	0,050	2,602	1,853	0,347
0,830	0,522	0,557	0,770	0,040	2,748	1,895	0,302
0,800	0,573	0,608	0,817	0,020	3,211	2,004	0,195
0,760	0,638	0,672	0,872	0,010	3,699	2,089	0,124
0,750	0,653	0,687	0,883	0,008	3,863	2,112	0,108
0,700	0,731	0,762	0,932	0,006	4,079	2,140	0,085
0,650	0,808	0,833	0,966	0,004	4,394	2,168	0,067
0,600	0,885	0,902	0,988	0,002	4,967	2,224	0,042
$\left(\dfrac{2}{\gamma+1}\right)^{\frac{\gamma}{\gamma-1}}$ $= 0,527$	1,000	1,000	1,000	0,000	∞	$\sqrt{\dfrac{\gamma+1}{\gamma-1}}$ $= 2,437$	0,000

im Unterschall:

$$0 \leqq w < a^*, \quad 0 \leqq M < 1, \quad 0 \leqq M^* < 1;$$

im Überschall:

$$a^* < w \leqq w_{\max}, \quad 1 < M \leqq \infty, \quad 1 < M^* \leqq \sqrt{\frac{\gamma+1}{\gamma-1}}$$

$$\left(\sqrt{\frac{\gamma+1}{\gamma-1}} \approx 2{,}437 \text{ für Luft mit } \gamma = 1{,}405 \right).$$

In der Aerodynamik der inkompressiblen Medien ist wegen $\varrho = $ const, also $\frac{\partial \varrho}{\partial p} = 0$, die Schallgeschwindigkeit $a = \infty$, kleine Störungen breiten sich hier momentan auf den ganzen Raum aus. Wegen $a = \infty$ ist $M = M^* = 0$; die inkompressiblen Strömungen erscheinen hierdurch als Grenzfall $M = 0$ der kompressiblen Unterschallströmungen.

Aus Gl. (2.21) leiten wir die praktisch wichtige Staudruckformel für kompressible Strömungen her: Wir bezeichnen mit Überstreichung die Zustandsgrößen der ungestörten Strömungen und erhalten dann aus der ersten Gl. (2.21) durch binomische Entwicklung

$$\frac{p_0 - \bar{p}}{\bar{p}} = \left[\frac{\gamma-1}{2} \overline{M}^2 + 1 \right]^{\frac{\gamma}{\gamma-1}} - 1 = \frac{\gamma}{2} \overline{M}^2 \left[1 + \frac{1}{4} \overline{M}^2 + \frac{2-\gamma}{24} \overline{M}^4 + \cdots \right].$$

Hieraus folgt nach Gl. (1.17) mit

$$\frac{\gamma}{2} \bar{p} \overline{M}^2 = \frac{1}{2} \bar{\varrho} \overline{w}^2$$

die Staudruckformel

$$\frac{p_0 - \bar{p}}{\frac{1}{2} \bar{\varrho} \overline{w}^2} = 1 + \frac{1}{4} \overline{M}^2 + \frac{2-\gamma}{24} \overline{M}^4 + \cdots. \tag{2.23}$$

Um den Einfluß der Kompressibilität bei kleinen MACH-Zahlen abzuschätzen, entwickeln wir die erste Gl. (2.21) nach Potenzen von M^2 und erhalten bei gleichzeitiger Berücksichtigung von Gl. (1.16)

$$\frac{p}{p_0} = 1 - \frac{\gamma}{2} M^2 + \cdots, \quad \frac{\varrho}{\varrho_0} = 1 - \frac{M^2}{2} + \cdots.$$

Hiernach gibt, wenn man die Entwicklung mit M^2 abbricht, $\frac{M^2}{2}$ die relative Dichteänderung oder mit anderen Worten den Fehler, den man in der gewöhnlichen Aerodynamik bei der Kontinuitätsgleichung durch die Annahme konstanter Dichte begeht. Der Fehler bleibt unter 1% für

$$\frac{M^2}{2} < 0{,}01, \quad \text{also} \quad M < 0{,}14$$

und wächst auf etwa 4% bei $M = 0{,}28$.

2.5 Geometrische Diskussion der Kurven $p(w)$, $\Theta(w)$ und $\Theta\left(\dfrac{p}{p_0}\right)$.

Die Kurve $p = p(w)$ (Fig. 2) beginnt nach Gl. (2.6) auf der p-Achse mit dem Ruhedruck p_0 und fällt dann monoton bis auf $p = 0$ bei der Maximalgeschwindigkeit $w_{\max}$. Sie bezieht sich auf einen festen Staudruck p_0, also auf die Werte von p und w längs einer Stromlinie. Nach Gl. (2.4) ist

$$\tan \tau = - \frac{dp}{dw} = \varrho\, w, \qquad (2.24)$$

d. h.: Die Neigung der $p(w)$-Kurve gibt die Stromdichte $\varrho\, w$ an. Bei $w = 0$ und bei $\varrho = 0$ ($p = 0$, $w = w_{\max}$) ist $\tau = 0$, die Kurventangente also horizontal.

Die Differentiation der Gl. (2.24) nach w liefert mit Berücksichtigung der Beziehung $\dfrac{dp}{d\varrho} = a^2$ sogleich

$$\frac{d}{dw}(\tan \tau) = \varrho + w\frac{d\varrho}{dp}\frac{dp}{dw} = \varrho\left(1 - \frac{w^2}{a^2}\right) = \varrho(1 - M^2) \begin{cases} > 0 \\ = 0 \\ < 0 \end{cases} \text{für } M \begin{cases} < 1 \\ = 1 \\ > 1 \end{cases}.$$
$$(2.25)$$

Hiernach weist die $p(w)$-Kurve im Unterschallbereich $0 \leqq w < a^*$ mit der konkaven Seite nach unten, im Überschallbereich $a^* < w < w_{\max}$ nach oben. Der Übergangspunkt $w = a^*$ ist ein Wendepunkt.

Unter ebenen Strömungen verstehen wir solche, bei denen $\mathfrak{w}$ und die Zustandsgrößen p, ϱ usf. nur von zwei Ortskoordinaten, etwa x und y, abhängen und die Geschwindigkeitsvektoren $\mathfrak{w}$ parallel zur x, y-Ebene sind. Dann ist $w_3 \equiv 0$ und die Stromlinien sind zur x, y-Ebene parallele ebene Kurven. Der Strömungsverlauf ist in allen Ebenen $z = $ const derselbe, braucht also nur in der x, y-Ebene untersucht zu werden. Alle Geschwindigkeitsvektoren einer ebenen Strömung lassen sich in einer w_1, w_2-Ebene (Hodographenebene) darstellen. Die Unterschallgeschwindigkeiten ($M < 1$) überdecken die Kreisfläche $w_1^2 + w_2^2 < a^{*2}$, und die Überschallgeschwindigkeiten ($M > 1$) das Ringgebiet

$$a^{*2} < w_1^2 + w_2^2 \leqq w_{\max}^2$$

(vgl. Grundriß der Fig. 4). Trägt man über jedem Punkt w_1, w_2 der Kreisfläche $w_1^2 + w_2^2 \leqq w_{\max}^2$ der Hodographenebene nach Gl. (2.6) den Druck p auf, so entsteht der „Druckberg", d. h. eine Drehfläche mit der in Fig. 2 dargestellten $p(w)$-Kurve als Meridian und der p-Achse als Drehachse (Fig. 4). Der Breitenkreis $w = a^*$ trennt die positiv gekrümmte Bergkuppe des Unterschalls von dem negativ gekrümmten Bergfuß des Überschalls.

Für die Kurve $\Theta = \Theta(w)$ (Fig. 3 links) ergibt sich aus Gl. (2.25)

$$\frac{d\Theta}{dw} = 0 \quad \text{für} \quad M = 1 \;(w = a^*) \quad \text{und für} \quad \varrho = 0 \;(w = w_{\max}),$$

$$\frac{d\Theta}{dw} \gtrless 0 \quad \text{für} \quad M \lessgtr 1.$$

Dementsprechend hat die Kurve $\Theta(w)$ bei $w = a^*$ und bei $w = w_{\max}$ horizontale Tangenten. Sie steigt im Unterschallbereich $0 \leqq w < a^*$ monoton von $\Theta = 0$ bis zum Höchstwert $\Theta = 1$ und fällt im Überschallbereich $a^* < w \leqq w_{\max}$ monoton wieder bis $\Theta = 0$. Zu jedem Zwischenwert der Stromdichte gehören je zwei Geschwindigkeiten, nämlich eine Unter- und eine Überschallgeschwindigkeit.

Für die Kurve $\Theta = \Theta\left(\dfrac{p}{p_0}\right)$ (Fig. 3 rechts) hat man

$$\frac{d\Theta}{d\left(\dfrac{p}{p_0}\right)} = \frac{d\Theta}{dw}\frac{dw}{dp}\,p_0 = \frac{p_0}{a^{*2}\varrho^*}\frac{M^2 - 1}{M^*}\,.$$

Daraus folgt

$$\frac{d\Theta}{d\left(\dfrac{p}{p_0}\right)} = 0 \quad \text{für} \quad M = 1\ (p = p^*),$$

$$\frac{d\Theta}{d\left(\dfrac{p}{p_0}\right)} = \infty \quad \text{für} \quad \begin{cases} M = M^* = 0\ (p = p_0),\\ \qquad \text{und für}\\ M = \infty\ (p = 0), \end{cases}$$

$$\frac{d\Theta}{d\left(\dfrac{p}{p_0}\right)} \gtreqless 0 \quad \text{für} \quad M \gtreqless 1\ (p \lesseqgtr p^*).$$

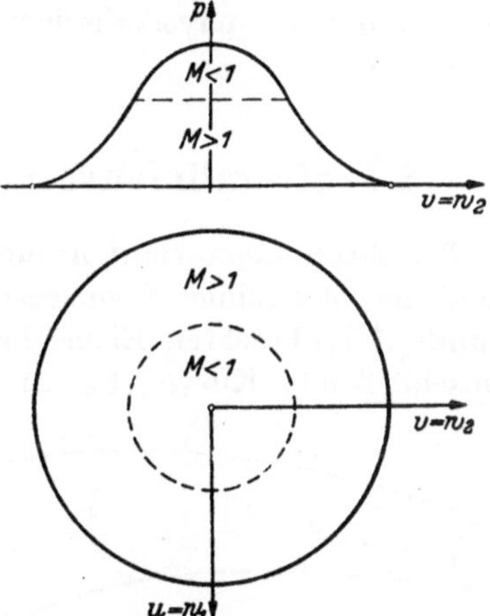

Fig. 4. Druckberg für ebene Strömungen

Demnach hat die Kurve $\Theta\left(\dfrac{p}{p_0}\right)$ an den beiden Enden ($p = 0$ und $p = p_0$) vertikale Tangenten und beim kritischen Druck ($p = p^*$) eine horizontale Tangente. Im Überschallbereich ($0 \leqq p < p^*$) steigt sie monoton, im Unterschallbereich ($p^* < p \leqq p_0$) fällt sie monoton.

2.6 Ähnlichkeitsbetrachtung. Die grundlegende Bedeutung der MACH-Zahl zeigt sich in folgender Ähnlichkeitsbetrachtung:

Vorgegeben sei eine Gasströmung, d. h. ein Lösungssystem der Grundgleichungen (1.1), (1.3*) und (1.9) für gewisse Anfangs- und Randbedingungen. Wir gehen hierauf zu einem geometrisch ähnlichen Modell über, indem wir alle Längen mit einem konstanten Faktor μ_l multiplizieren. Ebenso sollen alle sonstigen in den Grundgleichungen auftretenden Größen mit konstanten Faktoren multipliziert werden, also z. B. die Komponenten und Beträge der Strömungsgeschwindigkeit mit μ_w, die Dichte mit μ_ϱ und die Druckdifferenzen mit μ_p. Es entsteht dann die Frage, ob diese Faktoren so gewählt werden können, daß die Grundgleichungen erfüllt bleiben und demnach ein zu der vorgegebenen Strömung ähnliches Strombild existiert.

Gl. (1.3*) liefert für die konstanten Faktoren die notwendige Bedingung

$$\mu_w^2 = \mu_p/\mu_\varrho, \quad \mu_w = \sqrt{\mu_p/\mu_\varrho}\,.$$

Da nach Gl. (1.11) die Schallgeschwindigkeit a sich mit demselben Faktor $\sqrt{\mu_p/\mu_\varrho}$ multipliziert, muß in je zwei entsprechenden Punkten der Ausgangsströmung und der Modellströmung die MACH-Zahl $M = w/a$ denselben Wert haben.

Ähnlichkeitsbetrachtungen dieser Art[1] sind für das Meßwesen entscheidend wichtig, da sie Messungen am natürlichen Gegenstand (frei fliegender Körper) durch Modellmessungen (Modellkörper im Windkanal) zu ersetzen gestatten. Außerdem führen sie zu einer sachgemäßen Darstellung des physikalischen Sachverhalts in dimensionslosen Veränderlichen.

§ 3. Stromlinienverlauf in stationärer Strömung

3.1 Strömungsverlauf in einer Stromröhre. Durch einen Punkt A gehe die Stromlinie $\mathfrak{A}$ einer stationären Strömung. In der zu $\mathfrak{A}$ im Punkt A senkrechten Ebene betrachten wir eine kleine den Punkt A umschließende Kurve (Fig. 5). Die durch die Punkte dieser Kurve hindurchgehenden Stromlinien erzeugen eine i. allg. gekrümmte Stromröhre, welche unter der Voraussetzung stationärer Strömung unveränderlich ist und das im Innern strömende Gas wie eine feste Röhre einschließt. Tatsächlich

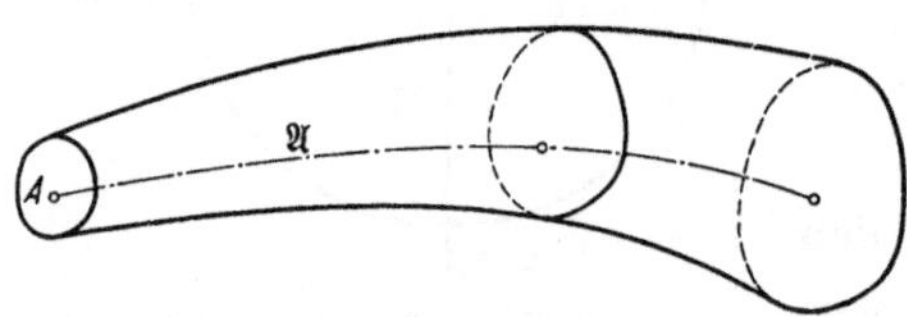

Fig. 5. Stromröhre in einem stationären Strömungsfeld

kann man, ohne den gesamten Strömungsverlauf zu stören, die zunächst nur gedachte Stromröhre durch eine feste materielle Röhre ersetzen. Die Stromlinie $\mathfrak{A}$ nennen wir die Achse der Stromröhre.

Auf hinreichend enge Stromröhren kann man folgende „hydraulische Behandlung" der Strömung anwenden, bei der die Strömung als eindimensionales Problem idealisiert wird: In jeder zur Achse senkrechten Querschnittebene ersetzen wir w, p, ϱ usw. durch konstante Mittelwerte und vernachlässigen außerdem die Abweichung der Geschwindigkeitsrichtungen von der Achse. Ist dann f die (beim Fortschreiten längs $\mathfrak{A}$ variable) Querschnittfläche, dann kann die Kontinuitätsgleichung (2.2) durch

$$m = f \varrho w = \text{const} \tag{3.1}$$

approximiert werden. m ist die für alle Querschnitte konstante Durchflußmasse in der Zeiteinheit.

---

[1] Vgl. z. B. ACKERET [1]: S. 294—296, BUSEMANN [2]: S. 360—364 und OSWATITSCH [7]: S. 146—152.

Für inkompressible Strömungen ($\varrho = $ const) folgt aus Gl. (3.1) die triviale Tatsache, daß die Geschwindigkeit w umgekehrt proportional zur Querschnittfläche f zu- bzw. abnimmt. Bei kompressiblen Strömungen (ϱ variabel) ist der Zusammenhang weniger einfach. Hier ergibt sich durch logarithmische Differentiation

$$\frac{df}{f} + \frac{d\varrho}{\varrho} + \frac{dw}{w} = 0, \tag{3.2}$$

woraus mit Hilfe der Gln. (2.4) und (1.11*) die Gleichung von HUGONIOT

$$\frac{df}{f} = \frac{dw}{w}\left[\left(\frac{w}{a}\right)^2 - 1\right] = \frac{dw}{w}\,(M^2 - 1) \tag{3.3}$$

folgt. Sie besagt (Fig. 6):

a) Im Unterschallbereich ($M < 1$) nimmt ebenso wie im Grenzfall der inkompressiblen Strömung ($M = 0$) die Geschwindigkeit bei sich erweiterndem Querschnitt ab und bei sich verengendem Querschnitt zu.

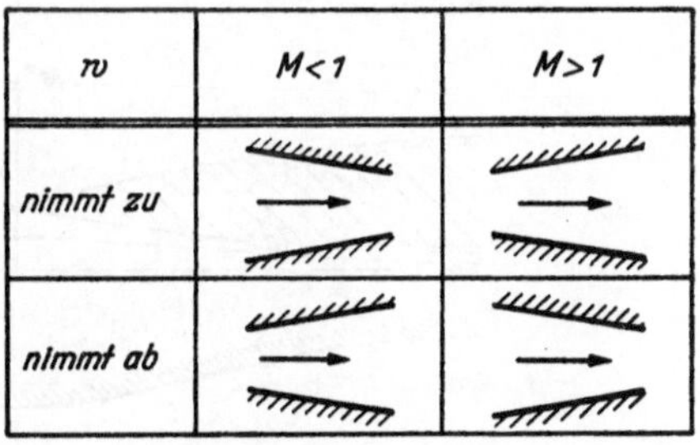

b) Im Überschallbereich ($M > 1$) entspricht umgekehrt einer Querschnitterweiterung eine Geschwindigkeitszunahme und einer Verengung eine Geschwindigkeitsabnahme.

c) Die kritische Geschwindigkeit ($M = 1$) kann nur für $df = 0$, d. h. für extreme, und zwar wegen

w	$M < 1$	$M > 1$
nimmt zu		
nimmt ab		

Fig. 6. Geschwindigkeitsverlauf bei Unter- und Überschallgeschwindigkeit

a) und b) nur für kleinste Querschnittflächen erreicht werden. Umgekehrt folgt aus $df = 0$ entweder $M = 1$ oder $dw = 0$; in einem engsten Querschnitt wird also entweder die kritische Geschwindigkeit erreicht oder die Geschwindigkeit hat einen Extremwert.

Gl. (3.1) kann man durch $\Theta f = $ const ersetzen. Wenn für einen Querschnitt $\bar{f}$ die Stromdichte $\bar{\Theta}$ vorgegeben ist, erhält man für jeden weiteren Querschnitt f die Stromdichte $\Theta = \dfrac{\bar{f}}{f}\,\bar{\Theta}$ und hierauf aus Zahlentafel 1 oder Fig. 3 den Druck p und die Geschwindigkeit w.

Im zweidimensionalen Fall der stationären ebenen Strömung tritt anstelle der Stromröhre der von zwei benachbarten Stromlinien begrenzte Stromstreifen und anstelle der Querschnittfläche der Röhre die (i. allg. beim Fortschreiten längs seiner Achse variable) Breite des Stromstreifens. Wenn man über den beiden den Stromstreifen begrenzenden Stromlinien als Basiskurven vertikale Zylinderflächen errichtet, so schließen diese Flächen das im Innern strömende Gas wie feste Wände

ein und können ohne Störung des gesamten Strömungsverlaufs als
materielle feste Wände ausgebildet werden.

Man beachte, daß die nach Gl. (1.9) isentropischen Zustandsänderungen in einer Stromröhre auch in umgekehrter Richtung durchlaufen
werden können; denn die Grundgleichungen (2.2), (2.3) bleiben erhalten,
wenn man durchweg $\mathfrak{w}$ durch $(-\mathfrak{w})$ ersetzt. Bei den später hinzukommenden Verdichtungsstößen (vgl. IV. Abschnitt) ist eine solche
Umkehrung nicht mehr möglich.

3.2 Anwendung auf Laval-Düsen. Von besonderer praktischer
Wichtigkeit sind die nach dem Schweden DE LAVAL benannten Düsen,
bei denen sich der Querschnitt zuerst verengt und dann wieder erweitert.

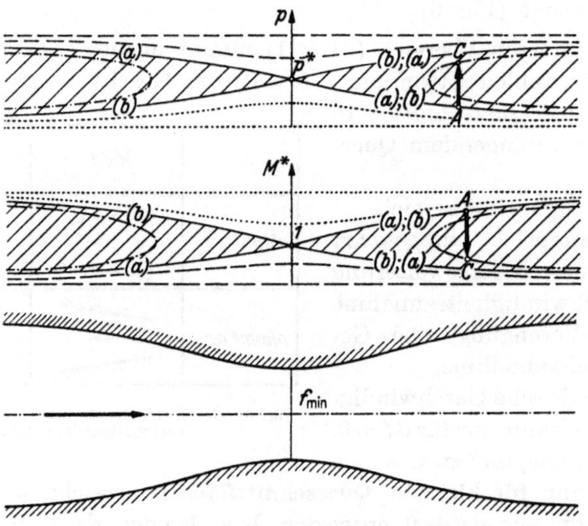

Fig. 7. Geschwindigkeits- und Druckverlauf in einer LAVAL-Düse

Vorbehaltlich einer strengeren zweidimensionalen späteren Behandlung
(vgl. § 12 und Ziff. 16.3 und 17.4) wenden wir hier die eindimensionale
Stromröhrenbetrachtung von Ziff. 3.1 auf diese Düsen an (Fig. 7):

Der kleinste Querschnitt $f = f_{\min}$ soll mit der kritischen Geschwindigkeit $w = a^*$ ($M = 1$), also der größten Stromdichte $\Theta = \Theta_{\max} = 1$
durchströmt werden. Die Durchflußmasse in der Zeiteinheit ist dann
$m^* = \varrho^* a^* f_{\min}$. Dabei sind die vier in Fig. 7 durch die Kurven (a)
und (b) dargestellten Strömungsverläufe in der hier zugrunde gelegten
Idealisierung möglich: Bei (a) geht die Strömung von hohem Druck im
Unterschall zu kleinem Druck im Überschall oder wieder zu hohem
Druck im Unterschall, bei (b) geht sie von kleinem Druck im Überschall zu hohem Druck im Unterschall oder wieder zu kleinem Druck
im Überschall. Die erste dieser vier Möglichkeiten, welche von einer

Unterschallströmung vor dem engsten Querschnitt zu einer Überschallströmung hinter dem engsten Querschnitt führt, wird bei der praktischen Verwendung der LAVAL-Düsen in Überschall-Windkanälen ausgenützt.

Bei kleinerer Durchflußmasse $m < m^*$ wird die ganze Düse entweder mit Unter- oder mit Überschallgeschwindigkeit durchströmt. Auf den ersten Fall beziehen sich in Fig. 7 die gestrichelten, auf den zweiten Fall die punktierten Linien. Die Geschwindigkeit erreicht im engsten Querschnitt im ersten Fall ein Maximum, im zweiten Fall ein Minimum und Θ in beiden Fällen ein unterhalb von 1 liegendes Maximum. Als Grenzfälle $m = 0$ hat man im Unterschallbereich die Ruhe (gestrichelte Geraden in Fig. 7) und im Überschallbereich die Strömung mit Maximalgeschwindigkeit und verschwindendem Druck (punktierte Geraden in Fig. 7).

Bei größerer Durchflußmasse $m > m^*$ ist eine isentropische Durchströmung der ganzen Düse unmöglich. Hier wird $\Theta = \Theta_{\mathrm{max}} = 1$ in zwei Querschnitten rechts und links vom engsten Querschnitt erreicht. In den Bereich zwischen diesen Querschnitten kann die isentropische Strömung nicht vordringen. Außerhalb dieser unzugänglichen Zone ergeben sich für Geschwindigkeit und Druck Kurven in dem schraffierten Bereich der Fig. 7. Diesen in Fig. 7 strichpunktierten Kurven entsprechen Strömungen, die an den Grenzen der unzugänglichen Zone umkehren und wieder aus der Düse herauslaufen. Sie lassen sich in dieser Weise natürlich nicht physikalisch realisieren. Ausschnitte dieser Strömungen können aber, wie sich später zeigen wird (vgl. Ziff. 18.5), bei Hinzunahme von Verdichtungsstößen physikalische Realität erhalten.

3.3 Beispiele: Quelle, Senke und Wirbel.
Zur Anwendung der Stromröhrenbetrachtung von Ziff. 3.1 besprechen wir einige einfache Beispiele kompressibler Strömungen:

a) Quelle und Senke in räumlicher und in ebener Strömung (Fig. 8). Die Stromlinien sind Gerade, bilden also ein Bündel bzw. Büschel mit dem Scheitel A. Außerdem soll die Geschwindigkeit w auf jeder Kugel bzw. jedem Kreis um A konstant sein. Bei Einführung eines (räumlichen bzw. ebenen) Polarkoordinatensystems mit dem Nullpunkt A

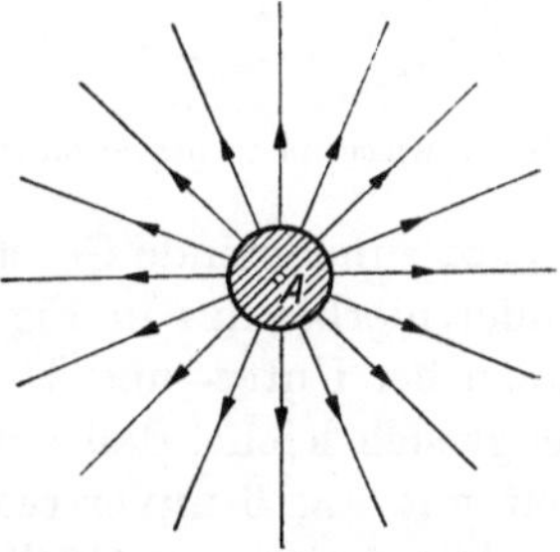

Fig. 8. Quelle (Senke) in räumlicher oder ebener Strömung

sind dann w, p, ϱ usf. Funktionen von r allein. Die Stromröhren sind schlanke Kegel um die Spitze A, die Querschnittflächen f sind proportional r^2. Die Stromstreifen im Fall der ebenen Strömung sind schmale Winkelstreifen, deren Breite proportional r ist. Infolgedessen liefert die

Kontinuitätsgleichung (3.1)

$$r^2 = \frac{\text{const}}{\varrho\, w} \quad \text{bzw.} \quad r = \frac{\text{const}}{\varrho\, w}\,.$$

Mit Hilfe von Gl. (2.22) kommt

$$r^{\nu} = \frac{C}{M}\left(\frac{\gamma-1}{2}M^2 + 1\right)^{\frac{\gamma+1}{2(\gamma-1)}} \quad \text{mit} \quad \begin{cases} \nu = 2 \text{ beim räumlichen Problem,} \\ \nu = 1 \text{ beim ebenen Problem.} \end{cases}$$

Nach Ziff. 2.5 (vgl. auch Fig. 3) hat $\varrho\, w$ ein Maximum und demnach r ein Minimum für $w = a^*$ ($M = 1$). Es ist also

$$r^{\nu}_{\min} = C\left(\frac{\gamma+1}{2}\right)^{\frac{\gamma+1}{2(\gamma-1)}},$$

so daß die vorangehende Gleichung übergeht in

$$r^{\nu} = r^{\nu}_{\min}\,\frac{1}{M}\left(\frac{\gamma-1}{\gamma+1}M^2 + \frac{2}{\gamma+1}\right)^{\frac{\gamma+1}{2(\gamma-1)}} \tag{3.4}$$

mit $\nu = 2$ beim räumlichen und $\nu = 1$ beim ebenen Problem.

Die durch Gl. (3.4) gegebene „Quellströmung" oder „Senkenströmung" existiert nur außerhalb der Kugel bzw. des Kreises $r = r_{\min}$.

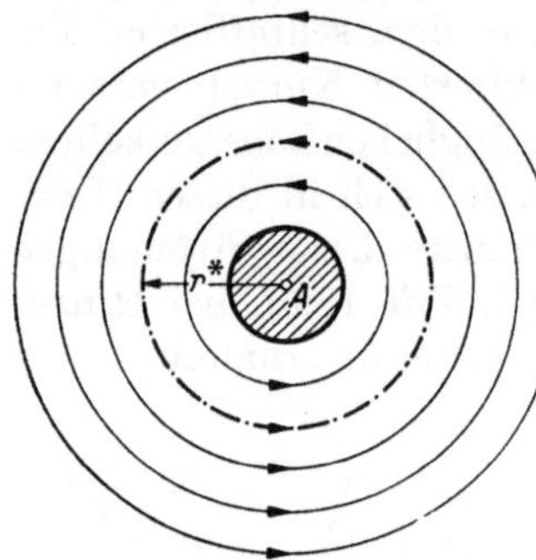
Fig. 9. Wirbel in ebener Strömung

Anstelle der punktförmigen Quelle und Senke der inkompressiblen Strömung tritt hier also ein kugel- bzw. kreisförmiger Kern, in dessen Inneres die Strömung nicht fortgesetzt werden kann (Fig. 8). Am Kern wird die kritische Geschwindigkeit ($M = 1$) erreicht und im ganzen Strömungsfeld außerhalb des Kerns hat man mit wachsendem r entweder monoton bis auf $M = 0$ bei $r = \infty$ abnehmende Geschwindigkeiten (reine Unterschallströmung) oder monoton bis auf $M = \infty$ für $r = \infty$ zunehmende Geschwindigkeiten (reine Überschallströmung). Man findet hierbei das in Fig. 6 dargestellte typische Verhalten der Stromlinien bei Unter- und Überschallgeschwindigkeiten bestätigt und überzeugt sich leicht, daß ein Durchgang durch die kritische Geschwindigkeit mit Fig. 6 unverträglich wäre.

Ausschnitte aus Quell- und Senkenströmungen kommen in konischen und ebenen Düsen vor.

b) Wirbel in ebener isentropischer Strömung (Fig. 9). Die Stromlinien sind konzentrische Kreise mit dem Mittelpunkt A und die Geschwindigkeit w soll wieder nur von r abhängen. Die Kontinuitätsgleichung (3.1) ist dann von vornherein erfüllt. Bei Beschränkung auf isentropische Strömungen ($S = \text{const}$ im ganzen Strömungsfeld) liefert der Wirbelsatz (2.14) sogleich $\mathfrak{w} \times \text{rot } \mathfrak{w} = 0$. Bei einer ebenen Strömung steht der Vektor rot $\mathfrak{w}$ senkrecht auf $\mathfrak{w}$, und es folgt daher aus $\mathfrak{w} \times \text{rot } \mathfrak{w} = 0$ bei Ausschluß von $\mathfrak{w} = 0$ notwendig rot $\mathfrak{w} = 0$ (vgl. Ziff. 4.1). Die Bedingung rot $\mathfrak{w} = 0$ liefert dann ebenso wie bei der inkompressiblen Wirbelströmung

$$r\,w = \text{const.}$$

Mit Hilfe der zweiten Gl. (2.20) folgt hieraus

$$r^2 = C \frac{(\gamma - 1)\,M^2 + 2}{(\gamma + 1)\,M^2}\,.$$

Dieser Ausdruck hat für $M = \infty$ ein Minimum, und zwar ist

$$r_{\min}^2 = C \frac{\gamma - 1}{\gamma + 1}\,,$$

womit die vorangehende Gleichung in

$$r^2 = r_{\min}^2 \left(1 + \frac{2}{\gamma - 1} \frac{1}{M^2} \right) \tag{3.5}$$

übergeht.

Auch die Wirbelströmung, Gl. (3.5), existiert nur außerhalb des vom Kreis $r = r_{\min}$ begrenzten Kerns (Fig. 9). Die Geschwindigkeit nimmt mit wachsendem r monoton ab von $M = \infty$ am Kern bei $r = r_{\min}$ bis auf $M = 0$ bei $r = \infty$. Bei $r^* = r_{\min} \sqrt{\dfrac{\gamma + 1}{\gamma - 1}}$ wird die kritische Geschwindigkeit ($M = 1$) durchschritten, das Strömungsfeld zerfällt demnach in den dem Kern benachbarten Überschallbereich $r_{\min} \leqq r < r^*$ und den sich ins Unendliche erstreckenden Unterschallbereich $r > r^*$.

Für jeden Stromstreifen ist die Breite und die Geschwindigkeit konstant, die HUGONIOT-Gleichung (3.3) wird also an jeder Stelle des Strömungsfeldes durch $df = dw = 0$ in trivialer Weise erfüllt.

§ 4. Geschwindigkeitspotential der wirbelfreien stationären Strömung

4.1 Existenz eines Geschwindigkeitspotentials. Wir erörtern nun den praktisch wichtigen und weit umfassenden Spezialfall der wirbelfreien stationären Strömungen, bei denen im ganzen Strömungsfeld

$$\text{rot } \mathfrak{w} = 0, \quad \text{also} \quad \frac{\partial}{\partial y} w_3 - \frac{\partial}{\partial z} w_2 = \frac{\partial}{\partial z} w_1 - \frac{\partial}{\partial x} w_3 = \frac{\partial}{\partial x} w_2 - \frac{\partial}{\partial y} w_1 = 0 \tag{4.1}$$

gilt. Aus dieser Bedingung folgt die Existenz einer Funktion $\varphi(x, y, z)$, die wir als Geschwindigkeitspotential (kurz Potential) bezeichnen, und aus der die Strömungsgeschwindigkeit durch Gradientenbildung hergeleitet werden kann,

$$\mathfrak{w} = \text{grad } \varphi, \quad \text{also} \quad w_1 = \frac{\partial \varphi}{\partial x}, \quad w_2 = \frac{\partial \varphi}{\partial y}, \quad w_3 = \frac{\partial \varphi}{\partial z}\,. \tag{4.2}$$

Nach dem STOKESschen Integralsatz verschwindet bei wirbelfreien Strömungen das Zirkulationsintegral $\oint \mathfrak{w}\, d\mathfrak{r}$ über jede geschlossene Kurve ($\mathfrak{r}$ = Ortsvektor der Kurvenpunkte), die in einem einfach zusammenhängenden Bereich des wirbelfreien Strömungsfeldes liegt. Die in Ziff. 3.3 erörterten Beispiele (Quelle, Senke und „Wirbel") sind wirbelfreie Strömungen.

Nach dem Wirbelsatz (2.14) sind, wie wir bereits in Ziff. 2.3 feststellten, wirbelfreie Strömungen stets auch isentropisch, d. h. aus rot $\mathfrak{w} = 0$ folgt $S = $ const. Bei ebenen und bei achsensymmetrischen räumlichen Strömungen gilt auch die Umkehrung dieses Satzes, nämlich: Eine isentropische ebene oder eine isentropische achsensymmetrische Strömung ist stets auch wirbelfrei. Bei den ebenen und achsensymmetrischen Strömungen steht nämlich der Vektor rot $\mathfrak{w}$ senkrecht auf dem Vektor $\mathfrak{w}$, und man kann dann, falls $\mathfrak{w} \neq 0$, ebenso wie bei dem Beispiel b) in Ziff. 3.3 von $\mathfrak{w} \times$ rot $\mathfrak{w} = 0$ auf rot $\mathfrak{w} = 0$ schließen.

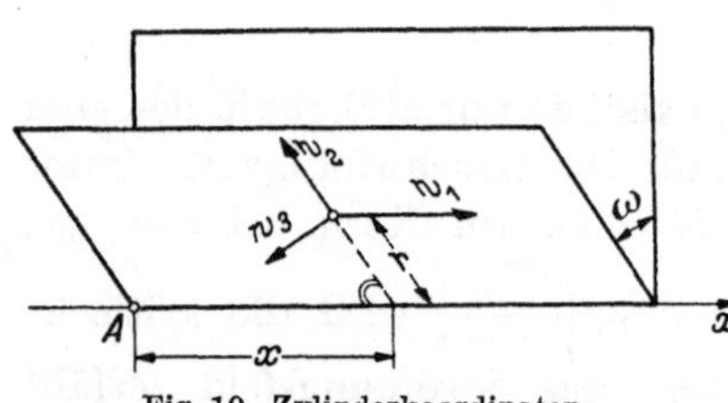

Fig. 10. Zylinderkoordinaten

Die achsensymmetrischen Strömungen, die z. B. bei axial angeblasenen Drehkörpern vorkommen, sind der wichtigste Sonderfall der räumlichen Strömung. Wir beschreiben sie in Zylinderkoordinaten x, r, ω (Fig. 10), wobei die x-Achse mit der Symmetrieachse der Strömung zusammenfällt. Der Geschwindigkeitsvektor $\mathfrak{w}$ hängt wegen der Achsensymmetrie nicht vom Drehwinkel ω, sondern lediglich von x, r ab und liegt stets in einer Meridianebene $\omega = $ const (Ebene durch die x-Achse). Infolgedessen ist die Strömung in allen Meridianebenen dieselbe und braucht daher nur in einer festen Meridianebene untersucht zu werden.

4.2 Potentialgleichung der allgemeinen räumlichen Strömung. Im allgemeinen räumlichen Fall der stationären wirbelfreien Strömung sind w_1, w_2, w_3 als Funktionen von x, y, z zu ermitteln. Die Zustandsgrößen p, ϱ, a usf. des Gases sind Funktionen des Geschwindigkeitsbetrags w; denn wegen $S = $ const werden alle Zustandsgrößen, die sonst als Funktionen von S und p zu betrachten sind, Funktionen von p allein und die BERNOULLIsche Gleichung (2.4) liefert dann auch w als Funktion von p bzw. p als Funktion von w. Hierbei ist der Ruhedruck p_0 ebenso wie S im ganzen Strömungsfeld konstant. Auch a und alle weiteren Zustandsgrößen sind schließlich als Funktionen von w darstellbar. Für vollkommene Gase mit konstanten spezifischen Wärmen haben wir die Funktionen $w(p)$ und $a(w)$ in den Gln. (2.6) und (2.8) angegeben.

Ersetzt man in Gl. (2.18) die Geschwindigkeitskomponenten w_1, w_2, w_3 gemäß Gl. (4.2) durch $\varphi_x, \varphi_y, \varphi_z$, so ergibt sich für die Funktion $\varphi(x, y, z)$ eine Differentialgleichung 2. Ordnung, die sogenannte Potentialgleichung, nämlich

$$\left(1 - \frac{\varphi_x^2}{a^2}\right)\varphi_{xx} + \left(1 - \frac{\varphi_y^2}{a^2}\right)\varphi_{yy} + \left(1 - \frac{\varphi_z^2}{a^2}\right)\varphi_{zz} - $$
$$- 2\frac{\varphi_y\varphi_z}{a^2}\,\varphi_{yz} - 2\frac{\varphi_z\varphi_x}{a^2}\,\varphi_{zx} - 2\frac{\varphi_x\varphi_y}{a^2}\,\varphi_{xy} = 0. \tag{4.3}$$

Dabei ist Stetigkeit der 2. Ableitungen von φ und hiermit Vertauschbarkeit der Reihenfolge der Differentiationen vorausgesetzt; vgl. Gl. (4.1).

Man beachte, daß a^2 in der Potentialgleichung (4.3) nicht konstant, sondern eine Funktion von w und folglich eine Funktion von $\varphi_x^2 + \varphi_y^2 + \varphi_z^2$ ist,

$$a = a(\varphi_x^2 + \varphi_y^2 + \varphi_z^2). \tag{4.4}$$

Bei vollkommenen Gasen mit konstanten spezifischen Wärmen spezialisiert sich Gl. (4.4) zu Gl. (2.8), nämlich

$$a^2 = \frac{\gamma - 1}{2}\,[w_{\max}^2 - (\varphi_x^2 + \varphi_y^2 + \varphi_z^2)].$$

Da die Ableitungen von φ in nichtlinearen Verbindungen wie z. B. $\varphi_{xx}\dfrac{\varphi_x^2}{a^2(\varphi_x^2 + \varphi_y^2 + \varphi_z^2)}$ vorkommen, ist die Potentialgleichung (4.3) eine nichtlineare Differentialgleichung. Da aber die zweiten Ableitungen für sich allein linear eingehen, nennen wir die Gleichung quasilinear. Im Grenzfall $a = \infty\;\left(\dfrac{1}{a} = 0\right)$ der inkompressiblen Strömung spezialisiert sich Gl. (4.3) zur linearen Potentialgleichung

$$\triangle\varphi = \varphi_{xx} + \varphi_{yy} + \varphi_{zz} = 0$$

der gewöhnlichen Aerodynamik.

Zuweilen ist es zweckmäßig, die Potentialgleichung in Zylinderkoordinaten x, r, ω (vgl. Fig. 10) zu schreiben. w_1, w_2, w_3 bedeuten dann die Geschwindigkeitskomponenten im Zylinderkoordinatensystem und anstelle der Gln. (4.2) hat man

$$w_1 = \frac{\partial\varphi}{\partial x}, \quad w_2 = \frac{\partial\varphi}{\partial r}, \quad w_3 = \frac{1}{r}\frac{\partial\varphi}{\partial\omega}. \tag{4.2*}$$

Die Kontinuitätsbedingung (2.2) liefert in Zylinderkoordinaten ähnlich wie in Ziff. 2.3 die Gleichung

$$0 = \frac{1}{\varrho}\operatorname{div}(\varrho\,\mathfrak{w}) = \frac{1}{\varrho}\left[(\varrho w_1)_x + \frac{1}{r}(r\varrho w_2)_r + \frac{1}{r}(\varrho w_3)_\omega\right]$$
$$= \frac{\partial w_1}{\partial x} + \frac{\partial w_2}{\partial r} + \frac{1}{r}\frac{\partial w_3}{\partial\omega} + \frac{1}{a^2\varrho}\left[w_1\frac{\partial p}{\partial x} + w_2\frac{\partial p}{\partial r} + \frac{1}{r}w_3\frac{\partial p}{\partial\omega}\right] + \frac{1}{r}w_2.$$

Die Bewegungsgleichungen lauten gemäß Gl. (2.3)

$$-\frac{1}{\varrho}\frac{\partial p}{\partial x} = w_1\frac{\partial w_1}{\partial x} + w_2\frac{\partial w_1}{\partial r} + \frac{1}{r}w_3\frac{\partial w_1}{\partial \omega},$$

$$-\frac{1}{\varrho}\frac{\partial p}{\partial r} = w_1\frac{\partial w_2}{\partial x} + w_2\frac{\partial w_2}{\partial r} + \frac{1}{r}w_3\frac{\partial w_2}{\partial \omega} - \frac{1}{r}w_3^2,$$

$$-\frac{1}{\varrho}\frac{1}{r}\frac{\partial p}{\partial \omega} = w_1\frac{\partial w_3}{\partial x} + w_2\frac{\partial w_3}{\partial r} + \frac{1}{r}w_3\frac{\partial w_3}{\partial \omega} + \frac{1}{r}w_2 w_3.$$

Durch Einsetzen dieser Ausdrücke in die vorhergehende Gleichung ergibt sich anstelle der Gl. (2.18) eine etwas kompliziertere Gleichung, und die Potentialgleichung (4.3) geht über in

$$\left(1 - \frac{\varphi_x^2}{a^2}\right)\varphi_{xx} + \left(1 - \frac{\varphi_r^2}{a^2}\right)\varphi_{rr} + \left(1 - \frac{\varphi_\omega^2}{r^2 a^2}\right)\frac{\varphi_{\omega\omega}}{r^2} -$$

$$-2\frac{\varphi_r\varphi_\omega}{r^2 a^2}\varphi_{r\omega} - 2\frac{\varphi_\omega\varphi_x}{r^2 a^2}\varphi_{\omega x} - 2\frac{\varphi_x\varphi_r}{a^2}\varphi_{xr} + \frac{\varphi_r}{r}\left(1 + \frac{\varphi_\omega^2}{r^2 a^2}\right) = 0. \qquad (4.3*)$$

Diese Gleichung ist ebenso wie Gl. (4.3) eine quasilineare Differentialgleichung. Während aber Gl. (4.3) hinsichtlich der 2. Ableitungen homogen war, ist Gl. (4.3*) nicht homogen.

4.3 Potentialgleichung der ebenen und der achsensymmetrischen Strömung. Bei der ebenen Strömung spezialisiert sich Gl. (4.3) durch die Forderungen $w_3 \equiv 0$ und $w_1 = w_1(x, y)$, $w_2 = w_2(x, y)$, also $\varphi = \varphi(x, y)$ zu

$$\left(1 - \frac{\varphi_x^2}{a^2}\right)\varphi_{xx} - 2\frac{\varphi_x\varphi_y}{a^2}\varphi_{xy} + \left(1 - \frac{\varphi_y^2}{a^2}\right)\varphi_{yy} = 0. \qquad (4.5)$$

Bei der achsensymmetrischen räumlichen Strömung ist entsprechend $w_3 \equiv 0$ und $w_1 = w_1(x, r)$, $w_2 = w_2(x, r)$, also $\varphi = \varphi(x, r)$ zu setzen, womit sich Gl. (4.3*) zu

$$\left(1 - \frac{\varphi_x^2}{a^2}\right)\varphi_{xx} - 2\frac{\varphi_x\varphi_r}{a^2}\varphi_{xr} + \left(1 - \frac{\varphi_r^2}{a^2}\right)\varphi_{rr} + \frac{\varphi_r}{r} = 0 \qquad (4.6)$$

vereinfacht.

Die beiden Gln. (4.5) und (4.6) sind natürlich wiederum quasilineare Differentialgleichungen, jedoch nicht mehr mit drei, sondern nur noch mit zwei unabhängigen Veränderlichen x, y bzw. x, r. Gl. (4.6) ist wie Gl. (4.3*) bezüglich der 2. Ableitungen nicht homogen. Sie unterscheidet sich, abgesehen vom Wechsel der Bezeichnungen y und r, von Gl. (4.5) lediglich durch das Hinzutreten des Gliedes $\frac{\varphi_r}{r}$. Wir werden später sehen, daß sich hierdurch die Integration der Potentialgleichung erheblich verkompliziert.

Bei der ebenen und der achsensymmetrischen Strömung werden wir fortan die Bezeichnungen w_1, w_2 stets durch u, v ersetzen.

§ 5. Stromfunktion der stationären ebenen und achsensymmetrischen Strömung

5.1 Existenz einer Stromfunktion. Bei den wirbelfreien Strömungen (§ 4) führte die Bedingung rot $\mathfrak{w} = 0$ zur Existenz einer Potentialfunktion $\varphi\,(x, y, z)$, aus der dann die Strömungsgeschwindigkeit als Gradient $\mathfrak{w} = \operatorname{grad} \varphi$ hergeleitet werden konnte. In ähnlicher Weise kann man die Kontinuitätsgleichung (2.2) zur Definition eines Vektorpotentials benützen: Aus der Bedingung $\operatorname{div}(\varrho\,\mathfrak{w}) = 0$ folgt nämlich die Existenz einer Vektorfunktion $\mathfrak{F}\,(x, y, z)$, aus der sich die Stromdichte als Rotation $\varrho\,\mathfrak{w} = \operatorname{rot} \mathfrak{F}$ herleiten läßt. Man beachte, daß die Potentialfunktion $\varphi(x, y, z)$ nur bei wirbelfreien, das Vektorpotential $\mathfrak{F}(x, y, z)$ dagegen auch bei nicht wirbelfreien stationären Strömungen existiert; denn $\mathfrak{F}$ setzt nur die Gültigkeit der Kontinuitätsgleichung, also die Quellenfreiheit des Strömungsfeldes voraus.

Wir beschränken uns im folgenden auf ebene und auf achsensymmetrische stationäre Strömungen. Wie in § 2 allgemein verabredet, soll die Strömung isoenergetisch, braucht aber keineswegs isentropisch und wirbelfrei zu sein. Die Kontinuitätsgleichung (2.2) reduziert sich mit $w_1 = u$, $w_2 = v$ und $w_3 \equiv 0$ auf

$$\left.\begin{aligned} (\varrho\,u)_x + (\varrho\,v)_y = 0 \quad &\text{im ebenen Fall,} \\ (r\,\varrho\,u)_x + (r\,\varrho\,v)_r = 0 \quad &\text{im achsensymmetrischen Fall.} \end{aligned}\right\} \tag{5.1}$$

Infolgedessen ist

$$-(\varrho\,v)\,dx + (\varrho\,u)\,dy \quad \text{bzw.} \quad -(r\,\varrho\,v)\,dx + (r\,\varrho\,u)\,dr$$

das vollständige Differential einer Funktion $\psi(x,y)$ bzw. $\psi(x,r)$, und man hat

$$\left.\begin{aligned} \varrho\,u &= \psi_y \\ \varrho\,v &= -\psi_x \end{aligned} \quad \text{bzw.} \quad \begin{aligned} r\,\varrho\,u &= \psi_r, \\ r\,\varrho\,v &= -\psi_x. \end{aligned}\right\} \tag{5.2}$$

In diesem Sinne spezialisiert sich bei ebenen und bei achsensymmetrischen Strömungen das Vektorpotential $\mathfrak{F}\,(x, y, z)$ auf eine skalare Funktion, die sogenannte Stromfunktion $\psi\,(x, y)$ bzw. $\psi\,(x, r)$.

Aus den Gln. (5.2) folgt

$$\mathfrak{w} \operatorname{grad} \psi = \left\{ \begin{aligned} u\,\psi_x &+ v\,\psi_y \\ &\text{bzw.} \\ u\,\psi_x &+ v\,\psi_r \end{aligned} \right\} = 0, \tag{5.3}$$

d. h.: Die Stromfunktion ψ ist längs jeder Stromlinie konstant, die Stromlinien können also durch die Gleichung $\psi = \text{const}$ dargestellt werden. Hieraus ergeben sich weitere Folgerungen:

a) Da längs jeder Stromlinie auch die Entropie S konstant bleibt, ist S eine Funktion der Stromfunktion,

$$S = S(\psi). \tag{5.4}$$

b) Wir betrachten die Durchflußmasse m in der Zeiteinheit zwischen zwei Stromlinien $\psi = \psi_a$ und $\psi = \psi_b$ im ebenen Fall bzw. zwischen den beiden Umdrehungsflächen der Stromlinien $\psi = \psi_a$ und $\psi = \psi_b$ im achsensymmetrischen Fall. Aus den Linienintegralen längs einer die Stromlinien a und b verbindenden Kurve (Fig. 11)

$$m = \int\limits_a^b \varrho\, \mathfrak{w}\, \mathfrak{n}\, dl \quad \text{bzw.} \quad m = \int\limits_a^b 2\,\pi\,r\,\varrho\,\mathfrak{w}\,\mathfrak{n}\,dl$$

mit $\mathfrak{n}\, dl =$ Vektor $(dy,\, -dx)$ bzw. $(dr,\, -dx)$ folgt mit Hilfe der Gln. (5.2)

$$m = \int\limits_a^b \varrho\,(u\,dy - v\,dx) = \int\limits_a^b d\psi = \psi_b - \psi_a$$

bzw.

$$m = 2\,\pi \int\limits_a^b r\,\varrho\,(u\,dr - v\,dx) = 2\,\pi \int\limits_a^b d\psi = 2\,\pi\,(\psi_b - \psi_a).$$

d. h.: Die Durchflußmasse m ist gleich bzw. bis auf den Faktor 2π gleich der Zunahme $\psi_b - \psi_a$ der Stromfunktion zwischen den beiden Stromlinien.

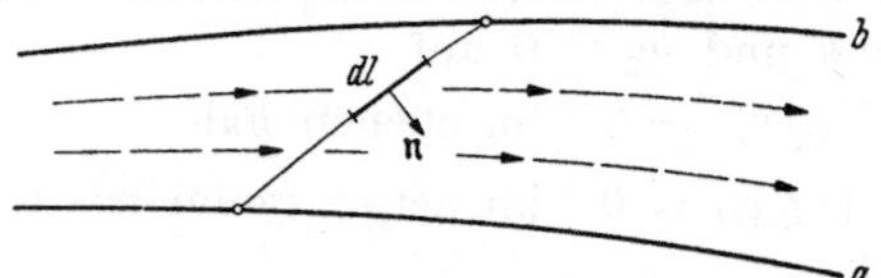

Fig. 11. Durchflußmasse zwischen zwei Stromlinien

5.2 Stromfunktionsgleichung der ebenen Strömung. Bei der ebenen Strömung reduzieren sich die Gln. (2.17) auf

$$v(u_y - v_x) = T S_x, \qquad u(v_x - u_y) = T S_y$$

und mit Berücksichtigung der aus Gl. (5.4) folgenden Beziehungen

$$S_x = \frac{dS}{d\psi}\,\psi_x, \qquad S_y = \frac{dS}{d\psi}\,\psi_y$$

schließlich auf die einzige Gleichung

$$v_x - u_y = \varrho\, T\, \frac{dS}{d\psi}, \tag{5.5}$$

den Croccoschen Wirbelsatz (2.14) der ebenen Strömung.

Um nun für $\psi\,(x,\,y)$ eine Differentialgleichung herzuleiten, differenzieren wir die Gln. (5.2), also

$$-\varrho\,v_x = \psi_{xx} + \varrho_x\,v, \qquad \varrho\,u_y = \psi_{yy} - \varrho_y\,u,$$

und erhalten durch Einsetzen in Gl. (5.5)

$$\psi_{xx} + \psi_{yy} + \varrho_x\,v - \varrho_y\,u = -\varrho^2\,T\,\frac{dS}{d\psi}. \tag{5.6}$$

Mit Rücksicht auf Gl. (1.11) ergibt sich aus der EULERschen Bewegungsgleichung (1.3)

$$\frac{\varrho_x}{\varrho} = \frac{1}{a^2}\frac{p_x}{\varrho} + S'\frac{\varrho s}{\varrho}\,\psi_x = -\frac{1}{a^2}(u\,u_x + v\,u_y) - \frac{dS}{d\psi}\varrho s\,v,$$

$$\frac{\varrho_y}{\varrho} = \frac{1}{a^2}\frac{p_y}{\varrho} + S'\frac{\varrho s}{\varrho}\,\psi_y = -\frac{1}{a^2}(u\,v_x + v\,v_y) + \frac{dS}{d\psi}\varrho s\,u.$$

Hieraus folgt mit Hilfe der differenzierten Gln. (5.2)

$$\left.\begin{aligned}
\varrho_x v &= -\frac{dS}{d\psi}\varrho\,\varrho s\,v^2 - \frac{v}{a^2}\{u\,(\psi_{xy} - u\,\varrho_x) + v(\psi_{yy} - u\,\varrho_y)\},\\
-\varrho_y u &= -\frac{dS}{d\psi}\varrho\,\varrho s\,u^2 - \frac{u}{a^2}\{u(\psi_{xx} + v\,\varrho_x) + v(\psi_{xy} + v\,\varrho_y)\}.
\end{aligned}\right\} \qquad (5.7)$$

Durch Einsetzen dieser Ausdrücke geht Gl. (5.6) über in

$$\left(1 - \frac{u^2}{a^2}\right)\psi_{xx} - \frac{2\,u\,v}{a^2}\psi_{xy} + \left(1 - \frac{v^2}{a^2}\right)\psi_{yy} = \varrho\,(w^2\,\varrho s - \varrho\,T)\frac{dS}{d\psi}. \qquad (5.8)$$

5.3 Stromfunktionsgleichung der achsensymmetrischen Strömung.
Bei der achsensymmetrischen Strömung lautet der CROCCOsche Wirbelsatz

$$v_x - u_r = r\,\varrho\,T\frac{dS}{d\psi}. \qquad (5.5^*)$$

Aus den Gln. (5.2) folgt

$$-\varrho\,v_x = \frac{1}{r}\psi_{xx} + \varrho_x v, \qquad \varrho\,u_r = \frac{1}{r}\psi_{rr} - \varrho_r u - \frac{1}{r}\varrho\,u.$$

Durch Einsetzen in Gl. (5.5*) kommt

$$\frac{1}{r}(\psi_{xx} + \psi_{rr}) + \varrho_x v - \varrho_r u - \frac{1}{r}\varrho\,u = -r\,\varrho^2\,T\frac{dS}{d\psi}. \qquad (5.6^*)$$

Anstelle der Gln. (5.7) ergibt sich

$$\left.\begin{aligned}
\varrho_x v &= -r\frac{dS}{d\psi}\varrho\,\varrho s\,v^2 - \frac{v}{a^2}\left\{u\left(\frac{\psi_{rx}}{r} - \varrho_x u\right) + v\left(\frac{\psi_{rr}}{r} - \varrho_r u - \frac{\varrho\,u}{r}\right)\right\},\\
-\varrho_r u &= -r\frac{dS}{d\psi}\varrho\,\varrho s\,u^2 - \frac{u}{a^2}\left\{u\left(\frac{\psi_{xx}}{r} + \varrho_x v\right) + v\left(\frac{\psi_{xr}}{r} + \varrho_r v + \frac{\varrho\,v}{r}\right)\right\},
\end{aligned}\right\}$$
$$(5.7^*)$$

worauf Gl. (5.6*) übergeht in

$$\left(1 - \frac{u^2}{a^2}\right)\psi_{xx} - 2\frac{u\,v}{a^2}\psi_{xr} + \left(1 - \frac{v^2}{a^2}\right)\psi_{rr} - \frac{\psi_r}{r} = r^2\,\varrho\,(w^2\,\varrho s - \varrho\,T)\frac{dS}{d\psi}.$$
$$(5.8^*)$$

5.4 Isentropische ebene und achsensymmetrische Strömung. Bei isentropischer Strömung $\left(S = \text{const}, \frac{dS}{d\psi} = 0\right)$ verschwinden die rechten Seiten der Differentialgleichungen (5.8) und (5.8*), und man erhält unter Berücksichtigung der Gln. (5.2) als Stromfunktionsgleichung

$$\left(1 - \frac{\psi_y^2}{(a\,\varrho)^2}\right)\psi_{xx} + 2\frac{\psi_x\,\psi_y}{(a\,\varrho)^2}\psi_{xy} + \left(1 - \frac{\psi_x^2}{(a\,\varrho)^2}\right)\psi_{yy} = 0 \qquad (5.9)$$

im ebenen Fall und

$$\left(1 - \frac{\psi_r^2}{r^2 (a\,\varrho)^2}\right) \psi_{xx} + 2 \frac{\psi_x\,\psi_r}{r^2 (a\,\varrho)^2}\,\psi_{xr} + \left(1 - \frac{\psi_x^2}{r^2 (a\,\varrho)^2}\right) \psi_{rr} - \frac{\psi_r}{r} = 0 \qquad (5.10)$$

im achsensymmetrischen Fall. Hierbei ist $a\varrho$ eine durch die Zustandsgleichung des Gases bestimmte Funktion von w^2 und dann wegen der Gln. (5.2) auch eine Funktion von $\psi_x^2 + \psi_y^2$ bzw. von $\frac{1}{r^2}(\psi_x^2 + \psi_r^2)$.

Bei den hier betrachteten isentropischen Strömungen existiert nach § 4 auch ein Potential φ. Die eben hergeleiteten Stromfunktionsgleichungen (5.9) und (5.10) haben wesentliche Eigenschaften mit den Potentialgleichungen (4.5) und (4.6) gemeinsam: Sie sind wie diese quasilineare Differentialgleichungen 2. Ordnung und sind bezüglich der zweiten Ableitungen im ebenen Fall homogen, im achsensymmetrischen dagegen nicht.

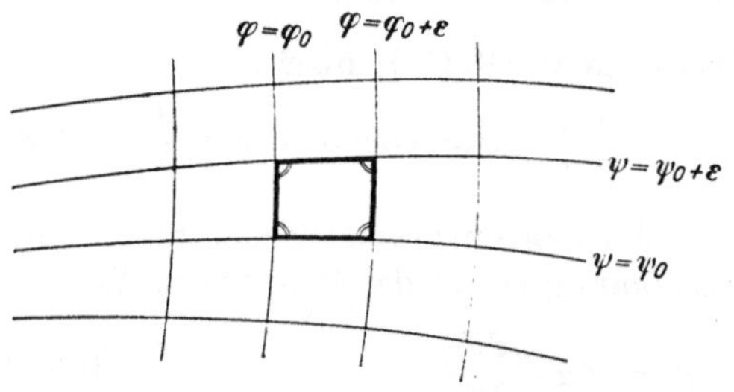

Fig. 12. Potential- und Stromlinien der ebenen oder achsensymmetrischen räumlichen Strömung

Die durch $\varphi = $ const gegebenen Potentiallinien stehen auf den Stromlinien $\psi = $ const senkrecht und erzeugen daher zusammen mit diesen ein orthogonales Kurvennetz; denn aus den Gln. (4.2) und (5.2) ergibt sich sofort die Orthogonalitätsbeziehung

$$\varphi_x\,\psi_x + \varphi_y\,\psi_y = 0 \quad \text{bzw.} \quad \varphi_x\,\psi_x + \varphi_r\,\psi_r = 0\,.$$

Greift man aus dem Kurvennetz der Stromlinien und Potentiallinien die diskreten Kurven

$$\varphi = \varphi_0, \quad \varphi = \varphi_0 \pm \varepsilon, \quad \varphi = \varphi_0 \pm 2\,\varepsilon, \quad \ldots,$$

$$\psi = \psi_0, \quad \psi = \psi_0 \pm \varepsilon, \quad \psi = \psi_0 \pm 2\,\varepsilon, \quad \ldots$$

heraus, wobei φ_0, ψ_0 und die „Maschenweite" ε beliebige Konstanten sind, so ergibt sich ein i. allg. krummliniges Rechtecksnetz (Fig. 12). Bei fortgesetzter Verengerung dieses Netzes durch den Grenzprozeß $\varepsilon \to 0$ strebt das Seitenverhältnis der Rechtecksmaschen einem von Punkt zu Punkt veränderlichen Grenzwert zu, nämlich

$$\left(\frac{\text{Bogenlänge auf } \varphi = \text{const}}{\text{Bogenlänge auf } \psi = \text{const}}\right)_{\varepsilon \to 0} = \frac{|\operatorname{grad}\varphi|}{|\operatorname{grad}\psi|} = \begin{cases} \dfrac{1}{\varrho} & \text{im ebenen Fall,} \\[2mm] \dfrac{1}{r\,\varrho} & \text{im achsensymmetrischen Fall.} \end{cases}$$

Bei der inkompressiblen ebenen Strömung ist wegen $\varrho = \varrho_0 = $ const das Seitenverhältnis im ganzen Netz konstant. Wenn wir durch geeignete Wahl des Maßsystems $\varrho_0 = 1$ setzen, sind alle Rechtecksmaschen quadratisch und die Beziehungen zwischen den Ableitungen des Potentials und der Stromfunktion

$$u = \varphi_x = \frac{1}{\varrho}\,\psi_y, \quad v = \varphi_y = -\frac{1}{\varrho}\,\psi_x \qquad (5.11)$$

spezialisieren sich zu den CAUCHY-RIEMANNschen Differentialgleichungen

$$\varphi_x = \psi_y, \quad \varphi_y = -\psi_x.$$

Die Potentialgleichung (4.5) und die Stromfunktionsgleichung (5.9) geht in die LAPLACEsche Gleichung, also

$$\varphi_{xx} + \varphi_{yy} = 0, \quad \psi_{xx} + \psi_{yy} = 0$$

über.

Als Beispiel seien Potential und Stromfunktion der ebenen Quellströmung und der Wirbelströmung (vgl. Ziff. 3.3) besprochen: In Polarkoordinaten hat die ebene Quellströmung die Stromfunktion

$$\psi = \text{const} \cdot \omega = \text{const} \cdot \arctan y/x,$$

und die Wirbelströmung das Potential

$$\varphi = \text{const} \cdot \omega = \text{const} \cdot \arctan y/x.$$

Hieraus folgt für die Quellströmung $w\,\varrho = \sqrt{\psi_x^2 + \psi_y^2} = \dfrac{\text{const}}{r}$ und für die Wirbelströmung $w = \sqrt{\varphi_x^2 + \varphi_y^2} = \dfrac{\text{const}}{r}$ in Übereinstimmung mit Ziff. 3.3. Die Geraden $\omega = \text{const}$ durch den Nullpunkt sind die Stromlinien der Quellströmung und die Potentiallinien der Wirbelströmung, die konzentrischen Kreise $r = \text{const}$ sind die Potentiallinien der Quellströmung und die Stromlinien der Wirbelströmung.

II. Abschnitt

Linearisierte stationäre Strömung um Profile und Drehkörper

In diesem Abschnitt werden wirbelfreie stationäre Strömungen behandelt, die von der ungestörten Parallelströmung nur wenig abweichen und dadurch entstehen, daß die Parallelströmung durch einen hinreichend flachen oder einen hinreichend schlanken Körper gestört wird. Bei der Strömung um solche Körper läßt sich die Potentialgleichung im Unterschall- und im Überschallbereich linearisieren d. h. durch eine lineare Differentialgleichung approximieren. Der Geschwindigkeitsbereich in der Umgebung der kritischen Geschwindigkeit (MACH-Zahl nahe 1) und der Bereich sehr hoher Mach-Zahlen ($M \gg 1$) muß von der Betrachtung ausgeschlossen werden (vgl. § 23).

Schon diese vereinfachende linearisierende Behandlung der Strömung führt zu wichtigen qualitativen Aussagen über charakteristische Unterschiede der Unter- und Überschallströmungen und liefert in vielen Fällen auch praktisch ausreichende quantitative Ergebnisse.

§ 6. Linearisierung der Potentialgleichung

6.1 Voraussetzungen für die Linearisierung. Wir bezeichnen mit $\overline{\mathfrak{w}}$ und $\overline{\varphi}$ den Geschwindigkeitsvektor und das Potential der in Richtung der positiven x-Achse verlaufenden ungestörten Grundströmung und setzen für die entsprechenden Größen $\mathfrak{w}$, φ der zu untersuchenden gestörten Strömung (Fig. 13)

$$\mathfrak{w} = \overline{\mathfrak{w}} + \mathfrak{w}', \quad \left.\begin{array}{lll} w_1 = \overline{w} + w_1', & w_2 = w_2', & w_3 = w_3', \\ \varphi = \overline{\varphi} + \varphi' = \overline{w}\,x + \varphi', & \mathfrak{w}' = \operatorname{grad} \varphi' \end{array}\right\} . \quad (6.1)$$

Dabei ist $\overline{w}$ eine vorgegebene Konstante, φ' eine gesuchte Funktion von x, y, z.

Die Voraussetzung, daß sich die gestörte Strömung von der Grundströmung nach Größe und Richtung des Geschwindigkeitsvektors nur wenig unterscheiden soll, wird folgendermaßen präzisiert:

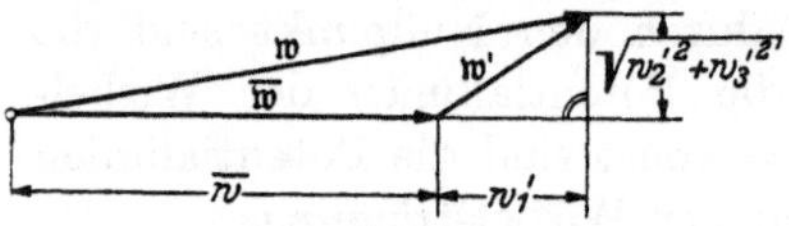

Die Abweichungen w_1', w_2', w_3' sollen dem Betrage nach klein gegen $\overline{w}$ sein und ebenso wie ihre Ableitungen nur mit den linearen Gliedern berücksichtigt werden.

Fig. 13. Geschwindigkeitsvektor der gestörten Strömung

Bei Beachtung dieser Vorschrift erhält man für den Geschwindigkeitsbetrag w der gestörten Strömung

$$w^2 = (\overline{w} + w_1')^2 + w_2'^2 + w_3'^2 = \overline{w}^2 + 2\,\overline{w}\,w_1', \quad w = \overline{w} + w_1' \quad (6.2)$$

und bei Beschränkung auf vollkommene Gase mit konstanten spezifischen Wärmen ergibt sich für die Schallgeschwindigkeit a auf Grund der Gl. (2.8)

$$\left. \begin{array}{l} a^2 = \dfrac{\gamma-1}{2}\,(w_{\max}^2 - \overline{w}^2 - 2\,\overline{w}\,w_1') = \overline{a}^2 - (\gamma-1)\,\overline{w}\,w_1', \quad a = \overline{a} - \dfrac{\gamma-1}{2}\,\dfrac{\overline{w}}{\overline{a}}\,w_1' = \overline{a} + a', \\[2mm] M = \dfrac{w}{a} = \dfrac{\overline{w} + w_1'}{\overline{a} + a'} = \dfrac{\overline{w}}{\overline{a}}\left(1 + \dfrac{w_1'}{\overline{w}} - \dfrac{a'}{\overline{a}}\right) = \overline{M}\left[1 + \left(1 + \dfrac{\gamma-1}{2}\,\overline{M}^2\right)\dfrac{w_1'}{\overline{w}}\right]. \end{array} \right\}$$

$$(6.3)$$

Mit $\overline{a}$ und $\overline{M}$ ist die Schallgeschwindigkeit und die Mach-Zahl der Grundströmung bezeichnet.

Die BERNOULLIsche Gleichung (2.4) liefert die wichtige Näherungsbeziehung für den Über- bzw. Unterdruck gegenüber der Grundströmung

$$p' = p - \bar{p} = \varDelta p = - \int\limits_{\bar{w}}^{w} \varrho\, w\, dw = - \bar{\varrho}\, \bar{w}(w - \bar{w}) = - \bar{\varrho}\, \bar{w}\, w_1'. \quad (6.4)$$

Nach Division mit der Größe $\bar{q} = \frac{\bar{\varrho}}{2}\, \bar{w}^2$, die gemäß Gl. (2.23) im inkompressiblen Fall der Staudruck der Grundströmung ist, ergibt sich in dimensionsloser Darstellung als Druckbeiwert

$$C_p = \frac{\varDelta p}{\bar{q}} = - 2\, \frac{w_1'}{\bar{w}}. \quad (6.4^*)$$

Die Voraussetzungen der Linearisierung sind nur bei hinreichend flachen oder schlanken und spitzen Körpern mit kleinem Anstellwinkel erfüllt. Sie sind nicht erfüllt in der Umgebung etwaiger Staupunkte, da dort w_1' wegen $w_1' \approx -\bar{w}$ nicht mehr als dem Betrage nach klein gegen $\bar{w}$ betrachtet werden kann. Trotzdem liefert die lineare Näherung auch bei Strömungen mit Staupunkten, wenn man eine Umgebung der Staupunkte ausschließt, vielfach praktisch ausreichende Aufschlüsse.

6.2 Durchführung der Linearisierung. Mit Hilfe der Linearisierungsvorschrift, bei der Glieder zweiter und höherer Ordnung in den Ableitungen von φ' zu vernachlässigen sind, vereinfacht sich die Potentialgleichung (4.3) bzw. (4.3*) zu

$$\left(1 - \bar{M}^2\right) \varphi_{xx} + \varphi_{yy} + \varphi_{zz} = 0 \quad (6.5)$$

bei rechtwinkligen Koordinaten und zu

$$\left(1 - \overline{M}^2\right) \varphi_{xx} + \varphi_{rr} + \frac{1}{r^2}\, \varphi_{\omega\omega} + \frac{\varphi_r}{r} = 0 \quad (6.5^*)$$

bei Zylinderkoordinaten. Diese Gleichungen sind lineare Differentialgleichungen, während die strengen Gln. (4.3) bzw. (4.3*) nichtlineare (quasilineare) Differentialgleichungen waren. Offenbar gelten die Gln. (6.5) und (6.5*) sowohl für das Gesamtpotential φ als auch für das Störpotential $\varphi' = \varphi - \bar{\varphi} = \varphi - \bar{w}\, x$. Ohne an der Gültigkeit unserer soeben abgeleiteten Formeln etwas zu ändern, können wir in Zukunft einen Anstellwinkel dadurch berücksichtigen, daß wir die Grundströmung entsprechend gegen die x-Achse anstellen und das Potential der sich ergebenden Komponente senkrecht zur x-Achse statt zu φ' mit zu $\bar{\varphi}$ hinzunehmen. Nehmen wir es jedoch mit zu φ' hinzu, so werden wir dies jeweils eigens erwähnen.

Für die ebene Strömung spezialisiert sich Gl. (6.5) zu

$$\left(1 - \bar{M}^2\right) \varphi_{xx} + \varphi_{yy} = 0, \quad (6.6)$$

für die achsensymmetrische Strömung liefert Gl. (6.5*)

$$\left(1 - \bar{M}^2\right) \varphi_{xx} + \varphi_{rr} + \frac{\varphi_r}{r} = 0. \quad (6.7)$$

Die Differentialgleichungen (6.5) bis (6.7) sind für $\overline{M} < 1$ (Unterschall) von elliptischem und für $\overline{M} > 1$ (Überschall) von hyperbolischem Typus (vgl. Ziff. 8.8). Hierauf beruht das wesentlich verschiedene Verhalten der Unter- und Überschallströmungen.

Eine genauere Analyse der Größenordnungen (vgl. § 23) wird zeigen, daß im sogenannten „transsonischen" Bereich, d. h. für $\overline{M} \approx 1$, und im „hypersonischen" Bereich, d. h. für $\overline{M} \gg 1$, die Linearisierungsvorschrift durch eine andere Vorschrift und die linearisierte Potentialgleichung durch eine nicht mehr lineare Näherungsgleichung ersetzt werden muß. Wir nehmen daher bis auf weiteres an, daß wir vom transsonischen und vom hypersonischen Bereich hinreichend weit entfernt sind, und erörtern jetzt die stationäre linearisierte Strömung zuerst im Unterschall- und dann im Überschallbereich.

§ 7. Linearisierte Unterschallströmung. Prandtlsche Regel

7.1 Prandtl-Glauertsche affine Beziehung zwischen kompressiblen und inkompressiblen Strömungen. Wir erörtern nun Unterschallströmungen und verlangen also $\overline{M} < 1$. Wir setzen zur Abkürzung $\beta = \sqrt{1 - \overline{M}^2} > 0$. Nach PRANDTL[1] und GLAUERT[2] führen wir die elliptische Differentialgleichung (6.5)

$$\beta^2 \frac{\partial^2 \varphi_k'}{\partial x_k^2} + \frac{\partial^2 \varphi_k'}{\partial y_k^2} + \frac{\partial^2 \varphi_k'}{\partial z_k^2} = 0$$

für das Störpotential $\varphi_k'(x_k, y_k, z_k)$ der zu untersuchenden kompressiblen Strömung mittels der affinen Transformation

$$x_i = x_k, \qquad y_i = \beta\, y_k, \qquad z_i = \beta\, z_k, \qquad \varphi_i' = \lambda\, \varphi_k' \tag{7.1}$$

in die LAPLACEsche Differentialgleichung

$$\frac{\partial^2 \varphi_i'}{\partial x_i^2} + \frac{\partial^2 \varphi_i'}{\partial y_i^2} + \frac{\partial^2 \varphi_i'}{\partial z_i^2} = 0$$

für das Störpotential $\varphi_i'(x_i, y_i, z_i)$ einer inkompressiblen Strömung über. λ ist eine zunächst unbestimmte Konstante. Diese Transformation läßt sich folgendermaßen deuten (Fig. 14):

Aus einer vorgegebenen inkompressiblen Strömung $\varphi_i'(x_i, y_i, z_i)$ in einem x_i, y_i, z_i-Raum ergibt sich eine linearisierte kompressible Unterschallströmung in einem x_k, y_k, z_k-Raum, indem man den x_i, y_i, z_i-Raum nach den Gln. (7.1) affin verzerrt, d. h. die y- und z-Koordinaten

---

[1] PRANDTL, L.: J. Aeron. Sci. Res. Inst., Tokyo Imp. Univ., n. 65 (1930) S. 14.
[2] GLAUERT, H.: Proc. Roy. Soc. A Bd. 118 (1928) S. 113—119.

im Verhältnis $\beta : 1$ vergrößert, und gleichzeitig das Störpotential φ'_i mit einem beliebigen Faktor $\frac{1}{\lambda}$ multipliziert.

In Fig. 14 ist diese Transformation für den ebenen Fall mit den Bezeichnungen $u = w_1$, $v = w_2$ dargestellt.

In einander affin entsprechenden Punkten P_i, P_k ist

$$\left.\begin{aligned}
(w'_1)_i &= \frac{\partial \varphi'_i}{\partial x_i} = \lambda \frac{\partial \varphi'_k}{\partial x_k} = \lambda (w'_1)_k, \\[2mm]
(w'_2)_i &= \frac{\partial \varphi'_i}{\partial y_i} = \lambda \frac{\partial \varphi'_k}{\partial y_k} \frac{d y_k}{d y_i} = \frac{\lambda}{\beta} (w'_2)_k, \\[2mm]
(w'_3)_i &= \frac{\lambda}{\beta} (w'_3)_k .
\end{aligned}\right\} \qquad (7.2)$$

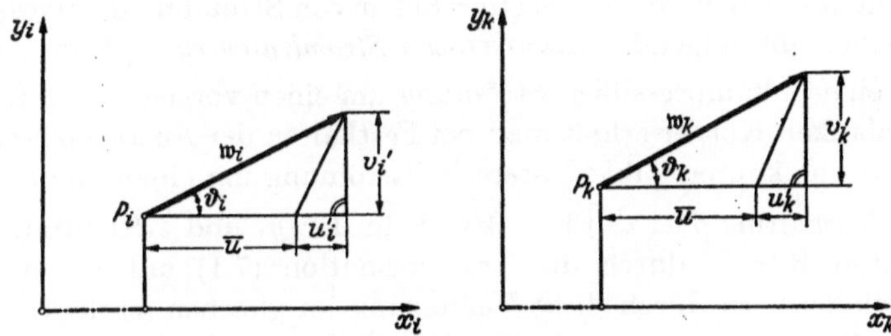

Fig. 14. PRANDTLsche Affinverzerrung

Schreibt man die Gln. (7.1) in Zylinderkoordinaten

$$x_i = x_k, \qquad r_i = \beta r_k, \qquad \omega_i = \omega_k, \qquad \varphi'_i = \lambda \varphi'_k, \qquad (7.1^*)$$

so hat man wegen Gl. (4.2*)

$$(w'_1)_i = \lambda (w'_1)_k, \qquad (w'_2)_i = \frac{\lambda}{\beta} (w'_2)_k, \qquad (w'_3)_i = \frac{\lambda}{\beta} (w'_3)_k, \qquad (7.2^*)$$

also wieder die Gln. (7.2), aber nun mit anderer Bedeutung der w'_2, w'_3.

7.2 Prandtlsche Stromlinienregel. Wir setzen $\overline{\varphi}$ nunmehr als das Potential einer Strömung parallel zur x-Achse voraus und nehmen entweder den vorerst im Rahmen der Linearisierungsvoraussetzungen beliebigen Körper als gegen die x-Achse angestellt an, oder aber wir betrachten (wie in den folgenden beiden Abschnitten) die Grundströmung als gegenüber der x-Achse geneigt und nehmen das Potential der zur x-Achse senkrechten Komponente mit in das Zusatzpotential φ' hinein. Durch letzteres wird erreicht, daß zu den in Gl. (7.2) und Gl. (7.2*) vorkommenden nichtaxialen Geschwindigkeitskomponenten jeweils keine weiteren Anteile hinzukommen.

Durch die affine Transformation (7.1) werden zwar die Linien $\varphi' = $ const der Störströmung, nicht aber die Potentiallinien $\varphi = \overline{\varphi} + \varphi' = \overline{w}\, x + \varphi'$ der Gesamtströmung affin verzerrt. Letzteres gilt im all-

3*

gemeinen auch für die Stromlinien. Die Stromlinien werden jedoch dann affin verzerrt, wenn die Abstände y und z dieselbe Verzerrung erfahren wie die Neigungen $\dfrac{dy}{dx} = \tan\vartheta_2$ und $\dfrac{dz}{dx} = \tan\vartheta_3$ des Geschwindigkeitsvektors. Da im Rahmen der linearen Näherung $\tan\vartheta_2 = \dfrac{w_2'}{\overline{w}}$, $\tan\vartheta_3 = \dfrac{w_3'}{\overline{w}}$ gesetzt werden kann, ist die affine Verzerrung der Stromlinien durch

$$(w_2')_i : (w_2')_k = y_i : y_k, \quad (w_3')_i : (w_3')_k = z_i : z_k,$$

nach Gl. (7.2) also durch

$$\frac{\lambda}{\beta} = \beta, \quad \text{d. i.} \quad \lambda = \beta^2 = 1 - \overline{M}^2$$

gekennzeichnet.

Wenn die Stromlinien sich affin entsprechen, gilt dies auch für die umströmten Flächen, die ja von einer Schar von Stromlinien aufgespannt sind. Daher gilt folgende PRANDTLsche *Stromlinienregel (Regel I):*

Aus einer inkompressiblen Strömung um einen vorgegebenen flachen bzw. schlanken Körper erhält man bei Festhalten der Anströmgeschwindigkeit $\overline{w}$ eine kompressible Unterschallströmung um einen von β auf 1, also im Verhältnis $\beta : 1 = \sqrt{1 - \overline{M}^2} : 1$, in der y- und z-Richtung affin gestreckten Körper durch die Transformation (7.1) mit $\lambda = \beta^2$. Der Anstellwinkel wird durch diese Verzerrung im gleichen Verhältnis vergrößert. Die Komponente w_1' der Störgeschwindigkeit und der nach Gl. (6.4) zu ihr proportionale Druck Δp wird im Verhältnis $\lambda : 1 = \beta^2 : 1 = (1 - \overline{M}^2) : 1$ vergrößert.

Diese Betrachtung gilt nicht nur für flache Körper (Tragflügel endlicher oder unendlicher Länge) und für schlanke Körper (z. B. Drehkörper), sondern auch für Kombinationen solcher Körper (Rumpf-Flügel-Problem). Bei Tragflügeln wird der Körpergrundriß (Fig. 15) auseinandergezogen, ein etwaiger Pfeilungswinkel also verkleinert, und die Dicke der Schnitte $z = $ const im gleichen Verhältnis vergrößert. Für die Strömung um flache Körper und für die Strömung um nicht angestellte Drehkörper werden wir im folgenden zwei weitere Regeln herleiten, welche den Kompressibilitätseinfluß bei gleichbleibendem Körper angeben.

7.3 Prandtlsche Kompressibilitätsregel für Strömungen um flache Körper.

Bei der Strömung um flache Körper handelt es sich entweder um ebene Profilströmungen, d. h. um das zweidimensionale Problem des unendlich langen Tragflügels, oder um dreidimensionale Probleme, wie sie insbesondere beim Tragflügel endlicher Länge vorliegen. Wir beschränken uns hier auf das zweidimensionale Problem und legen den Körper in die Umgebung der Ebene $y = 0$.

Der Index k bezeichnet wieder einen Punkt der kompressiblen Strömung, der Index i den vermöge Gl. (7.1) zugeordneten der inkompressiblen

Strömung und der Index ig denjenigen Punkt in der inkompressiblen Strömung, der durch $x_{ig} = x_k$, $y_{ig} = y_k$ gegeben ist. Nach Gl. (7.1) ist dabei $x_{ig} = x_i$, $y_{ig} = \frac{1}{\beta} y_i$.

Gemäß den Betrachtungen in Ziff. 7.2 bedeutet die Forderung, daß es sich um gleiche Profile handeln soll,

$$1 = \frac{(\tan \vartheta_2)_{ig}}{(\tan \vartheta_2)_k} = \frac{(\tan \vartheta_2)_{ig}}{(\tan \vartheta_2)_i} \cdot \frac{(\tan \vartheta_2)_i}{(\tan \vartheta_2)_k} = \frac{(w_2')_{ig}}{(w_2')_i} \cdot \frac{\lambda}{\beta} \,,$$

wenn der Punkt P_k an der Profiloberfläche liegt.

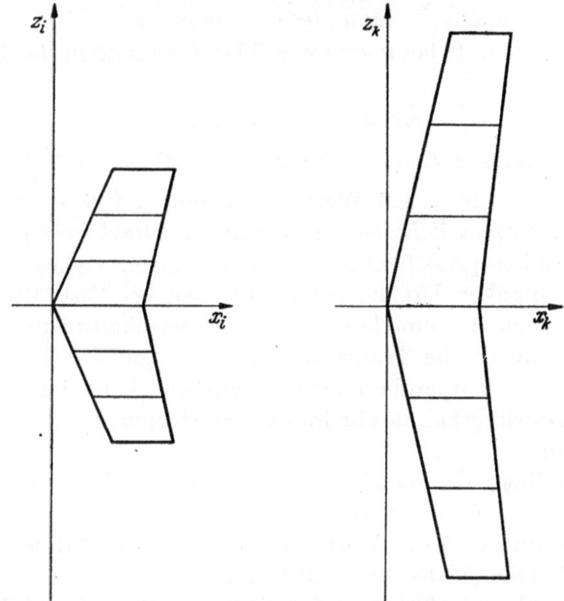

Fig. 15. Änderung des Körpergrundrisses bei der PRANDTLschen Stromlinienregel

Das Verhältnis $\dfrac{(w_2')_{ig}}{(w_2')_i}$ der inkompressiblen Strömung läßt sich abschätzen, indem man z. B. den Schnitt $z = $ const des flachen Körpers durch eine Quell-Senkenbelegung der x-Achse ersetzt und die hieraus folgenden Geschwindigkeitskomponenten für $y_k = y_{ig} \to 0$ betrachtet. Es ergibt sich für genügend kleine y_k der Wert $\dfrac{(w_2')_{ig}}{(w_2')_i} = \dfrac{(w_1')_{ig}}{(w_1')_i} = 1$. Damit aber folgt $\lambda = \beta$. Die Transformation (7.1) mit $\lambda = \beta$ liefert daher eine inkompressible und eine kompressible ebene Strömung um dasselbe Profil und führt zu der folgenden PRANDTLschen *Kompressibilitätsregel für ebene Profilströmungen (Regel II)*:

Aus einer inkompressiblen ebenen Strömung um ein vorgegebenes flaches Profil erhält man bei Festhalten der Anströmgeschwindigkeit $\overline{w}$ eine kompressible ebene Strömung um dasselbe Profil durch die Transformation (7.1) mit $\lambda = \beta$. w'_1 und der Druck $\varDelta p$ am Profil wird hierbei im Verhältnis $\beta : 1 = \sqrt{1 - \overline{M}^2} : 1$ vergrößert.

Dieselbe Druckvergrößerung ergibt sich im ganzen Strömungsfeld für affin entsprechende Punkte.

7.4 Prandtlsche Kompressibilitätsregel für Strömungen um nicht angestellte Drehkörper. Bei einem nicht angestellten Drehkörper in der Umgebung der x-Achse schließt man ähnlich wie in Ziff. 7.3. Dabei bedeutet die Forderung gleicher Körper in Zylinderkoordinaten

$$\frac{(\tan \vartheta_2)_{ig}}{(\tan \vartheta_2)_k} = \frac{(w'_2)_{ig}}{(w'_2)_i} \cdot \frac{(w'_2)_i}{(w'_2)_k} = \frac{(w'_2)_{ig}}{(w'_2)_i} \cdot \frac{\lambda}{\beta} = 1 \, .$$

Man kann zeigen, daß bei inkompressibler Strömung in der Umgebung $r \approx 0$ der x-Achse

$$w_1 \approx \text{const} \quad \text{und} \quad r\,w_2 \approx \text{const}$$

gesetzt werden kann (vgl. auch die Ziff. 9.4, 10.4), so daß $\dfrac{(w'_2)_{ig}}{(w'_2)_i} = \dfrac{r_i}{r_k} = \beta$ wird. Dies ergibt für λ den Wert $\lambda = 1$ und liefert so die folgende PRANDTLsche *Kompressibilitätsregel für schlanke Drehkörper (Regel III)*:

Aus einer inkompressiblen Strömung um einen vorgegebenen nicht angestellten schlanken Drehkörper erhält man bei Festhalten der Anströmgeschwindigkeit $\overline{w}$ eine kompressible Unterschallströmung um denselben Körper durch die Transformation (7.1) mit $\lambda = 1$. w'_1 und der Druck $\varDelta p$ an der Körperoberfläche ändern sich hierbei nicht.

Dasselbe Druckverhalten gilt im ganzen Strömungsfeld für affin entsprechende Punkte.

Wie eine nähere Untersuchung des asymptotischen Verhaltens von w'_1, w'_2, w'_3 und p' für $r \to 0$ zeigt, ist die PRANDTLsche Regel III nur auf sehr spitze und schlanke Körper anwendbar; vgl. Ziff. 9.4, Gl. (9.15) und Ziff. 10.4, Gln. (10.13) und (10.14).

Die Regeln II und III liefern für einen aus Rumpf und Tragflügeln zusammengesetzten Flugkörper ein wichtiges qualitatives Resultat: Wir betrachten die Tragflügelströmung als ebene Profilströmung und den Rumpf als hinreichend schlanken Körper. Nach den Regeln II und III vergrößert dann die Kompressibilität die Störgeschwindigkeit w'_1 und den Druck $\varDelta p$ am Tragflügel im Verhältnis $\beta : 1$, am Rumpf dagegen nicht. Die Kompressibilität wirkt sich also am Tragflügel früher aus als am Rumpf. Es ist daher zu erwarten, daß die Ablösung der Grenzschicht und die Annäherung an die kritische Geschwindigkeit zuerst am Tragflügel eintreten wird.

7.5 Prandtlsche Regel für Überschallströmungen. Bisher verglichen wir Unterschallströmungen, die durch eine beliebige MACH-Zahl $\overline{M} < 1$ gekennzeichnet sind und der Potentialgleichung (6.5) mit

$$1 - \overline{M}^2 = \beta^2 \, (0 < \beta^2 < 1)$$

genügen, mit der durch $\overline{M} = 0$ als Grenzfall gegebenen inkompressiblen Strömung, deren Störpotential die Laplace-Gleichung

$$\frac{\partial^2 \varphi_i'}{\partial x_i^2} + \frac{\partial^2 \varphi_i'}{\partial y_i^2} + \frac{\partial^2 \varphi_i'}{\partial z_i^2} = 0$$

erfüllt. Jetzt vergleichen wir in derselben Weise Überschallströmungen, die durch eine beliebige Mach-Zahl $\overline{M} > 1$ gekennzeichnet sind und der Potentialgleichung (6.5) mit $1 - \overline{M}^2 = - \mathsf{B}^2$ $(0 < \mathsf{B} < \infty)$ genügen, mit der durch $\overline{M} = \sqrt{2}$, also $\mathsf{B}^2 = 1$ gegebenen speziellen Überschallströmung, deren Störpotential die Wellengleichung

$$- \frac{\partial^2 \varphi_i'}{\partial x_i^2} + \frac{\partial^2 \varphi_i'}{\partial y_i^2} + \frac{\partial^2 \varphi_i'}{\partial z_i^2} = 0$$

erfüllt.

Hierbei bleiben alle Überlegungen und insbesondere die Formulierungen I, II, III der Prandtlschen Regel gültig, wenn wir durchweg den Kompressibilitätsfaktor β durch B ersetzen und anstelle der inkompressiblen Strömung die Überschallströmung mit $\overline{M} = \sqrt{2}$ als Vergleichsströmung zugrunde legen.

7.6 Abklingen von Störungen bei Unterschallströmungen. Wir benützen jetzt die Prandtlsche Regel II bzw. III, um die Störung einer Unterschallströmung durch einen flachen Körper bzw. einen nicht angestellten Drehkörper in großer Querentfernung vom Körper abzuschätzen:

Bei der ebenen Profilströmung um einen flachen Körper betrachten wir neben den affin entsprechenden Punkten P_i, P_k auch die in der inkompressiblen und kompressiblen Strömung gleichliegenden Punkte P_{ig} und P_k; dabei ist dann (Fig. 16)

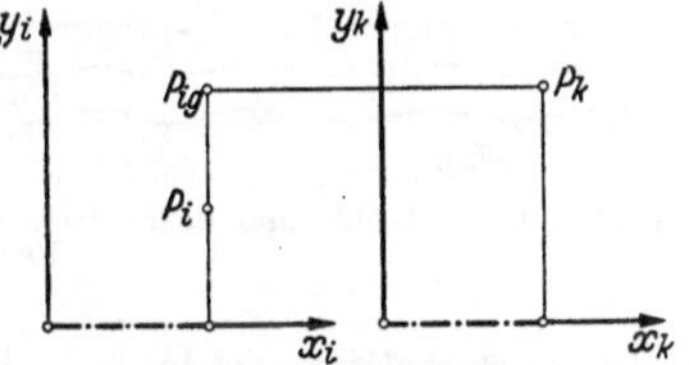

Fig. 16. Affin entsprechende und gleichliegende Punkte

$$x_k = x_{ig} = x_i, \quad y_k = y_{ig} = \frac{1}{\beta}\, y_i.$$

Nach Regel II hat man in den affin entsprechenden Punkten P_k, P_i die Druckbeziehung

$$\Delta p_k : \Delta p_i = 1 : \beta. \tag{7.3}$$

Für hinreichend große y_i, wenn also P_i und dann erst recht $P_{ig} = P_k$ in großer Querentfernung vom umströmten Profil liegt, kann die inkompressible Zusatzströmung durch eine Doppelquelle auf der x-Achse ersetzt werden. Dies liefert innerhalb der inkompressiblen Strömung die Abschätzung

$$\Delta p_i : \Delta p_{ig} = (w_1')_i : (w_1')_{ig} = \frac{1}{y_i^2} : \frac{1}{y_{ig}^2} = \left(\frac{y_k}{y_i}\right)^2 = \frac{1}{\beta^2}. \tag{7.4}$$

Durch Vergleich der Beziehungen (7.3) und (7.4) folgt:

$$\Delta p_k : \Delta p_{ig} = \frac{1}{\beta^3} = \frac{1}{(1 - \overline{M}^2)^{3/2}}, \tag{7.5}$$

d. h.: Die Druckstörung durch einen flachen Körper ist in großer Querentfernung y bei kompressibler Unterschallströmung im Verhältnis $\beta^3 : 1$ größer als bei inkompressibler Strömung, klingt also mit zunehmender MACH-Zahl $\overline{M}$ immer langsamer ab.

Bei einem nicht angestellten Drehkörper tritt anstelle der Gl. (7.3) nach Regel III

$$\Delta p_k : \Delta p_i = 1 : 1 \tag{7.6}$$

und für hinreichend große $\sqrt{y_i^2 + z_i^2}$ anstelle der Gl. (7.4)

$$\Delta p_i : \Delta p_{ig} = (w_1')_i : (w_1')_{ig} = \frac{1}{(y_i^2 + z_i^2)^{3/2}} : \frac{1}{(y_{ig}^2 + z_{ig}^2)^{3/2}} = \frac{(y_k^2 + z_k^2)^{3/2}}{(y_i^2 + z_i^2)^{3/2}} = \frac{1}{\beta^3}.$$
$$\tag{7.7}$$

Der Vergleich der Beziehungen (7.6) und (7.7) liefert dann wieder dieselbe Druckabschätzung (7.5), d. h.: Die Druckstörung durch einen

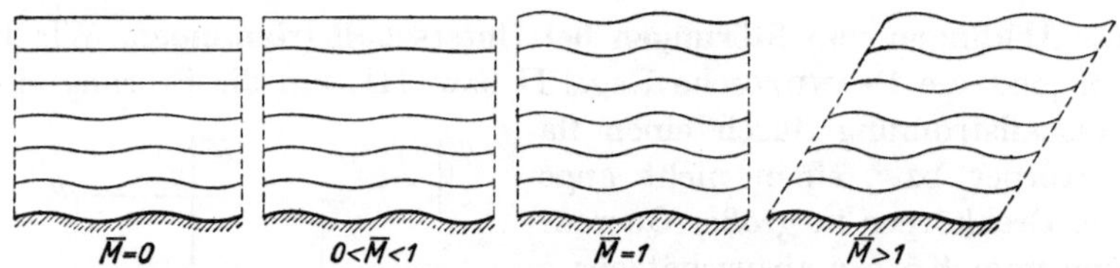

Fig. 17. Inkompressible und linearisierte kompressible Strömung längs einer welligen Wand (vgl. PRANDTL [5], S. 264)

nicht angestellten schlanken Drehkörper ist in großer Querentfernung $\sqrt{y_i^2 + z_i^2}$ bei kompressibler Unterschallströmung wiederum im Verhältnis $\beta^3 : 1$ größer als bei inkompressibler Strömung, klingt also mit demselben Faktor β^3 wie die Druckstörung durch einen flachen Körper bei zunehmender MACH-Zahl immer langsamer ab.

Als analytisch einfaches Beispiel betrachten wir die ebene Strömung längs einer welligen Wand[1] (Fig. 17). Wir gehen dabei aus von der inkompressiblen Strömung mit dem Störpotential

$$\varphi_i' = c \cos\left(2\pi \frac{x_i}{l}\right) \cdot e^{-2\pi \frac{y_i}{l}}, \tag{7.8}$$

welches offenbar die LAPLACEsche Differentialgleichung erfüllt. Aus der Differentialgleichung der Stromlinien

$$(w_2')_i = \frac{\partial \varphi_i'}{\partial y_i} = -2\pi \frac{c}{l} \cos\left(2\pi \frac{x_i}{l}\right) \cdot e^{-2\pi \frac{y_i}{l}} = \overline{w} \frac{d y_i}{d x_i}$$

---

[1] ACKERET, J.: Helv. phys. Acta Bd. 1 (1928) S. 301—322.

ergibt sich, wenn man im Exponenten der Exponentialfunktion y_i durch einen konstanten Wert $\bar{y}$ approximiert,

$$y_i = \bar{y} - \frac{c}{w} \sin\left(2\pi\,\frac{x_i}{l}\right) \cdot e^{-2\pi\frac{\bar{y}}{l}}. \qquad (7.9)$$

Die Stromlinien sind also Wellenlinien von der Wellenlänge l und einer mit dem Abstand $\bar{y}$ von der x, z-Ebene exponentiell abklingenden Amplitude. Wenn man die Stromlinie (7.9) mit $\bar{y} = 0$ durch eine feste Wand ersetzt, stellt unser Beispiel für $\bar{y} > 0$ die inkompressible Strömung längs dieser Wand dar.

Für kompressible Unterschallströmungen längs derselben Wand setzen wir nach der PRANDTL-Regel II in den Gln. (7.1) $\lambda = \beta$ und haben dann

$$\varphi'_k = \frac{1}{\beta}\,c\,\cos\left(2\pi\,\frac{x_k}{l}\right)\cdot e^{-2\pi\beta\frac{y_k}{l}},$$

woraus für die Stromlinien anstelle der Gl. (7.9)

$$y_k = \bar{y} - \frac{c}{w} \sin\left(2\pi\,\frac{x_k}{l}\right)\cdot e^{-2\pi\beta\frac{\bar{y}}{l}} \qquad (7.10)$$

folgt. Der Vergleich der Gln. (7.9) und (7.10) liefert im Einklang mit der PRANDTL-Regel II und dem im vorangehenden gewonnenen Satz über das Abklingen von Störungen in großer Querentfernung folgendes Ergebnis:

Für $\bar{y} \approx 0$ stimmen die Gln. (7.9) und (7.10) überein, die inkompressible und die kompressible Strömung beziehen sich also auf dieselbe wellige Wand. Für $\bar{y} \gg 0$ klingen die Amplituden der Stromlinien (7.10) der kompressiblen Strömung langsamer ab als bei den Stromlinien (7.9) der inkompressiblen Strömung. Dieses Abklingen wird für zunehmende MACH-Zahlen $\bar{M}$ immer langsamer, und im Grenzfall $\bar{M} = 1$, $\beta = 0$ werden die Amplituden überhaupt nicht mehr kleiner; die Stromlinien sind dann kongruente parallele Kurven. In der Umgebung dieses Grenzfalls ist jedoch die linearisierte Theorie nicht mehr anwendbar (vgl. Ziff. 6.2 Schlußbemerkung). Über die Behandlung des Beispiels bei Überschallgeschwindigkeit vgl. Ziff. 8.5.

7.7 Berechnung der linearisierten Unterschallströmung. Auf Grund der PRANDTLschen Regel I läßt sich die Berechnung der linearisierten Unterschallströmung um einen flachen oder schlanken Körper auf die inkompressible Strömung um einen affin verzerrten Körper, also auf Probleme der gewöhnlichen Aerodynamik, zurückführen.

Für die ebene Strömung um Profile bedient man sich hierbei bekanntlich der konformen Abbildung des Strömungsfeldes auf das

Äußere eines Kreises. Für die Strömung um Drehkörper ist das Kármán-sche Singularitätenverfahren[1] eine sehr nützliche Methode:

Die Drehkörperachse falle mit der x-Achse zusammen und der Drehkörper erstrecke sich über das Intervall $0 \leqq x \leqq 1$. Bei axialer Anströmung in Richtung des positiven Sinnes der x-Achse wird die an der Grundströmung

$$\overline{w}_1 = \overline{w}, \quad \overline{w}_2 = \overline{w}_3 = 0, \quad \overline{\varphi} = \overline{w}\,x \qquad (7.11)$$

vom Drehkörper verursachte Störung durch eine kontinuierliche Belegung der x-Achse im Intervall $0 \leqq x \leqq 1$ mit Quellen und Senken ersetzt. Dadurch ergibt sich bei der inkompressiblen Strömung das Zusatzpotential

$$-\int_{\xi=0}^{1} \frac{f(\xi)\,d\xi}{\sqrt{(x-\xi)^2+r^2}} \qquad (x,\ r,\ \omega = \text{Zylinderkoordinaten})$$

und mit Hilfe der Prandtl-Glauertschen Affintransformation bei Unterschallströmungen das Zusatzpotential

$$\varphi_0'(x,\ r) = -\int_{0}^{1} \frac{f(\xi)\,d\xi}{\sqrt{(x-\xi)^2+\beta^2\,r^2}} \quad \text{mit} \quad \beta^2 = 1-\overline{M}^2 > 0, \quad (7.12)$$

wobei $f(\xi)$ die Quellstärke bedeutet. Erfolgt die Anströmung unter dem Anströmwinkel $\overline{\vartheta}$, so tritt für die Grundströmung anstelle der Gln. (7.11)

$$\overline{w}_1 = \overline{w}, \quad \overline{w}_2 = \overline{w}\,\overline{\vartheta}, \qquad \overline{w}_3 = 0, \qquad \overline{\varphi} = \overline{w}(x+\overline{\vartheta}\,y),$$

$$\overline{w}_1 = \overline{w}, \quad \overline{w}_2 = \overline{w}\,\overline{\vartheta}\cos\omega, \quad \overline{w}_3 = -\overline{w}\,\overline{\vartheta}\sin\omega, \qquad \overline{\varphi} = \overline{w}(x+\overline{\vartheta}\,r\cos\omega)$$

$$(7.13)$$

für cartesische bzw. Zylinderkoordinaten. Zur Quell-Senken-Belegung (7.12) muß dann eine Belegung mit Doppelquellen, die parallel zur y-Achse gestellt sind, hinzugenommen werden. Diese Doppelquellenbelegung wird durch das Zusatzpotential

$$\varphi_1'(x,\ r,\ \omega) = \frac{\partial}{\partial y}\int_{0}^{1} \frac{m(\xi)\,d\xi}{\sqrt{(x-\xi)^2+\beta^2\,r^2}}$$

$$= -y\,\beta^2 \int_{0}^{1} \frac{m(\xi)\,d\xi}{[(x-\xi)^2+\beta^2\,r^2]^{3/2}} = \chi(x,\ r)\cos\omega \qquad \left.\right\} \quad (7.14)$$

mit

$$\chi(x,\ r) = -r\,\beta^2 \int_{0}^{1} \frac{m(\xi)\,d\xi}{[(x-\xi)^2+\beta^2\,r^2]^{3/2}}$$

dargestellt.

---

[1] v. Kármán, Th.: Abh. Aerodyn. Inst. Aachen Heft 6 S. 3—17. Springer. Berlin 1927. — Vgl. auch C. Ferrari: Aerotecnica Bd. 17 (1937) S. 507—518.

Die Intensitätsverteilung $f(\xi)$ bzw. $m(\xi)$ der Quellen und Senken bzw. Doppelquellen wird durch die Randbedingung an der Körperoberfläche festgelegt. Diese besagt, daß die Strömung tangential verlaufen, die Normalkomponente der Strömungsgeschwindigkeit an der Körperoberfläche also verschwinden muß. Im Rahmen der auch hinsichtlich des Anstellwinkels $\overline{\vartheta}$ linearen Näherung ergibt sich hieraus, wenn $r = R(x)$ die Gleichung der Drehkörperoberfläche ist,·

$$\left[\frac{\partial}{\partial r}\varphi_0'(x, r)\right]_{r=R(x)} = \overline{w}R'(x), \quad \left[\frac{\partial}{\partial r}\chi(x, r)\right]_{r=R(x)} = -\overline{w}\,\overline{\vartheta}. \quad (7.15)$$

Dies sind zwei Integralgleichungen, deren erste die Funktion $f(\xi)$ und deren zweite die Funktion $m(\xi)$ festlegt.

In § 10 werden wir die Singularitätenverteilung $f(\xi)$ bei „überschlanken" Drehkörpern durch asymptotische Entwicklungen für $r \to 0$ bestimmen. Wenn man strengere Lösungen des linearisierten Problems erhalten will, ist man auf numerische Verfahren angewiesen. Das analytische Problem wird hierbei durch ein algebraisches approximiert. Dies kann z. B. dadurch geschehen, daß die Integrale (7.12) und (7.14) bzw. die durch Ableitung nach r entstehenden Integrale, welche in den Randbedingungen (7.15) auftreten, durch Summen angenähert werden. Die gesuchten Kurven $f(\xi)$ und $m(\xi)$ werden hierbei durch Treppenpolygone ersetzt, die Funktionen $f(\xi)$, $m(\xi)$ also durch Konstante f_1, $f_2, \ldots, f_n$ und $m_1, m_2, \ldots, m_n$. Wenn man dann die Randbedingungen (7.15) für je n Punkte der Körperoberfläche vorschreibt, ergibt sich ein System von je n linearen algebraischen Gleichungen für die Unbekannten f_k bzw. m_k.

§ 8. Linearisierte ebene Überschallströmung

8.1 Allgemeine Lösung der Potentialgleichung. Wir wenden uns jetzt zu Überschallströmungen um flache Körper. Dabei beschränken wir uns auf ebene Strömungen, also auf das zweidimensionale Tragflügelproblem. Auf das dreidimensionale Tragflügelproblem werden wir in den §§ 24 und 25 zurückkommen.

Bei Überschallströmungen $(\overline{M} > 1, \ \mathsf{B}^2 = \overline{M}^2 - 1 > 0)$ ist die linearisierte Potentialgleichung (6.6)

$$- \mathsf{B}^2\,\varphi_{xx}' + \varphi_{yy}' = 0$$

für das der Grundströmung zu überlagernde Störpotential $\varphi'(x, y)$ identisch mit der eindimensionalen Wellengleichung, wenn wir x als Zeit und $\dfrac{1}{\mathsf{B}}$ als Ausbreitungsgeschwindigkeit deuten. Wie bereits in Ziff. 7.5 auseinandergesetzt wurde, könnten wir uns mit Hilfe der PRANDTLschen Affintransformation auf den Fall $\mathsf{B} = 1$, d. h. $\overline{M} = \sqrt{2}$, beschränken. Wir machen hiervon jedoch keinen Gebrauch, sondern gehen von der elementaren Lösung der Wellengleichung (6.6) aus, nämlich

$$\varphi'(x,\,y) = F_1(y + x\tan\bar\alpha) + F_2(y - x\tan\bar\alpha). \qquad (8.1)$$

Hierbei ist mit

$$\mathsf{B} = \cot\bar\alpha, \quad \text{also} \quad \tan\bar\alpha = \frac{1}{\mathsf{B}} = \frac{1}{\sqrt{\overline{M}^2 - 1}}, \quad \sin\bar\alpha = \frac{1}{\overline{M}} = \frac{\bar a}{\bar w} < 1 \quad (8.2)$$

der sog. MACH-Winkel[1] $\bar\alpha$ definiert. Er ist bei Überschallströmungen $(\overline{M} > 1)$ reell. Seine Konstruktion ist aus Fig. 18 ersichtlich, seine physikalische Bedeutung wird in Ziff. 8.4 erläutert werden.

F_1 und F_2 sind willkürliche Funktionen der einen Veränderlichen $y \pm x\tan\bar\alpha$ und müssen jeweils aus den Randbedingungen des gestellten Problems bestimmt werden (vgl. Ziff. 8.3 und 8.6). Aus Gl. (8.1) ergeben sich durch Differentiation nach x bzw. y die (fortan mit u', v' statt w_1', w_2' bezeichneten) Komponenten der Störgeschwindigkeit

$$u' = \bigl(\dot F_1 - \dot F_2\bigr)\tan\bar\alpha, \quad v' = \bigl(\dot F_1 + \dot F_2\bigr); \qquad (8.3)$$

die Punkte bedeuten Differentiation nach dem Argument $y \pm x\tan\bar\alpha$.

8.2 Mach-Linien und Mach-Winkel. Die beiden Parallelgeradenscharen

$$y + x\tan\bar\alpha = \text{const}, \quad y - x\tan\bar\alpha = \text{const},$$

die gegen den Anströmvektor $\overline{\mathfrak{w}}$ unter dem MACH-Winkel $\mp\bar\alpha$ geneigt sind, heißen MACH-Linien. Sie erzeugen das geradlinige MACH-Netz der linearisierten Überschallströmung (Fig. 18), ihre Richtungen nennen wir MACH-Richtungen.

Für die Projektionen des Geschwindigkeitsvektors $\mathfrak{w} = \overline{\mathfrak{w}} + \mathfrak{w}'$ [vgl. Gl. (6.1)] auf die MACH-Linien (Fig. 19) erhält man mit Rücksicht auf Gl. (8.3)

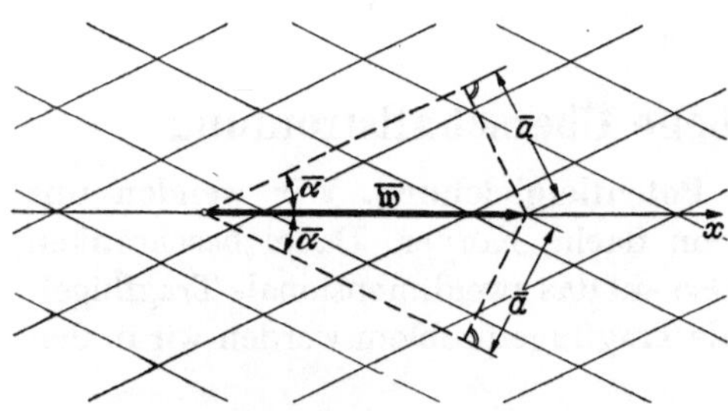

Fig. 18. Geradliniges MACHsches Netz der linearisierten Überschallströmung

$$q_1 = (\overline{w} + u')\cos\bar\alpha - v'\sin\bar\alpha = \overline{w}\cos\bar\alpha - 2\dot F_2\sin\bar\alpha,$$

$$q_2 = (\overline{w} + u')\cos\bar\alpha + v'\sin\bar\alpha = \overline{w}\cos\bar\alpha + 2\dot F_1\sin\bar\alpha.$$

Längs der MACH-Linien der ersten (bzw. zweiten) Schar ist $y + x\tan\bar\alpha$

---

[1] MACH, E.: Sitzungsber. Akad. Wiss. Wien Abt. IIa Bd. 95 (1887) S. 164; Bd. 98 (1889) S. 1310; Bd. 105 (1896) S. 605.

und $F_1, \dot{F}_1$ (bzw. $y - x \tan \bar{\alpha}$ und $F_2, \dot{F}_2$) konstant. Es gilt also der Satz (Fig. 20):

Die Projektionen q_1 sind konstant längs einer MACH-Linie der zweiten Schar, die Projektionen q_2 sind konstant längs einer MACH-Linie der ersten Schar.

Der MACH-Winkel $\bar{\alpha}$ steht mit $\bar{w}$ und $\bar{a}$ in der durch Gl. (8.2) gegebenen Beziehung, wonach die Projektion des Geschwindigkeitsvektors $\mathfrak{w}$ senkrecht zu einer MACH-Richtung gleich der Schallgeschwindigkeit ist (Fig. 18).

Ebenso wie $\bar{a}$ ist auch $\bar{\alpha}$ eine durch die Zustandsgleichung des Gases bestimmte Funktion von $\bar{w}$. Für vollkommene Gase mit konstanten spezifischen Wärmen ergibt sich die Funktion $\bar{\alpha}(\bar{w})$ nach Gl. (2.8) aus

$$\sin^2 \bar{\alpha} = \frac{\bar{a}^2}{\bar{w}^2} = \frac{\gamma - 1}{2} \frac{w_{\max}^2 - \bar{w}^2}{\bar{w}^2}.$$

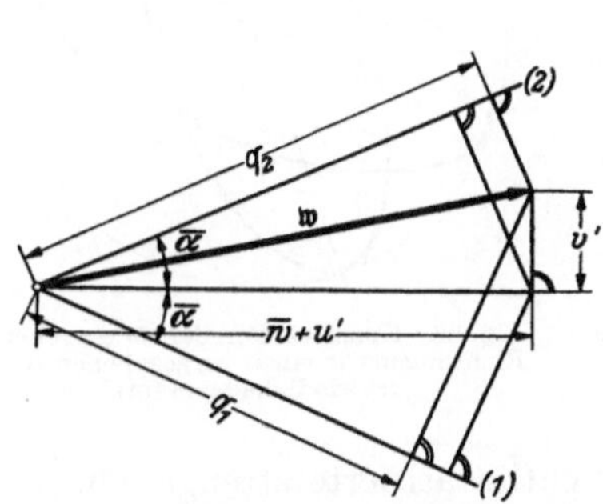

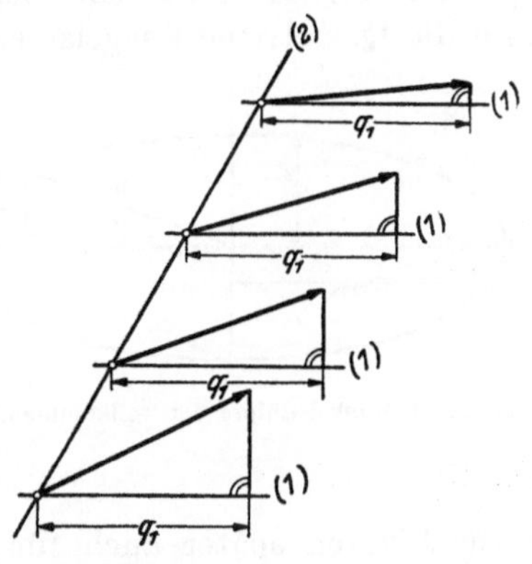

Fig. 19. Projektionen des Geschwindigkeits-vektors auf die MACHschen Linien

Fig. 20. Konstanz von q_1 (bzw. q_2) längs einer MACHschen Linie der zweiten (bzw. ersten) Schar

Wir tragen $\bar{w}$ und $\bar{\alpha}$ als Polarkoordinaten auf und erhalten durch Übergang zu den rechtwinkligen Koordinaten $\bar{u} = \bar{w} \cos \bar{\alpha}$, $\bar{v} = \bar{w} \sin \bar{\alpha}$ die Gleichung

$$\bar{v}^2 = \frac{\gamma - 1}{2} [w_{\max}^2 - (\bar{u}^2 + \bar{v}^2)],$$

die sich mittels Gl. (2.10) umformen läßt in

$$\frac{\bar{u}^2}{w_{\max}^2} + \frac{\bar{v}^2}{a^{*\,2}} = 1. \tag{8.4}$$

Daraus folgt: Die Kurve $\bar{w} = \bar{w}(\bar{\alpha})$ ist bei vollkommenen Gasen mit konstanten spezifischen Wärmen eine Ellipse mit den Halbachsen $w_{\max}$ und a^* (Fig. 21). Wir nennen die Kurve $\bar{w} = \bar{w}(\bar{\alpha})$ kurz MACH-Winkel-Kurve bzw. MACH-Winkel-Ellipse.

Mit Hilfe der MACH-Winkel-Kurve kann man zu jedem MACH-Winkel $\bar{\alpha}$ die zugehörige Überschallgeschwindigkeit $\bar{w}$ finden und umgekehrt zu jeder Überschallgeschwindigkeit $\mathfrak{w}$ den MACH-Winkel $\bar{\alpha}$ und die MACH-Richtungen. Zur Erläuterung (im Fall vollkommener Gase) dient Fig. 22:

P' mit dem Radiusvektor $\overline{w}$ ist irgend ein Punkt des Überschallbereichs der Geschwindigkeitsebene $a^* < \overline{w} < w_{max}$. Man läßt den Mittelpunkt der MACH-Winkel-Ellipse mit dem Mittelpunkt der Geschwindigkeitsebene zusammenfallen, so daß die MACH-Winkel-Ellipse mit ihren Scheiteln die beiden Begrenzungskreise $\overline{w} = a^*$ und $\overline{w} = w_{max}$ des Überschallbereichs berührt. Dann dreht man die Ellipse so lange, bis sie durch den Endpunkt P' des gegebenen Geschwindigkeitsvektors $\overline{w}$ hindurchgeht. In den beiden so bestimmten Lagen der Ellipse sind die großen Ellipsenachsen parallel zu den zu $\overline{w}$ gehörenden MACH-Richtungen.

In den Fig. 21 und 22 sind bei $\overline{w}$, $\overline{\alpha}$ und $\overline{v}$ die Querstriche weggelassen, weil

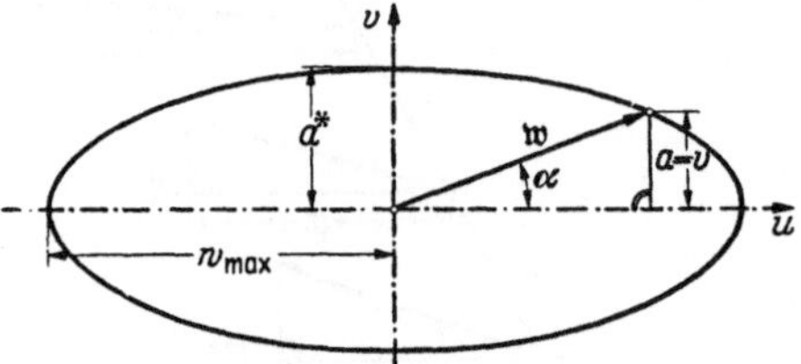

Fig. 21. MACH-Winkel-Ellipse der vollkommenen Gase

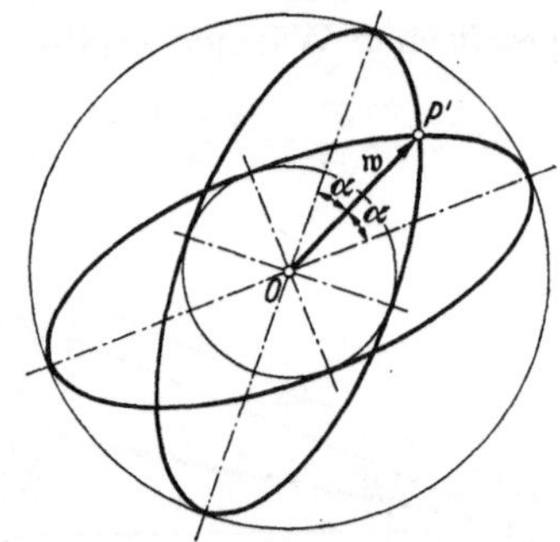

Fig. 22. Konstruktion der MACHschen Richtungen für einen vorgegebenen Geschwindigkeitsvektor

wir die Figuren später auch für die nichtlinearisierte strenge Theorie benützen werden (vgl. § 15).

Für die Maximalgeschwindigkeit w_{max} wird $\overline{\alpha} = 0$, für die kritische Geschwindigkeit a^* ist $\overline{\alpha} = \frac{\pi}{2}$. Das MACH-Netz klappt dabei in eine einzige Geradenschar parallel bzw. senkrecht zum Geschwindigkeitsvektor $\overline{w}$ zusammen.

Man beachte, daß das Achsenverhältnis $w_{max} : a^* = \sqrt{\dfrac{\gamma + 1}{\gamma - 1}}$ ($\approx 2{,}437$ für Luft mit $\gamma = 1{,}405$) nur von der Konstanten γ, also von der Natur des Gases abhängt und daß bei isoenergetischen Strömungen (vgl. Ziff. 2.3) auch die Längen w_{max} und a^* selbst im ganzen Strömungsfeld denselben Wert haben. Man kann daher bei geeigneter Verfügung über den Maßstab, z. B. indem man a^* als Einheit nimmt und demgemäß w durch M^* ersetzt, mit einer ein für allemal festen MACH-Winkel-Ellipse auskommen.

8.3 Linearisierte Strömung an einer flachen Ecke. Ein einfaches Beispiel ist die Strömung an einer flachen Ecke E (Fig. 23), an der die parallel zur positiven x-Achse in der oberen Halbebene ankommende

Grundströmung um den kleinen Winkel $\Delta\vartheta$ abgelenkt werden soll. Wir rechnen $\Delta\vartheta$ hier ausnahmsweise im Uhrzeigersinn, also positiv für konvexe und negativ für konkave Ecken. Durch Zusammenfügen von zwei derartigen Strömungen in der oberen und der unteren Halbebene erhält man die symmetrische oder schiefe Strömung um einen spitzen Keil.

Die geforderte Randbedingung läßt sich erfüllen, indem man in Gl. (8.1) setzt

$$F_1 = 0 \text{ für die ganze Ebene,} \quad F_2 = \begin{cases} 0 \\ -(y - x\tan\bar\alpha)\,\overline{w}\,\Delta\vartheta \end{cases} \text{ für } \begin{cases} x\tan\bar\alpha < y, \\ x\tan\bar\alpha > y. \end{cases}$$

Dann kommt nur die von der Ecke E stromabwärts laufende MACH-Linie m der zweiten Schar ins Spiel und aus Gl. (8.3) folgt

$$\left.\begin{aligned} u' &= 0 \\ v' &= 0 \end{aligned}\right\} \text{stromaufwärts von } m,$$

$$\left.\begin{aligned} u' &= +\,\overline{w}\,\Delta\vartheta\,\tan\bar\alpha \\ v' &= -\,\overline{w}\,\Delta\vartheta \end{aligned}\right\} \text{stromabwärts von } m.$$

$$(8.5)$$

Hiernach bleibt die Grundströmung bis an die MACH-Linie m ungestört, stromabwärts von m überlagert sich eine konstante Störströmung. Die Erhaltungssätze der Masse, des Impulses und der Energie sind längs m im Rahmen unserer Nährung erfüllt (vgl. hierzu auch die §§ 18, 19 und 20).

Die Störströmung erzeugt eine um den Winkel $\Delta\vartheta$ abgelenkte Parallelströmung, der Zuwachs des Geschwindigkeitsbetrages ist nach Gl. (6.2)

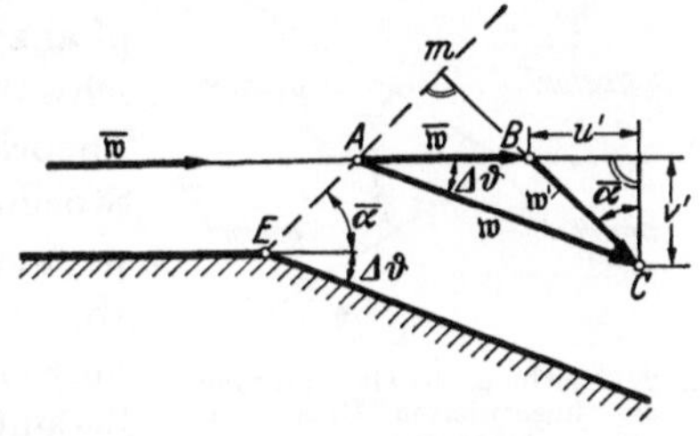

Fig. 23. Linearisierte Überschallströmung an einer Ecke

$$\Delta w = u' = \overline{w}\,\Delta\vartheta\,\tan\bar\alpha. \tag{8.6}$$

Der konstante Vektor $\mathfrak{w}'$ der Störgeschwindigkeit steht wegen

$$\frac{u'}{v'} = -\tan\bar\alpha$$

senkrecht zur MACH-Linie m. Infolgedessen kann der Geschwindigkeitsvektor $\mathfrak{w}$ der abgelenkten Strömung aus $\overline{\mathfrak{w}}$ und $\bar\alpha$ unmittelbar konstruiert werden; denn das Dreieck ABC (vgl. Fig. 23) ist durch die Seite $AB = \overline{w}$, den Winkel $\sphericalangle A = \pm\,\Delta\vartheta$ und die zu m senkrechte Richtung der Seite BC bestimmt.

Die Orthogonalität von $\mathfrak{w}'$ und m ergibt sich auch aus einer einfachen physikalischen Überlegung: Da längs m ein konstanter Drucksprung vorliegt, ist in der EULERschen Gleichung (1.3) für die Richtung von grad p die zu m senkrechte Richtung zu nehmen. Dann muß also auch $\dfrac{d\mathfrak{w}}{dt}$, also in unserer linearen Approximation der Vektor $\mathfrak{w}'$ zur MACH-Linie m orthogonal sein.

Aus der linearisierten BERNOULLISchen Gleichung (6.4) und Gl. (8.6) erhält man für die Druckänderung an der MACH-Linie m

$$\varDelta p = -\varrho\,\overline{w}^2 \tan\bar\alpha\,\varDelta\vartheta = -2\,\overline{q}\tan\bar\alpha\,\varDelta\vartheta; \qquad (8.7)$$

dabei ist wieder wie in Gl. (6.4*) $\overline{q} = \dfrac{\varrho}{2}\,\overline{w}^2$.

Nach den Gln. (8.6) und (8.7) hat man an einer konvexen Ecke ($\varDelta\vartheta > 0$) eine Geschwindigkeitszunahme und eine Druckabnahme, an einer konkaven Ecke ($\varDelta\vartheta < 0$) eine Geschwindigkeitsabnahme und eine Druckzunahme. Mit dem Druck nimmt auch die Dichte im ersten Fall ab und im zweiten Fall zu. Die MACH-Linie m ist also im ersten Fall eine Verdünnungslinie und im zweiten Fall eine Verdichtungslinie.

Wir werden in den Figuren fortan Verdünnungslinien stricheln und Verdichtungslinien dünn durchziehen.

8.4 Fortpflanzung schwacher Störungen; Störungslinien und Schallgeschwindigkeit. Wie an dem Beispiel der Strömung an einer flachen Ecke bzw. einem spitzen Keil zu sehen ist, pflanzen sich in einer Überschallströmung schwache Störungen, wie sie die linearisierte Theorie zu erfassen gestattet, längs der vom Störungsort E ausgehenden MACH-Linien stromabwärts fort und klingen hierbei nicht ab. Die MACH-Linien haben daher als „Störungslinien" eine unmittelbare physikalische Bedeutung. Die durch die Störung bewirkten Dichteänderungen machen die MACH-Linien photographisch erfaßbar (TÖPLERSche Schlierenmethode, vgl. Fig. 90 und 95).

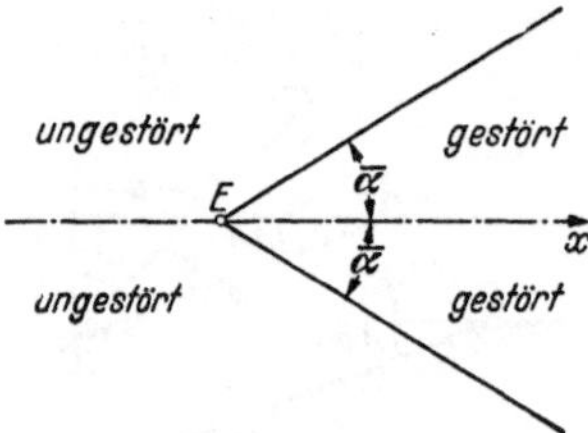

Fig. 24. Einflußgebiet einer Störung in der linearisierten Überschallströmung

Außerhalb des Einflußbereichs, der von den beiden vom Störungsort E stromabwärts laufenden MACH-Linien begrenzt wird (Fig. 24), ist die Störung ohne jeden Einfluß. Dieses Verhalten der Überschallströmungen ist wesentlich verschieden von dem Verhalten der Unterschallströmungen; bei diesen wirkt sich wie im Grenzfall der inkompressiblen Strömung eine Störung auf das ganze Strömungsfeld stromauf- und stromabwärts aus, klingt aber mit zunehmender Entfernung ab (vgl. Ziff. 7.6).

Nunmehr sind wir auch imstande, die in Gl. (1.11) bzw. (1.11*) eingeführte Geschwindigkeit a als Schallgeschwindigkeit, d. h. als Fortpflanzungsgeschwindigkeit kleiner Störungen zu erkennen: Wir nehmen wieder an, daß von einem festen Punkt E eine zeitlich unveränderliche schwache Störung ausgehe, wie sie etwa durch einen spitzen Keil hervorgerufen wird. Die Störung pflanzt sich relativ zum strömenden Gas nach allen Richtungen mit einer konstanten Geschwindigkeit fort, die wir zunächst mit c bezeichnen wollen. Die Störung wird zu einer Zeit τ auf dem Umfang eines Kreises angelangt sein, dessen Radius τc ist und dessen Mittelpunkt vom raumfesten Störungszentrum E den Abstand $\tau \bar{w}$ hat (Fig. 25).

Für $\bar{w} < c$, d. h., wenn die Strömungsgeschwindigkeit kleiner ist als die Fortpflanzungsgeschwindigkeit der Störung, erfüllt das Kreissystem mit $\tau \to \infty$ die ganze Ebene, die Störung gelangt also nach hinreichend langer Zeit zu jedem Punkt. Für $\bar{w} > c$ dagegen erfüllen die Kreise einen durch $\sin \gamma = c/\bar{w}$ bestimmten Winkel 2γ, die Störung bleibt also

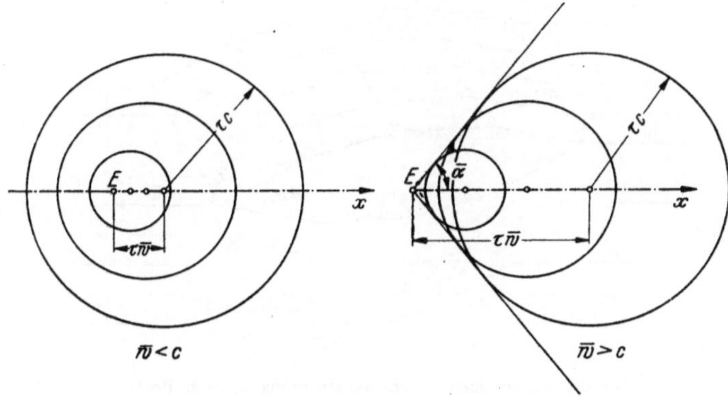

Fig. 25. Ausbreitung einer schwachen Störung in einer Unter- bzw. Überschallströmung

auf diesen Winkel beschränkt. Da wir nun aber aus dem Vorangehenden wissen, daß bei Überschallgeschwindigkeit der Einflußbereich der Störung durch die stromabwärts laufenden MACH-Linien begrenzt wird, muß $\gamma = \bar{\alpha}$ und demnach auch $c = \bar{a}$ gesetzt werden. $\bar{a}$ ist also in der Tat die Fortpflanzungsgeschwindigkeit kleiner Störungen.

Derselbe Sachverhalt läßt sich auch folgendermaßen darstellen: Wir deuten die stationäre Strömung um einen Keil als instationäre Strömung, indem wir ein mit der Grundströmung starr verbundenes Bezugssystem benützen. In diesem Bezugssystem ist das anströmende Gas in Ruhe, während das Störungszentrum E sich mit der Geschwindigkeit $-\bar{w}$ fortbewegt. Dann ist $\bar{w} \sin \bar{\alpha} = \bar{a}$ die Fortschreitungsgeschwindigkeit der von E ausgehenden Störungsfront im ruhenden Gas.

Wenn wir den in Fig. 24 und Fig. 25 dargestellten Vorgang im Raum deuten, treten anstelle der Kreise Kugeln. Diese erfüllen im Fall $\bar{w} < \bar{a}$ den ganzen Raum und im Fall $\bar{w} > \bar{a}$ einen stromabwärts laufenden Drehkegel (MACH-Kegel) mit dem Öffnungswinkel $2\bar{\alpha}$.

8.5 Linearisierte Umströmung eines schlanken Profils. Wir untersuchen jetzt die Überschallströmung um ein spitzes und schlankes Profil. Indem wir dieses durch ein Polygon annähern, wird die Aufgabe auf die Strömung an flachen Ecken (vgl. Ziff. 8.3) zurückgeführt. Die vorderste Ecke wird mit ungestörter Grundgeschwindigkeit $\overline{w}$ angeströmt, von der hintersten Ecke soll die Strömung wieder in der Anströmrichtung weiterlaufen. Wir werden alsbald sehen, daß diese Forderung physikalisch sinnvoll ist, daß dann nämlich im Rahmen der linearisierten Theorie zu beiden Seiten der von der hinteren Ecke ausgehenden Stromlinie derselbe Druck, und zwar der Druck der Grundströmung, wirkt. Die vordere und die hintere Ecke sind konkave Ecken, die Zwischenecken konvexe Ecken (Fig. 26).

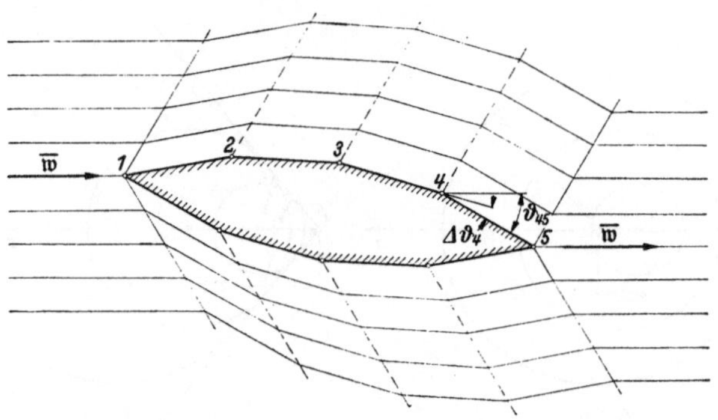

Fig. 26. Linearisierte Überschallströmung um ein Profil

Für jede Profilecke ergibt sich aus Gl. (8.7) der Druckzuwachs, z. B.

$$\Delta p_4 = -\, 2\, \overline{q}_{34} \tan \overline{\alpha}_{34}\, \Delta \vartheta_4 .$$

Hierbei ist der Knickwinkel $\Delta \vartheta_4$ wie in Ziff. 8.3 im Uhrzeigersinn gezählt, ist auf der Oberseite des Profils also positiv bei Verdünnung und negativ bei Verdichtung. Der „Staudruck" $\overline{q}_{34}$ und der MACH-Winkel $\overline{\alpha}_{34}$ beziehen sich auf die Parallelströmung längs der vorangehenden Polygonseite 34. Im Rahmen der linearen Theorie dürfen wir aber $\overline{q}_{34}$ und $\overline{\alpha}_{34}$ durch die entsprechenden Werte $\overline{q}$ und $\overline{\alpha}$ der Grundströmung ersetzen und haben dann

$$\Delta p_i = -\, 2\, \overline{q} \tan \overline{\alpha}\, \Delta \vartheta_i \quad \text{mit} \quad i = 1,\, 2,\, 3,\, \ldots .$$

Durch Addition ergibt sich hieraus für jede obere bzw. untere Polygonseite des Profils die gesamte Druckdifferenz Δp_o bzw. $\Delta p_u = \sum \Delta p_i$ gegenüber der Grundströmung:

$$\Delta p_o = -\, 2\, \overline{q} \tan \overline{\alpha}\, \vartheta_o , \qquad \Delta p_u = +\, 2\, \overline{q} \tan \overline{\alpha}\, \vartheta_u . \tag{8.8}$$

Dabei ist ϑ_o bzw. ϑ_u $(= \sum \Delta \vartheta_i)$ der wiederum im Uhrzeigersinn gezählte Anstellwinkel der betreffenden Polygonseite.

Beim Grenzübergang vom Polygon zum stetig gekrümmten Profil bleibt Gl. (8.8) unverändert bestehen, wenn man unter ϑ_o bzw. ϑ_u den lokalen Anstellwinkel, d. h. den Anstellwinkel der Profiltangenten, versteht.

Für die Strömung hinter dem Profil hatten wir $\vartheta_o = \vartheta_u = 0$ vorgeschrieben. Aus Gl. (8.8) folgt dann, wie wir angekündigt hatten, $\Delta p_o = \Delta p_u = 0$ und mit Gl. (6.4) und (8.5) außerdem $u' = v' = 0$; also $\mathfrak{w} = \overline{\mathfrak{w}}$. Die Strömung geht sonach hinter dem Profil ungestört weiter, die Störung beschränkt sich auf den Streifen zwischen den von der Vorder- und Hinterecke des Profils stromabwärts laufenden MACH-Linien. Die Störung klingt in diesem Streifen nicht ab, sondern die Stromlinien sind dort kongruente Kurven und gehen aus dem Profil durch Parallelverschiebung in Richtung der MACH-Linien hervor. Vgl. hierzu in Fig. 17 die Überschallströmung an einer welligen Wand sowie den Grenzfall $\overline{M} = 1 \left(\overline{\alpha} = \dfrac{\pi}{2}\right)$. Über die strenge Behandlung von Profilströmungen vgl. Ziff. 22.3 und 22.4.

Die Umströmung eines Profils kann statt des hier benützten Grenzübergangs vom Polygon zur Kurve auch unmittelbar aus Gl. (8.1) hergeleitet werden. Oberhalb des Profils hat man zu setzen

$$F_1 \equiv 0, \quad F_2 = \begin{cases} 0 & \text{im ungestörten Bereich,} \\ F(y - x \tan \overline{\alpha}) & \text{im gestörten Bereich.} \end{cases}$$

Aus Gl. (8.3) folgt dann

$$u' = 0, \quad v' = 0 \text{ im ungestörten Bereich,}$$

$$u' = -\dot{F} \tan \overline{\alpha}, \quad v' = \dot{F} \text{ im gestörten Bereich.}$$

Die Funktion $F(y - x \tan \overline{\alpha})$ ist durch den lokalen Anstellwinkel ϑ des Profils bestimmt vermöge

$$\frac{\dot{F}}{\overline{w}} = \frac{v'}{\overline{w}} = -\vartheta,$$

wonach $u' = + \overline{w} \tan \overline{\alpha}\, \vartheta$ und schließlich auf Grund der linearisierten BERNOULLI-Gleichung (6.4) wieder Gl. (8.8) folgt. Unterhalb des Profils erhält man die entsprechenden Beziehungen mit dem Ansatz $F_2 \equiv 0$ und $F_1 = 0$ bzw. $F(y + x \tan \overline{\alpha})$.

8.6 Auftrieb und Widerstand für linearisierte Überschallströmungen[1]. Bei Unterschallströmungen tritt auf Grund der PRANDTLschen Regeln, durch welche die Unterschallströmungen auf inkompressible Strömungen zurückgeführt werden, ebenso wie bei diesen kein Widerstand, d. h. keine Luftkraftkomponente in der Anströmrichtung, auf. Bei Über-

---

[1] ACKERET, J.: Z. Flugtechn. Motorluftsch. Bd. 16 (1925) S. 72—94. — BUSEMANN, A.: Voltakongreß [4] S. 328—360. — v. KÁRMÁN, TH.: Voltakongreß [4] S. 222—277. — SCHLICHTING, H.: Luftf.-Forschg. Bd. 13 (1936) S. 320—335.

schallströmungen dagegen liefert die Druckverteilung längs des Profils neben dem Auftrieb senkrecht zur Anströmrichtung auch eine zur Anströmrichtung parallele Luftkraftkomponente. Man bezeichnet sie als den Wellenwiderstand des Profils. Dieses verschiedene Verhalten der Unter- und Überschallströmungen hängt eng mit der verschiedenen Art der Ausbreitung von Störungen (vgl. Ziff. 7.6 und 8.4 sowie Fig. 17) zusammen.

Überschallprofile sind nicht abgerundet, sondern haben vorn und hinten Ecken und deshalb eine eindeutig bestimmte Profilsehne (Fig. 27).

L sei die Länge der Profilsehne, $\overline{\vartheta}$ ihr Anstellwinkel und

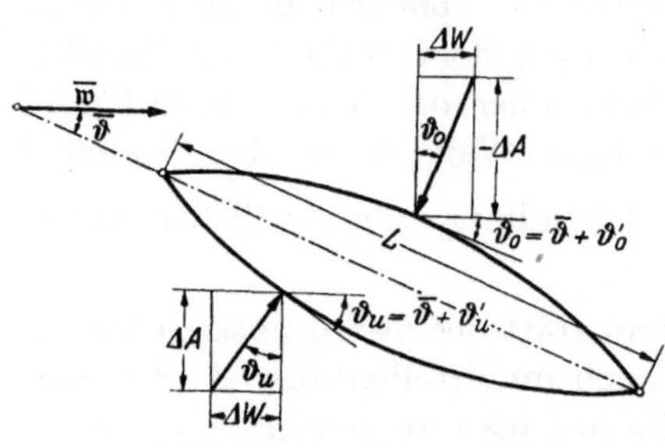

Fig. 27. Zerlegung des Druckes in Auftrieb und Widerstand

$$\vartheta_o = \overline{\vartheta} + \vartheta_o', \qquad \vartheta_u = \overline{\vartheta} + \vartheta_u'$$

der lokale Anstellwinkel längs der Ober- und Unterseite des Profils. Alle diese Winkel werden wieder im Uhrzeigersinn gezählt. Gl. (8.8) liefert dann

$$\begin{aligned}
\Delta p_o &= -2\,\overline{q}\,\tan\overline{\alpha}\,(\overline{\vartheta} + \vartheta_o'), \\
\Delta p_u &= +2\,\overline{q}\,\tan\overline{\alpha}\,(\overline{\vartheta} + \vartheta_u').
\end{aligned} \qquad (8.9)$$

Durch Integration über die Ober- und Unterseite des Profils erhält man den gesamten Auftrieb und Widerstand

$$\left.\begin{aligned}
A &= \int_0^{L_u} \Delta p_u \cos\vartheta_u \, dl_u - \int_0^{L_o} \Delta p_o \cos\vartheta_o \, dl_o, \\
W &= \int_0^{L_u} \Delta p_u \sin\vartheta_u \, dl_u - \int_0^{L_o} \Delta p_o \sin\vartheta_o \, dl_o,
\end{aligned}\right\} \qquad (8.10)$$

wobei dl_o, dl_u die Bogenelemente und L_o, L_u die Gesamtbogenlängen der Ober- und Unterseite sind.

In linearer Näherung setzen wir

$$dl_o \text{ und } dl_u = \text{Längenelement } dl \text{ der Profilsehne,}$$

$$\cos\vartheta_o = \cos\vartheta_u = \cos\vartheta_o' = \cos\vartheta_u' = \cos\overline{\vartheta} = 1,$$

$$\sin\vartheta_o = \vartheta_o, \quad \sin\vartheta_u = \vartheta_u, \quad \sin\vartheta_o' = \vartheta_o', \quad \sin\vartheta_u' = \vartheta_u', \quad \sin\overline{\vartheta} = \overline{\vartheta},$$

$$L_o = L_u = L$$

und erhalten dann aus den Gln. (8.10) die Näherungsbeziehungen

$$A = \int_0^L (\Delta p_u - \Delta p_o)\,dl, \qquad W = \int_0^L (\Delta p_u \vartheta_u - \Delta p_o \vartheta_o)\,dl.$$

Hieraus folgt durch Einsetzen der Ausdrücke (8.9)

$$A = 2\,\bar{q}\tan\bar{\alpha}\int_0^L [2\,\bar{\vartheta} + (\vartheta_o' + \vartheta_u')]\,dl,$$

$$W = 2\bar{q}\tan\bar{\alpha}\int_0^L (\vartheta_o'^2 + \vartheta_u'^2)\,dl$$

$$= 2\bar{q}\tan\bar{\alpha}\int_0^L [2\bar{\vartheta}^2 + 2\bar{\vartheta}(\vartheta_o' + \vartheta_u') + (\vartheta_o'^2 + \vartheta_u'^2)]\,dl\,.$$

$$(8.11)$$

Ist nun $y = y_o(l)$ bzw. $y = y_u(l)$ die Gleichung der Ober- bzw. Unterseite des Profils in einem rechtwinkligen Koordinatensystem mit der Profilsehne als Abszissenachse (wobei $y_u(l)$ also positiv gezählt wird, wenn der betreffende Punkt der Profilunterseite unterhalb der Profilsehne liegt), so hat man

$$\vartheta_o' = -\frac{dy_o}{dl}, \quad \vartheta_u' = \frac{dy_u}{dl}, \quad \text{also} \quad \int_0^L \vartheta_o'\,dl = -\int_0^L dy_o = 0, \quad \int_0^L \vartheta_u'\,dl = \int_0^L dy_u = 0.$$

Die Gln. (8.11) gehen daher nach Einführung der Abkürzungen

$$B_{2o} = \frac{1}{L}\int_0^L \vartheta_o'^2\,dl \geqq 0, \quad B_{2u} = \frac{1}{L}\int_0^L \vartheta_u'^2\,dl \geqq 0 \qquad (8.12)$$

über in die Formeln

$$C_a = \frac{A}{L\bar{q}} = 4\tan\bar{\alpha}\,\bar{\vartheta},$$

$$C_w = \frac{W}{L\bar{q}} = 4\tan\bar{\alpha}\left[\bar{\vartheta}^2 + \frac{1}{2}(B_{2o} + B_{2u})\right]$$

$$(8.13)$$

für die Beiwerte C_a, C_w des Auftriebs und Widerstands.

Die Integrale B_{2o}, B_{2u} hängen nur von der geometrischen Gestalt des Profils, nicht aber vom Anstellwinkel $\bar{\vartheta}$ ab; denn die Winkel ϑ_o', ϑ_u' werden von der Profilsehne als Ausgangsrichtung an gezählt. Beim geradlinigen Profil und nur bei diesem ist $B_{2o} = B_{2u} = 0$. Zusammenfassend folgt im Rahmen unserer linearen Näherung der Satz:

Bei festem Anstellwinkel und fester MACH-Zahl haben alle Überschallprofile denselben Auftriebsbeiwert C_a. Der Widerstandsbeiwert C_w hängt von der Gestalt des Profils ab und ist am kleinsten für das geradlinige Profil, welches sich dadurch als das beste Überschallprofil erweist.

Bei unverändert bleibendem Profil und veränderlicher MACH-Zahl $\bar{M}$ ändern sich nach Gl. (8.8) und (8.13) die Drucke Δp_o, Δp_u und die Druckbeiwerte C_a, C_w mit dem Faktor $\tan\bar{\alpha} = \dfrac{1}{\sqrt{\bar{M}^2 - 1}} = \dfrac{1}{B}$. Dies entspricht der PRANDTL-Regel II im Überschallbereich (vgl. Ziff. 7.5). Da C_a und C_w sich mit demselben Faktor $\tan\bar{\alpha}$ ändern, ist der Quotient C_w/C_a (Gleitzahl des Profils) im Rahmen der linearen Theorie von der MACH-

Zahl unabhängig. Die Gleitzahl hängt also nur vom Anstellwinkel und der geometrischen Gestalt des Profils ab.

Beim Anstellwinkel $\overline{\vartheta} = 0$ hat in der linearen Theorie jedes Profil den Auftriebsbeiwert $C_a = 0$, während der Widerstandsbeiwert C_w nur für das geradlinige Profil verschwindet. Vgl. hierzu die entsprechenden Aussagen der strengen Theorie in Ziff. 22.4.

8.7 Umkehrung der Anströmungsrichtung. Wenn wir in Ziff. 8.6 die Anströmgeschwindigkeit $\overline{w}$ durch $-\overline{w}$ ersetzen, d. h., wenn wir unter Beibehaltung des Betrags $\overline{w}$ der Anströmgeschwindigkeit ihre Richtung umkehren, in Fig. 27 das Profil also von rechts statt von links anströmen, ändert sich die Druckverteilung am Profil. An der oberen Seite, an der bei Linksanströmung überwiegend Verdünnungen auftraten (Sog), ergeben sich bei Rechtsanströmung überwiegend Verdichtungen. Die untere Seite, an der bei Linksanströmung überwiegend Verdichtungen vorlagen, wird bei Rechtsanströmung zur Sogseite. Die zweite der Gln. (8.13) zeigt, daß trotz der Veränderung der Druckverteilung der Widerstandsbeiwert C_w erhalten bleibt; denn sowohl $\overline{\vartheta}^2$ als auch $\vartheta_o'^2$ und $\vartheta_u'^2$, folglich auch B_{2o} und B_{2u}, haben für Rechts- und Linksanströmung dieselben Werte.

Dieser bei der Überschallströmung um ein Profil äußerst einfache Satz ist ein Spezialfall sehr viel allgemeinerer Sätze (flow-reversal Theoreme), die für flache und schlanke Körper, auch unter Einbeziehung von Wirbelschichten, in der linearisierten Theorie der Über- und Unterschallströmung gelten. In der Unterschallströmung, die nach der PRANDTL-GLAUERTschen Affintransformation auf die inkompressible Strömung zurückgeführt werden kann, ergibt sich wie bei dieser kein Widerstand, falls keine Wirbelschichten auftreten; die Erhaltung des Widerstands bei Umkehrung der Anströmrichtung ist dann also eine triviale Tatsache.

Eine ausführliche Darstellung der flow-reversal Theoreme findet sich bei G. N. WARD[1]. Die ersten derartigen Theoreme wurden von TH. VON KÁRMÁN[2] und W. D. HAYES[3] angegeben.

8.8 Einführung in die Charakteristikentheorie der linearen hyperbolischen Differentialgleichungen. Die in Ziff. 8.1 bis 8.4 erörterte lineare Theorie der ebenen Überschallströmung ermöglicht eine anschauliche erste Einführung in die sogenannte Charakteristikentheorie[4] der

---

[1] WARD: [10] S. 86—92.

[2] v. KÁRMÁN, TH.: Supersonic aerodynamics-principles and applications. J. Aeron. Sci. Bd. 14 (1947) 373—409.

[3] HAYES, W. D.: Reversed flow theorems in supersonic aerodynamics. Proc. VII. Int. Cong. Appl. Mech., London (1948).

[4] Vgl. z. B. R. SAUER: [15].

linearen partiellen Differentialgleichungen zweiter Ordnung vom hyperbolischen Typus. Die Charakteristikentheorie linearer und quasilinearer Differentialgleichungen wird sich als eines der wichtigsten mathematischen Werkzeuge beim Studium der Überschallströmungen erweisen.

Wir stellen einige grundlegende Begriffe und Sätze der Charakteristikentheorie in ihrer einfachsten Form zusammen und nehmen an, daß die jeweils erforderlichen Stetigkeits- und Differenzierbarkeitsbedingungen erfüllt sind:

a) Die lineare partielle Differentialgleichung zweiter Ordnung

$$A \varphi_{xx} + 2B \varphi_{xy} + C \varphi_{yy} + P \varphi_x + Q \varphi_y + R \varphi + S = 0 \qquad (8.14)$$

für die gesuchte Funktion $\varphi(x, y)$ heißt elliptisch, parabolisch oder hyperbolisch, je nachdem

$$A C - B^2 > 0, \ = 0 \text{ oder } < 0$$

ist. Die Koeffizienten A, B usw. sind Funktionen von x und y.

b) In dem Bereich der x, y-Ebene, in dem die Bedingung des hyperbolischen Typus $A C - B^2 < 0$ erfüllt ist, werden in jedem Punkt durch

$$A \, dy^2 - 2B \, dy \, dx + C \, dx^2 = 0$$
$$(8.15)$$

zwei verschiedene, reelle Richtungen, die sogenannten charakteristischen Richtungen, der partiellen Differentialgleichung (8.14) festgelegt. Die Integralkurven der gewöhnlichen Differential-

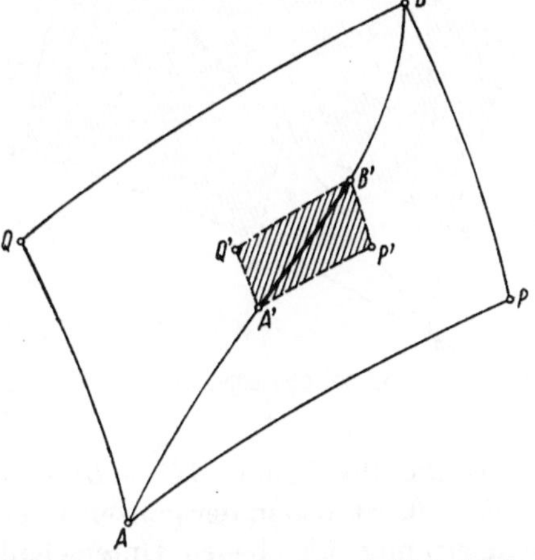

Fig. 28. Bestimmtheitsbereich und Abhängigkeitsbereich

gleichung (8.15) heißen die Charakteristiken oder die charakteristischen Kurven der partiellen Differentialgleichung (8.14); die Richtungen ihrer Tangenten sind die charakteristischen Richtungen.

c) Festlegung der Lösung durch Anfangsbedingungen: Das von je zwei Charakteristiken beider Scharen berandete Viereck $APBQ$ (Fig. 28) sei von jeder der zwei Charakteristikenscharen schlicht überdeckt; d. h., jede Charakteristik der einen Schar schneidet jede Charakteristik der anderen Schar in genau einem Punkt, Charakteristiken derselben Schar schneiden sich nicht. Wir sagen kurz: Die Charakteristiken bilden in $APBQ$ ein Kurvennetz. Die Punkte A, B seien durch eine Kurve k verbunden, die an keiner Stelle von einer Charakteristik berührt wird. Ist dann $\varphi(x, y)$ eine Lösung der partiellen Differentialgleichung (8.14) in dem Viereck $APBQ$, dann gelten folgende Sätze:

Durch die Anfangswerte der Funktion φ und ihrer ersten Ableitungen φ_x, φ_y längs eines Teilbogens $A'B'$ der Kurve k (Fig. 28) ist die Lösung φ in dem von Charakteristiken begrenzten Viereck $A'P'B'Q'$ (Bestimmtheitsbereich) eindeutig festgelegt. Der Wert der Lösung φ im Punkt P' hängt nur von den Anfangsdaten längs $A'B'$ (Abhängigkeitsbereich), nicht aber von den Anfangsdaten auf k außerhalb $A'B'$ ab.

Eine Änderung der Anfangsdaten φ, φ_x, φ_y auf einem Teilbogen $A'B'$ der Kurve k (Fig. 29) pflanzt sich in dem wieder von Charakteristiken begrenzten Bereich $A'P_1P\,P_2\,B'\,Q_2\,QQ_1A'$ (Einflußbereich) fort. In dem restlichen (in Fig. 29 nicht schraffierten) Teil des Vierecks $APBQ$ tritt keine Änderung ein. Die Charakteristiken erscheinen hiernach als Fortpflanzungslinien für Störungen in den Anfangswerten.

Diese allgemeinen Sätze lassen sich in dem Spezialfall der Potentialgleichung der ebenen Überschallströmung

$$- \mathsf{B}^2\,\varphi_{xx} + \varphi_{yy} = 0 \quad \text{mit}$$

$$\mathsf{B}^2 = \overline{M}^2 - 1 = \cot^2\bar{\alpha} > 0$$

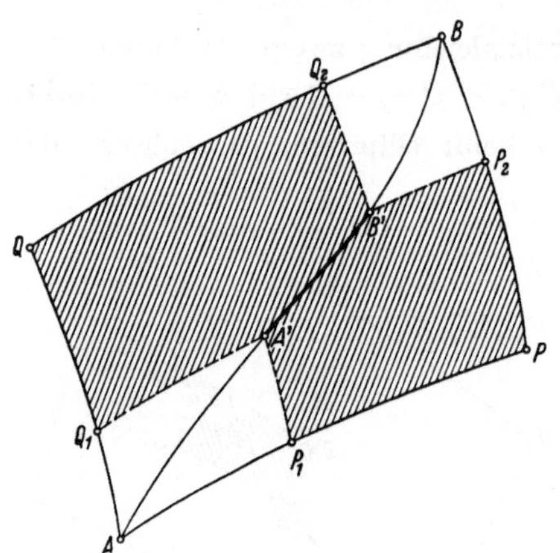

Fig. 29. Einflußbereich

in elementarer Weise verifizieren:

a) Die Bedingung $AC - B^2 < 0$ des hyperbolischen Typus liefert $- \mathsf{B}^2 < 0$, ist also in der ganzen Ebene erfüllt. Ebenso erfüllt die Potentialgleichung der ebenen Unterschallströmung

$$\beta^2\,\varphi_{xx} + \varphi_{yy} = 0 \quad \text{mit} \quad \beta^2 = 1 - \overline{M}^2 > 0$$

die Bedingung $AC - B^2 = \beta^2 > 0$ des elliptischen Typus in der ganzen Ebene.

b) Die Charakteristikengleichung (8.15) spezialisiert sich zu

$$- \mathsf{B}^2\,dy^2 + dx^2 = 0, \quad \text{also} \quad \frac{dy}{dx} = \mp\frac{1}{\mathsf{B}} = \mp\tan\bar{\alpha}.$$

Die Charakteristiken sind also mit den in Ziff. 8.2 eingeführten MACH-Linien identisch.

c) Die allgemeinen Sätze über die Bestimmtheits-, Abhängigkeits- und Einflußbereiche der Lösungen ergeben sich hier aus folgendem Existenz- und Eindeutigkeitssatz (Fig. 30):

Wenn längs der die Punkte A,B verbindenden Anfangskurve k die Geschwindigkeitsvektoren $\mathfrak{w}$ (also $u = \varphi_x$, $v = \varphi_y$ und demnach auch φ bis auf eine additive Konstante) vorgegeben sind, dann ist $\mathfrak{w}$ (also auch

$u = \varphi_x$, $v = \varphi_y$ und wieder auch φ bis auf eine additive Konstante) in dem ganzen von MACH-Linien begrenzten Parallelogramm $APBQ$ festgelegt. Die Lösung in irgendeinem Punkt P' dieses Bestimmtheitsbereichs hängt nur von den Anfangsdaten auf dem Teilbogen $A'B'$ der Kurve k ab, der von den von P' ausgehenden MACH-Linien $P'A'$ und $P'B'$ ausgeschnitten wird.

Der Beweis dieses Satzes ergibt sich aus folgender elementaren Konstruktion: Nach Ziff. 8.2 (vgl. Fig. 20) müssen $\mathfrak{w}_{A'}$, $\mathfrak{w}_{P'}$ dieselben Projektionen auf die MACH-Linien der ersten Schar und $\mathfrak{w}_{B'}$, $\mathfrak{w}_{P'}$ dieselben Projektionen auf die MACH-Linien der zweiten Schar besitzen. Infolgedessen kann $\mathfrak{w}_{P'}$ aus den beiden Projektionen auf die MACH-Linien konstruiert werden.

Der hier bewiesene Existenz- und Eindeutigkeitssatz liefert den Beweis für die in Ziff. 8.4 plausibel erläuterte Aussage, daß sich kleine Störungen längs MACH-

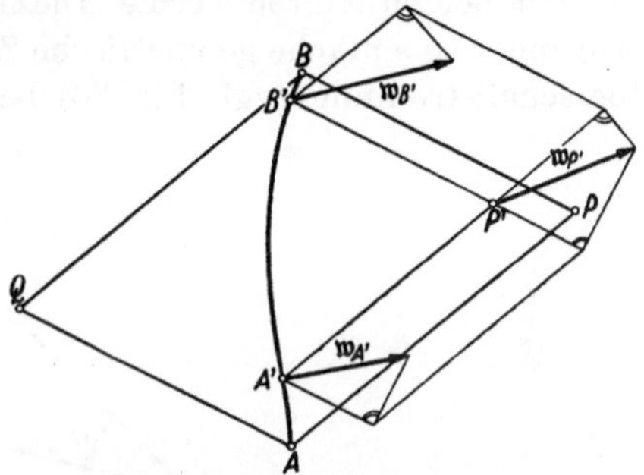

Fig. 30. Konstruktion der linearisierten Strömung in einem MACHschen Parallelogramm

Linien fortpflanzen und daher lediglich auf einen Einflußbereich einwirken, der von den beiden vom Störungsort ausgehenden MACH-Linien begrenzt wird. Hierbei kommen, wie die physikalische Überlegung in Ziff. 8.4 zeigt, nur die stromabwärts laufenden MACH-Linien ins Spiel.

§ 9. Linearisierte Überschallströmung um Drehkörper

9.1. Diskussion der Potentialgleichung; Mach-Kegel. Wir wenden uns nun zur linearisierten Überschallströmung um Drehkörper. Wie in Ziff. 7.7 soll sich der Drehkörper längs der positiven x-Achse erstrecken und axial oder unter einem kleinen Anstellwinkel $\bar{\vartheta}$ angeblasen werden (Fig. 31). Das Potential der Grundströmung ist dann wie in Gl. (7.13)

$$\bar{\varphi}(x, r, \omega) = \bar{w} \cdot (x + \bar{\vartheta}\, r \cos\omega).$$

Das zu überlagernde Zusatzpotential genügt nach Gl. (6.5*) der hyperbolischen Differentialgleichung

$$-\mathrm{B}^2\,\varphi_{xx} + \varphi_{rr} + \frac{1}{r^2}\,\varphi_{\omega\omega} + \frac{1}{r}\,\varphi_r = 0, \quad \mathrm{B}^2 = \bar{M}^2 - 1 = \cot^2\bar{\alpha} > 0. \quad (9.1)$$

Wie bei der Unterschallströmung um Drehkörper (vgl. Ziff. 7.7) setzen wir Störpotentiale von der Form $\varphi_0'(x, r)$ und $\varphi_1'(x, r, \omega) = \chi(x, r)\cos\omega$ an, so daß das Gesamtpotential in der Form

$$\varphi(x, r, \omega) = \bar{\varphi}(x, r, \omega) + \varphi_0'(x, r) + \chi(x, r)\cos\omega$$

erscheint. Mit diesen Ansätzen ergibt sich aus der Potentialgleichung (9.1)

$$- \mathsf{B}^2 \frac{\partial^2 \varphi_0'}{\partial x^2} + \frac{\partial^2 \varphi_0'}{\partial r^2} + \frac{1}{r} \frac{\partial \varphi_0'}{\partial r} = 0 \tag{9.2}$$

bzw.

$$- \mathsf{B}^2 \frac{\partial^2 \chi}{\partial x^2} + \frac{\partial^2 \chi}{\partial r^2} + \frac{1}{r} \frac{\partial \chi}{\partial r} - \frac{1}{r^2} \chi = 0. \tag{9.3}$$

Diese Gleichungen unterscheiden sich von der Potentialgleichung des ebenen Problems (vgl. Ziff. 8.1) durch das Hinzutreten des letzten Terms bzw. der beiden letzten Terme. Diese Terme haben zur Folge, daß hier nicht mehr so einfache geometrische Zusammenhänge wie bei der ebenen Überschallströmung (vgl. Fig. 30) bestehen.

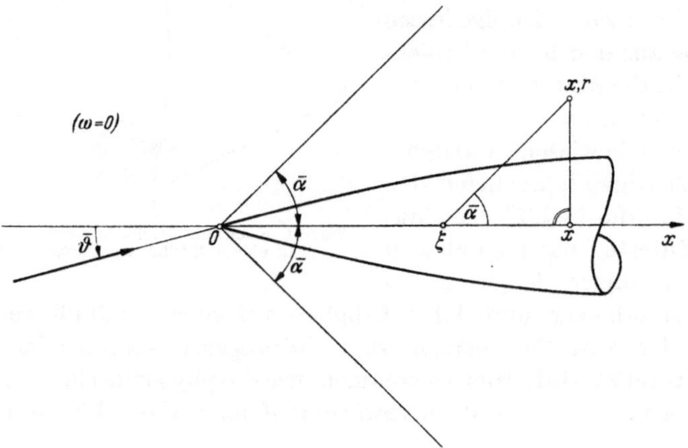

Fig. 31. Überschallströmung um einen Drehkörper

Wir werden in Ziff. 9.2 erkennen, daß sich durch diesen Ansatz ebenso wie bei der Unterschallströmung die Randbedingungen an der Körperoberfläche erfüllen lassen. Weiter gilt: Die Charakteristiken der Gln. (9.2), (9.3)

$$r \pm x \tan \bar{\alpha} = \text{const}$$

in den x, r-Meridianebenen (Mach-Linien) erzeugen stromabwärts laufende Mach-Kegel, deren Scheitel auf der x-Achse liegen. Diese begrenzen die Einflußbereiche von Störungen, die von Punkten der x-Achse ausgehen, in derselben Weise, wie die Paare stromabwärts laufender Mach-Linien beim ebenen Problem (vgl. Fig. 24). Die Grundströmung bleibt daher ungestört bis an den von der Spitze O des Drehkörpers ausgehenden Mach-Kegel und die Störung in irgendeinem Punkt x, r des Strömungsfelds wird nur von dem Teil des Drehkörpers beeinflußt, der oberhalb des durch den Punkt x, r gehenden Mach-

Kegels mit der Spitze

$$\xi = x - r \cot \overline{\alpha} = x - \mathsf{B}\, r$$

liegt (vgl. Fig. 31). Infolgedessen brauchen wir hier nicht jeweils den ganzen Drehkörper zu betrachten wie bei der Unterschallströmung.

9.2 Singularitätenverfahren von v. Kármán-Tsien-Ferrari. Bei der Unterschallströmung in Ziff. 7.7 ergab sich die Funktion $\chi\,(x, r)$ aus dem Ansatz für $\varphi_0'\,(x, r)$ durch Ableitung nach r, wenn man die zunächst willkürliche Funktion $f(\xi)$ mit $-m(\xi)$ bezeichnet. Ebenso gilt auch hier bei der Überschallströmung, daß jede Lösung $\varphi_0'\,(x, r)$ der Gl. (9.2) durch Ableitung nach r eine Lösung $\chi\,(x, r)$ der Gl. (9.3) liefert. In der Tat bekommt man durch Differentiation der Gl. (9.2) nach r

$$- \mathsf{B}^2 \frac{\partial^2}{\partial x^2}\left(\frac{\partial \varphi_0'}{\partial r}\right) + \frac{\partial^2}{\partial r^2}\left(\frac{\partial \varphi_0'}{\partial r}\right) + \frac{1}{r}\frac{\partial}{\partial r}\left(\frac{\partial \varphi_0'}{\partial r}\right) - \frac{1}{r^2}\left(\frac{\partial \varphi_0'}{\partial r}\right) = 0,$$

also Gl. (9.3) mit $\chi = \dfrac{\partial \varphi_0'}{\partial r}$.

Nach v. Kármán, Tsien und Ferrari[1] kann man für $\varphi_0'\,(x, r)$ und $\varphi_1'\,(x, r, \omega) = \chi\,(x, r) \cdot \cos\omega$ die folgenden den Gln. (7.12) und (7.14) analogen Ansätze machen:

$$\varphi_0'(x,\, r) = - \int\limits_{0}^{x-\mathsf{B}r} \frac{f(\xi)\, d\xi}{\sqrt{(x - \xi)^2 - \mathsf{B}^2 r^2}} \quad \text{mit} \quad \mathsf{B}^2 = \overline{M}^2 - 1 = \cot^2\overline{\alpha} \quad (9.4)$$

und

$$\chi(x,\, r) = - \frac{1}{\mathsf{B}\, r} \int\limits_{0}^{x-\mathsf{B}r} \frac{m(\xi)\cdot(x - \xi)\, d\xi}{\sqrt{(x - \xi)^2 - \mathsf{B}^2 r^2}}. \tag{9.5}$$

In Ziff. 9.3 werden wir nachträglich bestätigen, daß $\varphi_0'\,(x, r)$ die Differentialgleichung (9.2) und $\chi\,(x, r)$ die Differentialgleichung (9.3) erfüllt. Dabei wird sich zeigen, inwiefern die Ansätze für $\chi\,(x, r)$ in Gl. (7.14) und Gl. (9.5) einander analog sind.

Wegen der Analogie der Ansätze (9.4), (9.5) zu den Quell-Senken- und Doppelquellen-Verteilungen (7.12) und (7.14) bei der Unterschallströmung bezeichnen wir die hier eingeführten Singularitäten ebenfalls als Quellen und Senken bzw. Doppelquellen mit der Quellstärke $f(\xi)$ bzw. $m(\xi)$.

Die Ansätze für Überschall- und für Unterschallströmungen in Ziff. 7.7 und hier unterscheiden sich zunächst dadurch, daß $\beta^2 r^2$ durch $-\mathsf{B}^2 r^2$ zu ersetzen ist. Außerdem hat man im Unterschall konstante Integrationsgrenzen ($0 \leq \xi \leq 1$), im Überschall dagegen ist die obere Grenze $\xi = x - \mathsf{B}\, r$ (vgl. Fig. 31) vom Aufpunkt x, r abhängig. Der

---

[1] v. Kármán, Th., u. N. B. Moore: Trans. Amer. Soc. Mech. Engrs. Juni 1932. — Tsien, H. S.: J. Aeron. Sci. Bd. 5 (1938) S. 480—483. — Ferrari, C.: Aerotecnica Bd. 17 (1937) S. 507—518.

Einflußbereich der auf den Punkt x, r wirkenden Störung ist also durch den stromabwärts laufenden MACH-Kegel mit dem Scheitel ξ begrenzt, wie wir schon in Ziff. 9.1 angekündigt hatten.

Die Randbedingungen (7.15) lassen sich wie bei der Unterschallströmung durch geeignete Wahl der Singularitätenverteilungen $f(\xi)$ und $m(\xi)$ erfüllen. In § 10 werden wir $f(\xi)$ und $m(\xi)$ auch bei Überschallströmungen im Fall „überschlanker" Körper durch asymptotische Entwicklungen für $r \to 0$ bestimmen. Im vorliegenden Paragraphen werden wir uns mit numerischen Methoden beschäftigen und hierfür die Aufgabe in Ziff. 9.4 und 9.5 in geeigneter Weise algebraisieren.

9.3 Verifikation der Lösungen (9.4) und (9.5). Zur Verifikation der Lösung (9.4) führen wir durch

$$\xi = x - \mathsf{B}\,r\cosh z, \qquad z = \operatorname{ar\,cosh} \frac{x - \xi}{\mathsf{B}\,r} \tag{9.6}$$

eine neue Integrationsvariable z ein. Dann erhalten wir

$$\varphi_0' = - \int\limits_{z=0}^{\operatorname{ar\,cosh} \frac{x}{\mathsf{B}\,r}} f(x - \mathsf{B}\,r\cosh z)\,dz.$$

Die feste untere Grenze $z = 0$ entspricht der in Gl. (9.4) auftretenden veränderlichen oberen Grenze $\xi = x - \mathsf{B}\,r$, die veränderliche obere Grenze $z = \operatorname{ar\,cosh} \dfrac{x}{\mathsf{B}\,r}$ der festen unteren Grenze $\xi = 0$. Die zugelassenen Funktionen $f(\xi)$ [ebenso wie $m(\xi)$ in Gl. (9.5)] sollen stets mit $f(0) = 0$ beginnen. Dann können wir sie mit $f(\xi) \equiv 0$ für $\xi < 0$ stetig fortsetzen und das Integrationsintervall bis $\xi \to -\infty$ bzw. bis $z \to +\infty$ erstrecken.

Auf diese Weise ergibt sich eine Integraldarstellung mit konstanten Grenzen, nämlich

$$\varphi_0' = - \int\limits_0^\infty f(x - \mathsf{B}\,r\cosh z)\,dz. \tag{9.7}$$

Bildet man nun die ersten und zweiten Ableitungen, so bestätigt man leicht, daß φ_0' der Potentialgleichung (9.2) genügt.

Um die Lösung (9.5) zu verifizieren, erinnern wir uns daran, daß durch Ableitung einer Funktion $\varphi_0'(x, r)$ nach r stets eine Lösung der Gl. (9.3) entsteht. Wir gehen nun von der Darstellung (9.7) aus und bilden

$$\frac{\partial \varphi_0'}{\partial r} = \mathsf{B} \int\limits_0^\infty f'(x - \mathsf{B}\,r\cosh z)\cosh z\,dz = \mathsf{B} \int\limits_0^{\operatorname{ar\,cosh} \frac{x}{\mathsf{B}\,r}} f'(x - \mathsf{B}\,r\cosh z)\cosh z\,dz.$$

Durch Rücktransformation auf ξ kommt dann

$$\frac{\partial \varphi_0'}{\partial r} = \frac{1}{r} \int\limits_0^{x-\mathsf{B}r} \frac{f'(\xi)\,(x-\xi)\,d\xi}{\sqrt{(x-\xi)^2 - \mathsf{B}^2 r^2}}.$$

Dieser Ausdruck geht in die rechte Seite der Gl. (9.5) über, wenn wir für die willkürliche Funktion $f'(\xi)$ die Bezeichnung $\dfrac{-m(\xi)}{\mathsf{B}}$ einführen.

Hiernach ergibt sich der Ausdruck $\chi\,(x, r)$ in Gl. (9.5) in demselben Sinn wie bei der Unterschallströmung aus $\varphi_0'\,(x, r)$ durch Ableitung nach r.

9.4 Berechnung der linearisierten Überschallströmung um einen Drehkegel. Wir setzen die Quell-Senken- und die Doppelquellen-Intensitätsverteilungen $f(\xi)$, $m(\xi)$ in den Gln. (9.4) und (9.5) als lineare Funktionen an, nämlich

$$f(\xi) = \xi f', \quad m(\xi) = \xi m' \quad \text{mit} \quad f', m' = \text{const} \quad \text{und} \quad \xi \geqq 0. \tag{9.8}$$

Die Quadraturen in den Gln. (9.4), (9 5) lassen sich dann nach Ziff. 9.3 elementar ausführen, und man erhält

$$\left.\begin{aligned}
\varphi_0' &= f' \left[\sqrt{x^2 - \mathsf{B}^2 r^2} - x \operatorname{ar cosh}\left(\frac{x}{\mathsf{B}\,r}\right) \right], \\[2mm]
\chi &= -\frac{m'}{2}\left[x \sqrt{\left(\frac{x}{\mathsf{B}\,r}\right)^2 - 1} - \mathsf{B}\,r \operatorname{ar cosh}\left(\frac{x}{\mathsf{B}\,r}\right) \right].
\end{aligned}\right\} \tag{9.9}$$

Durch Differentiation nach x bzw. r erhält man als x- bzw. r-Komponenten der Zusatzgeschwindigkeiten

$$\left.\begin{aligned}
u_0' &= -f' \operatorname{ar cosh}\left(\frac{x}{\mathsf{B}\,r}\right), \\[2mm]
v_0' &= f'\mathsf{B}\sqrt{\left(\frac{x}{\mathsf{B}\,r}\right)^2 - 1},
\end{aligned}\right\} \tag{9.10}$$

und

$$\left.\begin{aligned}
u_1' &= -m' \sqrt{\left(\frac{x}{\mathsf{B}\,r}\right)^2 - 1} \cdot \cos\omega, \\[2mm]
v_1' &= \frac{1}{2}\,m'\mathsf{B}\left[\left(\frac{x}{\mathsf{B}\,r}\right)\sqrt{\left(\frac{x}{\mathsf{B}\,r}\right)^2 - 1} + \operatorname{ar cosh}\left(\frac{x}{\mathsf{B}\,r}\right)\right]\cdot\cos\omega.
\end{aligned}\right\} \tag{9.11}$$

Hiernach ist der Geschwindigkeitsvektor nur von $\dfrac{x}{r}$ und ω abhängig, bleibt also konstant längs jeder durch den Nullpunkt O gehenden Geraden. Somit handelt es sich um ein Strömungsfeld mit Kegelsymmetrie (kegelsymmetrisches Strömungsfeld).

Die Konstanten f', m' lassen sich so wählen, daß die Geschwindigkeitsvektoren einen vorgegebenen, unter einem kleinen Anstellwinkel $\overline{\vartheta}$ angeblasenen Drehkegel mit dem kleinen Öffnungswinkel $2\,\vartheta'$ berühren, daß also durch die Gln. (9.10) und (9.11) die Überschallströmung um einen Drehkegel geliefert wird. Hierfür sind die Randbedingungen (7.15) zu erfüllen, aus denen hier

$$v_0' = \overline{w}\tan\vartheta', \quad v_1' = -\overline{w}\tan\overline{\vartheta}\cos\omega \tag{9.12}$$

an der Körperoberfläche folgt. Mit $\tan\vartheta' = r/x$ ergibt sich dann aus den Gln. (9.10) und (9.11)

$$\left.\begin{aligned}
\frac{l'}{\overline{w}} &= \frac{\tan\vartheta'}{\sqrt{\cot^2\vartheta' - \mathrm{B}^2}}, \\[2mm]
\frac{m'}{\overline{w}} &= \frac{-2\,\mathrm{B}\tan\overline{\vartheta}}{\cot\vartheta'\sqrt{\cot^2\vartheta' - \mathrm{B}^2} + \mathrm{B}^2\operatorname{ar\,cosh}\left(\dfrac{\cot\vartheta'}{\mathrm{B}}\right)}.
\end{aligned}\right\} \tag{9.13}$$

Wir wollen nun den Druck am Kegel berechnen. Die sich mit den Gln. (9.10), (9.11) und (9.13) ergebende Näherung für u, v, w_3 erfüllt die strenge Potentialgleichung (4.3*) an der Kegeloberfläche noch unter Berücksichtigung der mit $\vartheta'\ln\left(\dfrac{2}{\mathrm{B}\,\vartheta'}\right)$ multiplizierten Glieder 1. Ordnung. Bei Berücksichtigung der Größen 2. Ordnung wird (4.3*) aber nicht mehr von unserer Näherungslösung erfüllt. Dabei ist $\dfrac{\overline{\vartheta}^2}{\vartheta'}$ als von erster oder höherer Ordnung klein angenommen. Die Erfahrung zeigt jedoch, daß die für $\varDelta p$ im folgenden unter Berücksichtigung auch der Größen 2. Ordnung abgeleitete Gl. (9.14) die experimentellen Werte gut wiedergibt.

Wegen der BERNOULLIschen Gleichung (2.4) sowie wegen Gl. (2.22) ist

$$\varDelta p = -\varrho^* a^{*2}\int\limits_{\overline{M}^*}^{M^*}\Theta\,dM^{*\prime} = \left[\frac{\varrho^* a^{*2}}{\gamma}\left(\frac{\gamma+1}{2} - \frac{\gamma-1}{2}M^{*\prime 2}\right)^{\frac{\gamma}{\gamma-1}}\right]_{M^{*\prime}=\overline{M}^*}^{M^*}.$$

Die TAYLOR-Entwicklung nach Potenzen von w' bis zu den Gliedern 2. Ordnung liefert

$$\frac{\varDelta p}{\varrho} = -\frac{1}{2}(w^2 - \overline{w}^2) + w'^2\,\frac{\overline{w}^2}{(\gamma+1)a^{*2} - (\gamma-1)\overline{w}^2}.$$

Bei der Berechnung von w^2 und w'^2 hat man dabei unter Berücksichtigung der Glieder 2. Ordnung gemäß den Gln. (9.10), (9.11) und (9.13) einzusetzen:

$$\left.\begin{aligned}
\overline{u} &= \overline{w}\cos\overline{\vartheta} \approx \overline{w} - \overline{w}\,\frac{\overline{\vartheta}^2}{2}, \\[2mm]
\overline{v} &\approx \overline{w}\,\overline{\vartheta}\cos\omega, \\[2mm]
\overline{w}_3 &\approx -\overline{w}\,\overline{\vartheta}\sin\omega
\end{aligned}\right\}$$

bei der Grundströmung, ferner

$$u'_0 = -\overline{w}\tan\vartheta'\ \frac{\text{ar cosh}\left(\dfrac{\cot\vartheta'}{\mathsf{B}}\right)}{\sqrt{\cot^2\vartheta' - \mathsf{B}^2}} \approx -\overline{w}\vartheta'^{\,2}\ln\left(\frac{2}{\mathsf{B}\,\vartheta'}\right),$$

$$v'_0 = \overline{w}\tan\vartheta' \approx \overline{w}\vartheta',$$

$$(w'_3)_0 = 0$$

bei der durch φ'_0 gelieferten Zusatzströmung, und

$$u'_1 = \frac{2\,\overline{w}\tan\overline{\vartheta}\ \sqrt{\cot^2\vartheta' - \mathsf{B}^2}\,\cos\omega}{\cot\vartheta'\,\sqrt{\cot^2\vartheta' - \mathsf{B}^2} + \mathsf{B}^2\,\text{ar cosh}\left(\dfrac{\cot\vartheta'}{\mathsf{B}}\right)} \approx 2\,\overline{w}\vartheta'\overline{\vartheta}\,\cos\omega,$$

$$v'_1 = -\overline{w}\tan\overline{\vartheta}\,\cos\omega \approx -\overline{w}\overline{\vartheta}\,\cos\omega,$$

$$(w'_3)_1 = -\frac{\chi(x,\,r)}{r}\sin\omega \approx -\overline{w}\overline{\vartheta}\,\sin\omega$$

bei der durch φ'_1 gelieferten Zusatzströmung. Bei Beschränkung auf die in ϑ', $\overline{\vartheta}$ quadratischen Glieder ergibt sich die Druckformel:

$$\frac{\Delta p}{\frac{\varrho}{2}\,\overline{w}^2} = 2\,\vartheta'^{\,2}\ln\left(\frac{2}{\mathsf{B}\,\vartheta'}\right) + \overline{\vartheta}^2(2\cos 2\omega - 1) - \vartheta'^{\,2} - 4\vartheta'\overline{\vartheta}\cos\omega\,. \tag{9.14}$$

Wegen der Linearisierungsvoraussetzungen müssen beide Winkel ϑ' und $\overline{\vartheta}$ als klein angenommen werden. Dabei darf aber das Verhältnis $\vartheta' : \overline{\vartheta}$ beliebig groß und (wie wir am Ende dieser Ziffer zeigen werden) auch beliebig klein angenommen werden.

Für $\overline{\vartheta} = 0$ liefert Gl. (9.14) den Druck am axial angeblasenen, d. h. nicht angestellten Drehkegel, für $\vartheta' = 0$ den Druck am angestellten „Drehkegel mit verschwindendem Öffnungswinkel", d. h. am schief angeblasenen Drehzylinder.

Bei axialer Anblasung des Drehkegels spezialisiert sich Gl. (9.14) zu

$$\frac{\Delta p}{\frac{\varrho}{2}\,\overline{w}^2} = 2\vartheta'^{\,2}\ln\frac{1}{\vartheta'} + \vartheta'^{\,2}\left[2\ln\left(\frac{2}{\mathsf{B}}\right) - 1\right]. \tag{9.15}$$

Hier überwiegt das erste Glied. Beschränkt man sich auf das erste Glied, dann wird die PRANDTL-Regel III (vgl. Ziff. 7.4) bestätigt, wonach die MACH-Zahl auf den Druck an einem umströmten schlanken Körper ohne Einfluß ist. Eine solche Beschränkung ist jedoch nur bei sehr spitzen Drehkegeln zulässig. Berücksichtigt man im Falle weniger spitzer Kegel auch das zweite Glied, so geht mit B und $\overline{w}$ die MACH-Zahl in die Rechnung ein.

Man beachte den Unterschied zwischen der ebenen Überschallströmung um einen flachen Keil (vgl. Ziff. 8.3) und der räumlichen Überschallströmung um einen axial angeströmten spitzen Drehkegel:

Beim Keil sind die Stromlinien parallele Gerade mit Knicken an den von der Keilkante stromabwärts laufenden MACH-Linien (vgl. Fig. 23). Beim Kegel (Fig. 32) sind die Stromlinien stromabwärts des von der Kegelspitze E ausgehenden MACH-Kegels gekrümmte Kurven, die sich am MACH-Kegel tangential, d. h. ohne Knick, an die geradlinigen Stromlinien der Grundströmung ansetzen und stromabwärts sich dem umströmten Kegel asymptotisch nähern. Daß am MACH-Kegel kein Knick auftritt, ergibt sich aus den Gln. (9.10) und (9.11), wonach $v_0' + v_1' = 0$

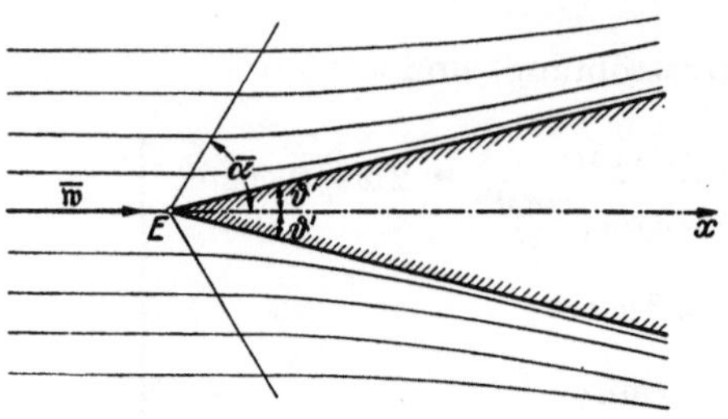

Fig. 32. Linearisierte axiale Überschallströmung um einen Drehkegel

ist für $x - \mathsf{B}\,r = 0$. In der Umgebung von $x - \mathsf{B}\,r = 0$ erhält man nach elementarer Rechnung außerdem

$$u_0' + u_1' = -(f' + m'\cos\omega)\sqrt{\frac{2\,(x - \mathsf{B}r)}{\mathsf{B}\,r}}\cdot(1 + \cdots).$$

Diese Formel liefert wegen Gl. (6.4) mit $r = \mathrm{const}$ den Druckverlauf im Strömungsfeld längs einer zur Kegelachse parallelen Geraden (Fig. 33).

Während bei der ebenen Strömung um den Keil der Druck plötzlich vom konstanten Wert der Grundströmung auf einen konstanten Wert hinter der MACH-Linie ansteigt, erfolgt der Druckanstieg beim Kegel nach einer Kurve, die mit lotrechter Tangente beginnt und sich im weiteren Verlauf dem Druckwert am Kegel nähert. Durch den unstetigen Druckanstieg an einer MACH-Linie bei der Keilströmung und den

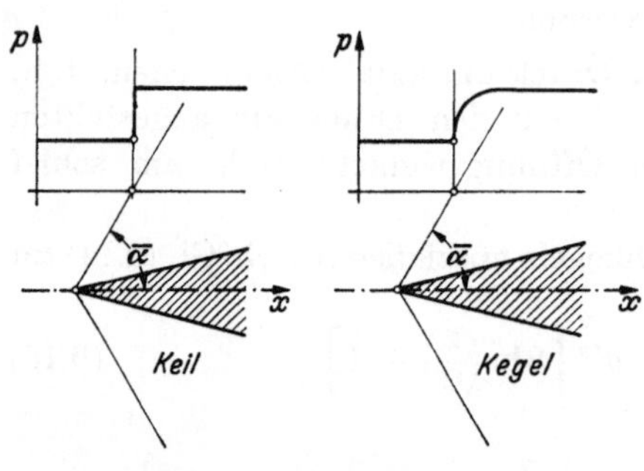

Fig. 33. Druckverteilung längs einer x-Parallelen bei der linearisierten Überschallströmung um Keil und Kegel

stetigen, aber mit lotrechter Tangente beginnenden Druckanstieg an einem MACH-Kegel bei der Kegelströmung wird das Phänomen des Verdichtungsstoßes (vgl. § 21 und § 26) in der linearen Theorie approximiert.

Wie im Anschluß an Gl. (9.14) angekündigt, müssen wir jetzt noch zeigen, daß Gl. (9.14) auch für den schief angeblasenen Drehzylinder ($\vartheta' = 0$) mit dem Halbmesser R gilt. Wir setzen den Drehzylinder als unendlich lang voraus. Dann können wir die von x unabhängige axiale Geschwindigkeitskomponente u durch den Ansatz

$$\varphi(x,\ r,\ \omega) = x\,\overline{w}\cos\overline{\vartheta} + \Phi(r,\ \omega)$$

abspalten, wobei $\Phi\,(r, \omega)$ das Potential eines ebenen Problems ist. Man hat wieder $\overline{\Phi} = r\,\overline{w}\tan\overline{\vartheta}\,\cos\omega$ [vgl. Gl. (7.13)] und in wörtlicher Analogie zu den Gln. (9.4) und (9.5)

$$\Phi'_0(r) = f\,\ln r;\quad \Phi'_1(r,\ \omega) = -\,\frac{m}{r}\cos\omega$$

zu setzen (vgl. auch Ziff. 3.3). Die Randbedingung $v = 0$ auf der Zylinderwand erfordert natürlich, daß die Quellstärke $f = 0$ ist. Die Doppelquellstärke ergibt sich zu $m = -\,R^2\,\overline{w}\tan\overline{\vartheta}$, so daß folgt:

$$u = \ \ \overline{w}\cos\overline{\vartheta}\,,$$

$$v = \ \ \overline{w}\tan\overline{\vartheta}\,\cos\omega\left(1 - \frac{R^2}{r^2}\right),$$

$$w_3 = -\,\overline{w}\tan\overline{\vartheta}\,\sin\omega\left(1 + \frac{R^2}{r^2}\right)$$

und also wieder wegen unseres früheren Ausdrucks für $\dfrac{\Delta p}{\varrho}$ (vgl. S. 62)

$$\frac{\Delta p}{\frac{\varrho}{2}\,\overline{w}^2} = \overline{\vartheta}^2\left[2\cos 2\omega - 1\right]$$

an der Zylinderoberfläche. Diese Gleichung ist aber identisch mit Gl. (9.14), wenn dort $\vartheta' = 0$ gesetzt wird.

9.5 Berechnung der linearisierten Überschallströmung um einen beliebigen zugespitzten Drehkörper. Die Singularitätenverteilungen $f(\xi)$ und $m(\xi)$ für die linearisierte Überschallströmung um einen vorgegebenen vorne zugespitzten Drehkörper beliebiger Gestalt lassen sich numerisch durch Überlagerung kegelsymmetrischer Strömungsfelder, wie wir sie in Ziff. 9.4 erörtert haben, folgendermaßen erzeugen:

Die beiden Kurven $f(\xi)$ und $m(\xi)$ werden durch Polygone, die im Nullpunkt beginnen und deren Eckpunkte beide Male dieselben Abszissen $\xi_1 = 0,\ \xi_2 > \xi_1,\ \xi_3 > \xi_2,\ \ldots$ haben, approximiert (Fig. 34). Analytisch heißt dies, daß $f(\xi)$ und $m(\xi)$ durch Überlagerung der Linearfunktionen

$$\left.\begin{aligned}
f_1 &= (\xi - \xi_1)f_1', & m_1 &= (\xi - \xi_1)m_1' & \text{für} \quad \xi &\geqq \xi_1, \\
f_2 &= (\xi - \xi_2)f_2', & m_2 &= (\xi - \xi_2)m_2' & \text{für} \quad \xi &\geqq \xi_2, \\
f_3 &= (\xi - \xi_3)f_3', & m_3 &= (\xi - \xi_3)m_3' & \text{für} \quad \xi &\geqq \xi_3
\end{aligned}\right\} \quad (9.16)$$

usw. sowie

$$\left. f_k = m_k = 0 \quad \text{für} \quad \xi \leqq \xi_k, \quad k = 1, 2, 3, \ldots \right\}$$

entstehen mit den noch unbestimmten Koeffizienten $f_k' = \tan\sigma_k$ $m_k' = \tan\tau_k$.

Jedes der linearen Funktionenpaare f_k, m_k liefert nach Ziff. 9.4 ein kegelsymmetrisches Strömungsfeld. Über die entsprechenden Potentiale

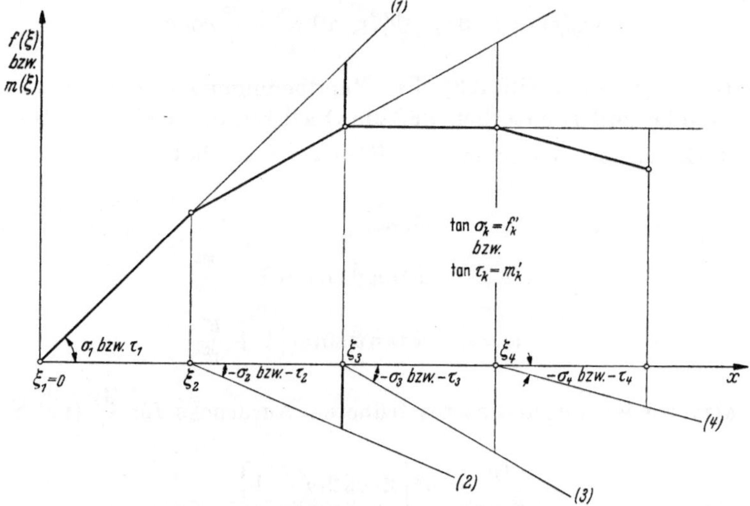

Fig. 34. Polygonale Quellsenken- bzw. Doppelquellenverteilung

ist zu summieren. Nach den Gln. (9.10) und (9.11) ergibt sich für irgendeinen Aufpunkt x, r

$$\left.\begin{aligned}
u_0' &= -\sum_{k=1}^{n} f_k' \operatorname{ar cosh}\left(\frac{x - \xi_k}{\mathsf{B}\,r}\right), \\
v_0' &= \mathsf{B}\sum_{k=1}^{n} f_k' \sqrt{\left(\frac{x - \xi_k}{\mathsf{B}\,r}\right)^2 - 1}
\end{aligned}\right\} \quad (9.17)$$

und

$$\left.\begin{aligned}
u_1' &= -\cos\omega \sum_{k=1}^{n} m_k' \sqrt{\left(\frac{x - \xi_k}{\mathsf{B}\,r}\right)^2 - 1}, \\
v_1' &= \frac{1}{2}\,\mathsf{B}\cos\omega \sum_{k=1}^{n} m_k'\left[\frac{x - \xi_k}{\mathsf{B}\,r}\sqrt{\left(\frac{x - \xi_k}{\mathsf{B}\,r}\right)^2 - 1} + \operatorname{ar cosh}\left(\frac{x - \xi_k}{\mathsf{B}\,r}\right)\right].
\end{aligned}\right\} \quad (9.18)$$

Dabei ist wegen der oberen Integrationsgrenze in den Gln. (9.4) und (9.5) nur über alle $\xi_k < x - \mathsf{B}\, r$ zu summieren, d. h. über alle Punkte ξ_k der x-Achse, die stromaufwärts desjenigen MACH-Kegels liegen, der von einem Punkt der x-Achse als Scheitel zu dem Aufpunkt x, r führt (vgl. Fig. 35).

Die zunächst unbestimmt angesetzten Konstanten f'_k und m'_k müssen jetzt so festgelegt werden, daß durch die Gln. (9.17) und (9.18) die Strömung um den vorgegebenen Drehkörper unter dem vorgegebenen Anstellwinkel $\overline{\vartheta}$ approximiert wird. Zu diesem Zweck greifen wir auf der Meridiankurve des Drehkörpers in der Ebene $\omega = 0$ in hinreichend enger Aufeinanderfolge, sonst aber beliebig, einige Punkte $x_1, r_1; x_2, r_2;$

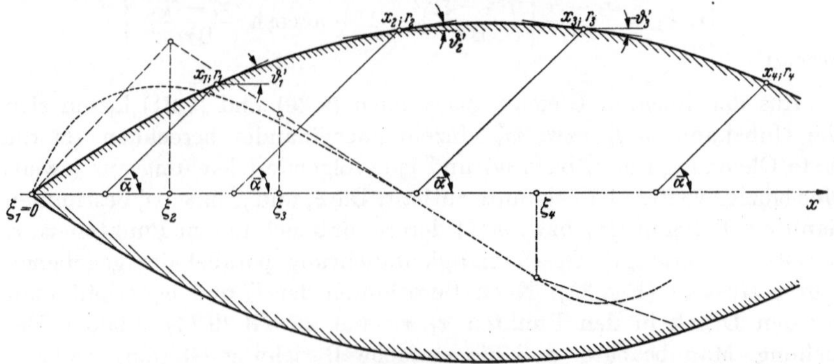

Fig. 35. Linearisierte Überschallströmung um einen zugespitzten Drehkörper.
---------- Quellstärke $f(\xi)$ gemäß Ziff. 9.2
— — — — Polygonale Näherung für $f(\xi)$ gemäß Ziff. 9.5

x_3, r_3 usf. heraus und bezeichnen die Neigungswinkel der Tangenten in diesen Punkten mit $\vartheta'_1, \vartheta'_2, \vartheta'_3$ usf. (Fig. 35). Auf der x-Achse wählen wir eine Punktfolge $\xi_1 = 0$, $\xi_2 > \xi_1$, $\xi_3 > \xi_2$ usf. derart, daß diese Punkte ξ_k jeweils zwischen den Scheiteln der MACH-Kegel liegen, die zu den Punkten $x_{k-1}, r_{k-1}; x_k, r_k$ der Meridiankurve führen, also $x_{k-1} - \mathsf{B}\, r_{k-1} < \xi_k < x_k - \mathsf{B}\, r_k$. Die Randbedingungen (7.15) erfüllen wir nun nicht längs der ganzen Oberfläche des Drehkörpers, sondern lediglich in den Querschnitten x_k; d. h. für jeden der vorher ausgewählten Meridianpunkte x_i, r_i müssen die den Gln. (9.12) entsprechenden Bedingungen

$$v'_0 = \overline{w} \tan \vartheta'_i, \qquad v'_1 = -\overline{w} \tan \overline{\vartheta} \cos \omega \tag{9.19}$$

befriedigt werden. Dadurch ergeben sich folgende Bestimmungsgleichungen für die Konstanten f'_k:

$$\left. \begin{aligned} & f'_1 \cdot \{1,1\} = \overline{w} \tan \vartheta'_1, \\ & f'_1 \cdot \{2,1\} + f'_2 \cdot \{2,2\} = \overline{w} \tan \vartheta'_2, \\ & \qquad\qquad \text{usf.} \end{aligned} \right\} \tag{9.20}$$

und für die Konstanten m'_k:

$$m'_1 \cdot [1,1] = -2\,\frac{\overline{w}}{\mathsf{B}}\,\tan\overline{\vartheta}\,,$$

$$m'_1 \cdot [2,1] + m'_2 \cdot [2,2] = -2\,\frac{\overline{w}}{\mathsf{B}}\,\tan\overline{\vartheta}\,, \qquad (9.21)$$

$$\text{usf.}$$

Dabei ist zur Abkürzung

$$\{i,\,k\} = \mathsf{B}\sqrt{\left(\frac{x_i - \xi_k}{\mathsf{B}\,r_i}\right)^2 - 1}\,,$$

$$[i,\,k] = \frac{x_i - \xi_k}{\mathsf{B}\,r_i}\sqrt{\left(\frac{x_i - \xi_k}{\mathsf{B}\,r_i}\right)^2 - 1} + \operatorname{ar\,cosh}\left(\frac{x_i - \xi_k}{\mathsf{B}\,r_i}\right) \qquad (9.22)$$

gesetzt.

Aus den linearen Gleichungssystemen (9.20) und (9.21) lassen sich die Unbekannten f'_k bzw. m'_k einzeln nacheinander berechnen, da die erste Gleichung nur f'_1 bzw. m'_1 und jede folgende Gleichung nur jeweils eine einzige weitere Unbekannte enthält. Die ξ_i und f'_i bzw. m'_i bestimmen dann ein Polygon $f(\xi)$ bzw. $m(\xi)$ derart, daß sich in den Punkten x_i, r_i jeweils die verlangte Geschwindigkeitsrichtung parallel der gegebenen Kurve einstellt (Fig. 35). Nach Berechnung der f'_k und m'_k erhält man für den Druck in den Punkten x_i, r_i eine zu Gl. (9.14) analoge Beziehung. Man beachte, daß die einfache Beziehung Gl. (8.8), wonach der Überdruck zum örtlichen Anstellwinkel proportional ist, bei der räumlichen Strömung nicht mehr gilt. Die Ursache hierfür liegt darin, daß der Geschwindigkeitsvektor sich im Raum nicht mehr in der einfachen, durch Fig. 20 und Fig. 30 dargestellten Weise ändert.

Durch Ersatz der Kurven $f(\xi)$ und $m(\xi)$ durch Polygone wurde das analytische Problem in ähnlicher Weise algebraisiert, wie wir dies in Ziff. 7.7 bei Unterschallströmungen angedeutet hatten. Bei Unterschallgeschwindigkeit wird die analoge Berechnung der Strömung erheblich mühsamer. Anstelle der „gestaffelten" Systeme linearer Gln. (9.20) und (9.21), aus denen die Unbekannten der Reihe nach einzeln berechnet werden können, treten bei Unterschallströmungen nichtgestaffelte Systeme, bei denen jede einzelne Gleichung sämtliche Unbekannte enthält; denn in den Gln. (9.4) und (9.5) ist die obere Integrationsgrenze $x - \mathsf{B}\,r$ vom Aufpunkt x, r abhängig, während in den Gln. (7.12) und (7.14) jeweils über den ganzen Bereich von 0 bis 1 integriert werden muß. Hierin zeigt sich erneut das verschiedene Verhalten der Potentialgleichungen vom hyperbolischen Typus für Überschall- und vom elliptischen Typus für Unterschallströmungen.

Über die Ermittlung strenger, nicht linearisierter Überschallströmungen um Drehkörper vgl. Ziff. 22.6.

§ 10. Asymptotische Entwicklungen für überschlanke Körper

10.1 Begriff des überschlanken Körpers. Im Rahmen der linearisierten Theorie entwickelten wir in den §§ 7 und 9 numerische Methoden zur Berechnung von Unter- und Überschallströmungen um schlanke und hinreichend spitze Drehkörper. Dabei wurde das analytische Problem, welches die Lösung einer Integralgleichung unter gewissen Anfangs- und Randbedingungen verlangt, algebraisiert, nämlich auf die Lösung eines Systems linearer algebraischer Gleichungen zurückgeführt.

Wir wollen jetzt das analytische Problem unmittelbar angreifen und dabei der Einfachheit halber nur axial angeblasene Drehkörper behandeln. Es wird sich zeigen, daß wir die Integralgleichung lösen, d. h. die Quell-Senken-Verteilung $f(\xi)$ in Ziff. 7.7 bzw. 9.2 bei vorgegebener Meridiankurve $r = R(x)$ des Drehkörpers ermitteln können, falls wir uns auf asymptotische Entwicklungen für $r \to 0$ beschränken.

Diese asymptotischen Entwicklungen haben folgende geometrische und physikalische Bedeutung: Wir setzen die Länge des Drehkörpers gleich 1, führen seine größte Breite als Dickenparameter

$$t = \max \{2\,R(x)\} \tag{10.1}$$

ein und verlangen, daß auch die Ableitungen von $R(x)$, soweit sie in die Rechnung eingehen, dem Betrag nach höchstens von der Größenordnung t sind, also

$$|R'(x)| < A\,t, \quad |R''(x)| < A\,t \quad \text{usf.}$$

Dabei ist A irgendeine von t unabhängige positive Konstante. Bei Unterschallströmungen soll der Körper an beiden Enden zugespitzt sein, bei Überschallströmungen, bei denen ja keine Rückwirkung stromaufwärts stattfindet, ist diese Bedingung nur für das vordere Ende erforderlich. Wir verlangen daher etwa

$$R(x) < A\,t\,x(1-x) \quad \text{bei der Unterschallströmung,}$$
$$R(x) < A\,t\,x \quad\quad\quad \text{bei der Überschallströmung.}$$

Die obenerwähnten asymptotischen Entwicklungen sollen Näherungswerte für die Strömung um schlanke Körper liefern, wobei der Fehler mit t in höherer als linearer Ordnung verschwindet. Drehkörper, bei denen dieser Fehler praktisch vernachlässigt werden darf, bezeichnen wir als „überschlanke Körper".

10.2 Unterschallströmung um überschlanke Drehkörper. Nach Ziff. 7.7 hat man als Potential der Störgeschwindigkeit (7.12)

$$\varphi_0'(x,\,r) = -\int\limits_0^1 \frac{f(\xi)\,d\xi}{\sqrt{(x-\xi)^2 + \beta^2\,r^2}} \quad \text{mit} \quad \beta^2 = 1 - \overline{M}^2 > 0.$$

Die Randbedingung (7.15) liefert, nach Multiplikation mit $R(x)$, die Integralgleichung

$$\overline{w}\,R'(x)\,R(x) = \beta^2\,R^2(x)\int\limits_0^1 \frac{f(\xi)\,d\xi}{[(x-\xi)^2 + \beta^2\,R^2(x)]^{3/2}}. \qquad (10.2)$$

Durch die Substitution $x - \xi = \beta\,r\,\eta$, also $d\xi = -\beta\,r\,d\eta$, geht das Integral

$$\beta^2\,r^2\int\limits_0^1 \frac{f(\xi)}{[(x-\xi)^2 + \beta^2\,r^2]^{3/2}}\,d\xi \quad \text{über in} \quad \int\limits_{\frac{x-1}{\beta r}}^{\frac{x}{\beta r}} f(x - \beta\,r\,\eta)\cdot(1+\eta^2)^{-3/2}\,d\eta.$$

Wir betrachten einen beliebigen, aber festen x-Wert aus dem offenen Intervall (0,1). Nimmt man an, daß f in diesem Intervall eine stetige 2. Ableitung besitzt, so ist nach dem TAYLORschen Satz

$$f(x - \beta\,r\,\eta) = f(x) - \beta\,r\,\eta\,f'(x) + \frac{\beta^2\,r^2\,\eta^2}{2}\,f''(\vartheta(x))$$

mit $0 < \vartheta(x) < 1$. Damit wird, wenn man zur Abkürzung $a(x,r) = \dfrac{x-1}{\beta r}$ und $b(x,r) = \dfrac{x}{\beta r}$ setzt,

$$\begin{aligned}
\int\limits_{a(x,r)}^{b(x,r)} f(x - \beta\,r\,\eta)\cdot(1+\eta^2)^{-3/2}\,d\eta &= f(x)\int\limits_{a(x,r)}^{b(x,r)}(1+\eta^2)^{-3/2}\,d\eta - \\
&\quad - \beta r f'(x)\int\limits_{a(x,r)}^{b(x,r)}\eta(1+\eta^2)^{-3/2}\,d\eta + \frac{\beta^2\,r^2}{2}f''(\vartheta(x))\int\limits_{a(x,r)}^{b(x,r)}\eta^2(1+\eta^2)^{-3/2}\,d\eta.
\end{aligned} \right\} (10.3)$$

Die hier auftretenden Integrale sind elementar auswertbar. Man erhält

$$\begin{aligned}
I_1(x,r) &= \int\limits_{a(x,r)}^{b(x,r)}(1+\eta^2)^{-3/2}\,d\eta = \frac{x}{\sqrt{x^2+\beta^2\,r^2}} + \frac{1-x}{\sqrt{(1-x)^2+\beta^2\,r^2}}, \\
I_2(x,r) &= \int\limits_{a(x,r)}^{b(x,r)}\eta(1+\eta^2)^{-3/2}\,d\eta = \beta r\left[\frac{1}{\sqrt{(1-x)^2+\beta^2\,r^2}} - \frac{1}{\sqrt{x^2+\beta^2\,r^2}}\right], \\
I_3(x,r) &= \int\limits_{a(x,r)}^{b(x,r)}\eta^2(1+\eta^2)^{-3/2}\,d\eta = -I_1(x,r) + \ln\left(x + \sqrt{x^2+\beta^2\,r^2}\right) \\
&\qquad - \ln\left(x-1 + \sqrt{(x-1)^2+\beta^2\,r^2}\right).
\end{aligned} \right\} (10.4)$$

Setzt man in Gl. (10.3) $r = R(x)$, so lautet die zu erfüllende Randbedingung (10.2)

$$\begin{aligned}
\overline{w}\,R'(x)\,R(x) &= \Big(I_1(x,r)\Big)_{r=R(x)}f(x) - \Big(\beta\,r\,I_2(x,r)\Big)_{r=R(x)}f'(x) \\
&\quad + \Big(\frac{\beta^2\,r^2}{2}\,I_3(x,r)\Big)_{r=R(x)}f''(\vartheta(x)).
\end{aligned} \right\} (10.5)$$

Aus den beiden ersten Gln. (10.4) liest man unmittelbar ab, daß für $r \to +0$

$$I_1(x, r) = 2 + \frac{1}{x\,(1 - x)}\, O(r^2),$$

$$\beta\, r\, I_2(x, r) = \frac{1}{x\,(1 - x)}\, O(r^2)$$

gilt, während man unter Benützung der Identität

$$\ln\!\big(x - 1 + \sqrt{(1 - x)^2 + \beta^2 r^2}\,\big) = \ln \frac{\beta^2 r^2}{1 - x + \sqrt{(1 - x)^2 + \beta^2 r^2}}$$

$$= 2\ln\beta - \ln\!\big(1 - x + \sqrt{(1 - x)^2 + \beta^2 r^2}\,\big) + 2\ln r$$

aus der letzten Gl. (10.4) für $r \to +0$

$$\frac{\beta^2 r^2}{2}\, I_3(x, r) = O(r^2 \ln r) + \big|\ln[x(x - 1)]\big| \cdot O(r^2)$$

findet.

Demnach hat man, wenn die Randbedingung (10.2) durch

$$\overline{w}\, R'(x)\, R(x) = 2\, f(x) \tag{10.6}$$

ersetzt wird, einen Fehler Δ begangen, der durch

$$\Delta = \frac{|f'(x)| + |f(x)|}{x(1 - x)}\, O(r^2) + |f''(\vartheta(x))| \left\{ O(r^2 \ln r) + \big|\ln[x(1 - x)]\big| \cdot O(r^2) \right\}$$

gegeben ist.

Wenn wir den vorgegebenen Drehkörper durch den Flächeninhalt der Querschnitte $S(x) = \pi R^2(x)$ festlegen, so folgt aus Gl. (10.6):

$$f(x) = \frac{\overline{w}}{4\pi}\, S'(x), \quad \text{also} \quad \varphi_0'(x, r) = -\frac{\overline{w}}{4\pi} \int_0^1 \frac{S'(\xi)\, d\xi}{\sqrt{(x - \xi)^2 + \beta^2 r^2}}. \tag{10.7}$$

Hiermit ist die Integralgleichung (10.2) nach $f(x)$ aufgelöst. Die Quellstärkenverteilung $f(x)$ ist bis auf den Faktor $\dfrac{\overline{w}}{4\pi}$ gleich der Ableitung der Querschnittflächenverteilung $S(x)$ des vorgegebenen Drehkörpers[1].

10.3 Überschallströmung um überschlanke Drehkörper. Anstelle der Gl. (7.12) tritt nach Ziff. 9.2 die Gl. (9.4)

$$\varphi_0'(x, r) = -\int_0^{x - \mathsf{B}r} \frac{f(\xi)\, d\xi}{\sqrt{(x - \xi)^2 - \mathsf{B}^2 r^2}} \quad \text{mit } \mathsf{B} = \sqrt{\overline{M}^2 - 1} > 0 \quad \text{und} \cdot f(\xi) = 0$$
$$\text{für} \quad \xi \leqq 0.$$

Anstelle von ξ führen wir mittels

$$\xi = x - \mathsf{B}\, r\, \sigma \tag{10.8}$$

---

[1] Zur Frage des Verhaltens eines Potentials bei Annäherung an die Quelle vgl. CL. MÜLLER u. R. LEIS: Über die Potentialfunktionen von Kurvenbelegungen. Arch. Rat. Mech. Analysis Bd. 2 (1958) S. 87—100.

die neue Veränderliche σ ein und haben dann

$$\varphi_0'(x, r) = -\int\limits_{\sigma=1}^{\frac{x}{\mathsf{B}\,r}} \frac{f(x - \mathsf{B}\,r\,\sigma)}{\sqrt{\sigma^2 - 1}}\, d\sigma\,.$$

Die Ableitung nach r liefert

$$\frac{\partial \varphi_0'}{\partial r} = \frac{x}{\mathsf{B}\,r^2}\left(\frac{f(x - \mathsf{B}\,r\,\sigma)}{\sqrt{\sigma^2 - 1}}\right)_{\sigma=\frac{x}{\mathsf{B}\,r}} + \mathsf{B}\int\limits_1^{\frac{x}{\mathsf{B}\,r}} \frac{f'(x - \mathsf{B}\,r\,\sigma)\,\sigma\,d\sigma}{\sqrt{\sigma^2 - 1}}$$

$$= \mathsf{B}\int\limits_1^{\frac{x}{\mathsf{B}\,r}} f'(x - \mathsf{B}\,r\,\sigma)\, d\left(\sqrt{\sigma^2 - 1}\right).$$

Durch Multiplikation mit r und Teilintegration kommt

$$r\,\frac{\partial \varphi_0'}{\partial r} = \mathsf{B}\,r\left[\sqrt{\sigma^2 - 1}\cdot f'(x - \mathsf{B}\,r\,\sigma)\right]_{\sigma=1}^{\sigma=\frac{x}{\mathsf{B}\,r}} + \mathsf{B}^2\,r^2 \int\limits_1^{\frac{x}{\mathsf{B}\,r}} f''(x - \mathsf{B}\,r\,\sigma)\,\sqrt{\sigma^2 - 1}\, d\sigma$$

und nach Wiedereinführung der früheren Veränderlichen ξ

$$r\,\frac{\partial \varphi_0'}{\partial r} = f'(0)\,\sqrt{x^2 - \mathsf{B}^2\,r^2} + \int\limits_0^{x - \mathsf{B}\,r} f''(\xi)\,\sqrt{(x - \xi)^2 - \mathsf{B}^2\,r^2}\, d\xi\,.$$

Setzt man diesen Ausdruck in die Randbedingung (7.15) am Drehkörper ein, so ergibt sich

$$\overline{w}\,R'(x)\,R(x) = f'(0)\,\sqrt{x^2 - \mathsf{B}^2\,R^2(x)} + \int\limits_0^{x - \mathsf{B}\,R(x)} f''(\xi)\,\sqrt{(x - \xi)^2 - \mathsf{B}^2\,R^2(x)}\, d\xi\,.$$

$$(10.9)$$

In dieser Darstellung läßt sich der Grenzübergang $R(x) \to 0$ leicht durchführen, nämlich

$$\sqrt{x^2 - \mathsf{B}^2\,R^2(x)} \to x,$$

$$\int\limits_0^{x - \mathsf{B}\,R(x)} f''(\xi)\,\sqrt{(x - \xi)^2 - \mathsf{B}^2\,R^2(x)}\, d\xi \to \int\limits_0^x f''(\xi)\,(x - \xi)\, d\xi = -x\,f'(0) + f(x)\,.$$

Somit ergibt sich die asymptotische Beziehung

$$\overline{w}\,R'(x)\,R(x) = f(x) \qquad\qquad (10.10)$$

oder

$$f(x) = \frac{\overline{w}}{2\,\pi}\,S'(x), \quad \text{also} \quad \varphi_0'(x, r) = -\frac{\overline{w}}{2\,\pi}\int\limits_0^{x - \mathsf{B}\,r} \frac{S'(\xi)\,d\xi}{\sqrt{(x - \xi)^2 - \mathsf{B}^2\,r^2}}\,. \quad (10.11)$$

Man beachte, daß sich die rechten Seiten der Gln. (10.7) und (10.11) um den Faktor 2 unterscheiden. Die hier durchgeführte Rechnung findet sich in einer Arbeit von D. Suschowk[1]. Die in Ziff. 10.2 durchgeführte Fehlerabschätzung kann nahezu wörtlich auf den hier vorliegenden Fall übertragen werden.

10.4 Fehlerabschätzung durch den Dickenparameter. Die hier in den Grundzügen skizzierte Theorie der überschlanken Körper (slender body theory) ist ausführlich bei Ward[2] dargestellt. Dort ist auch für die Fehlerglieder der asymptotischen Formeln (10.7) und (10.11) die Größenordnung $O(t^2 \ln t)$ angegeben.

An der Oberfläche und in der Umgebung des Drehkörpers lassen sich die Darstellungen (10.7) und (10.11) für das Potential ersetzen durch

$$\varphi_0'(x, r) = -\frac{\overline{w}}{2\pi}\left\{S'(x)\ln r + b(x)\right\} + O(t^3) \qquad (10.12)$$

mit

$$b(x) = S'(x)\ln\frac{\beta}{2} - \frac{1}{2}\int_0^x S''(\xi)\ln(x-\xi)\,d\xi + \frac{1}{2}\int_x^1 S''(\xi)\ln(\xi-x)\,d\xi \qquad (10.13)$$

für Unterschallströmungen und

$$b(x) = S'(x)\ln\frac{\mathrm{B}}{2} - \int_0^x S''(\xi)\ln(x-\xi)\,d\xi \qquad (10.14)$$

für Überschallströmungen. Bezüglich der Durchrechnung vgl. die oben zitierte Arbeit von Ward.

Durch Ableitung der Gl. (10.12) nach x ergeben sich die für die Druckberechnung am Drehkörper wichtigen asymptotischen Formeln

$$\frac{\partial\varphi_0'}{\partial x} = -\frac{\overline{w}}{2\pi}\left\{S''(x)\ln\frac{\beta\,R(x)}{2} + \frac{1}{2}\int_x^{1+0}\ln(\xi - x)\,dS''(\xi) - \right.$$
$$\left. -\frac{1}{2}\int_{-0}^x \ln(x - \xi)\,dS''(\xi)\right\} + O(t^3) \qquad (10.15)$$

für Unterschallströmung und

$$\frac{\partial\varphi_0'}{\partial x} = -\frac{\overline{w}}{2\pi}\left\{S''(x)\ln\frac{\mathrm{B}\,R(x)}{2} - \int_{-0}^x \ln(x - \xi)\,dS''(\xi)\right\} + O(t^3) \qquad (10.16)$$

für Überschallströmung.

Die Integrale in den Gln. (10.15) und (10.16) sind Stieltjes-Integrale, bei denen $S''(1+0) = S''(-0) = 0$ zu setzen ist.

Ähnlich wie Gl. (9.15) liefern auch die Gln. (10.15) und (10.16) eine Bestätigung der Prandtl-Regel III (vgl. Ziff. 7.4); denn das Glied $\ln R(x)$ überwiegt gegenüber dem Glied $\ln\frac{\beta}{2}$ bzw. $\ln\frac{\mathrm{B}}{2}$.

---

[1] Suschowk, D.: Math. Z. Bd. 60 (1958) S. 365.
[2] Ward: [10].

Aus der umfangreichen Literatur über die Theorie der überschlanken Körper sei lediglich noch eine neuere Arbeit von MILTON D. VAN DYKE[1] genannt, welche auch ein umfassendes Schriftenverzeichnis enthält. In dieser Arbeit wird die hier skizzierte Theorie 1. Ordnung zu einer Theorie 2. Ordnung erweitert.

III. Abschnitt

Nichtlinearisierte stationäre ebene und achsensymmetrische stoßfreie Strömung

Nachdem im vorangehenden Abschnitt stationäre Strömungen in linearer Näherung behandelt wurden, sollen jetzt strenge Lösungen der nichtlinearisierten Grundgleichungen (nichtlinearisierte stationäre Strömungen) untersucht werden. Wiederum beschränken wir uns auf ebene und auf achsensymmetrische Strömungen. Wir werden uns sowohl mit Unterschall- wie auch mit Überschallströmungen beschäftigen und daneben auch schon einige Einblicke in das Verhalten transsonischer Strömungen gewinnen. Strömungen mit Unstetigkeiten (Verdichtungsstößen) bleiben in diesem Abschnitt noch von der Betrachtung ausgeschlossen, wir betrachten also durchwegs nur stoßfreie Vorgänge.

§ 11. Potenzentwicklungen für wirbelfreie Unterschallströmungen

11.1 Entwicklungen nach Potenzen der Mach-Zahl. Gegeben sei eine Parallelströmung der Strömungsgeschwindigkeit $\overline{w}$ und der Schallgeschwindigkeit $\overline{a} > \overline{w}$. Wir betrachten die durch Hereinbringen eines Profils gestörte Strömung.

Die Potentialgleichung (4.5) der ebenen wirbelfreien Unterschallströmung sei in folgender Form geschrieben:

$$\varphi_{xx} + \varphi_{yy} = \frac{1}{a^2}(\varphi_{xx}\varphi_x^2 + \varphi_{yy}\varphi_y^2 + 2\varphi_{xy}\varphi_x\varphi_y) \equiv 2\pi\tau. \quad (11.1)$$

Dabei ist a^2 eine durch die Zustandsgleichung des Gases festgelegte Funktion von $w^2 = \varphi_x^2 + \varphi_y^2$. Bei vollkommenen Gasen mit konstanten spezifischen Wärmen gilt nach Gl. (2.8)

$$\frac{1}{a^2} = \frac{1}{\overline{a}^2 - \dfrac{\gamma-1}{2}(w^2 - \overline{w}^2)} = \frac{\overline{M}^2}{\overline{w}^2\left[1 + \dfrac{\gamma-1}{2}\overline{M}^2\left(1 - \dfrac{w^2}{\overline{w}^2}\right)\right]}. \quad (11.2)$$

[1] VAN DYKE, MILTON D.: Second-order slender-body theory — axisymmetric flow. N.A.C.A. T.N. 4281 (1958).

Setzt man die rechte Seite $2\pi\,\tau$ der Gl. (11.1) identisch Null, dann geht Gl. (11.1) in die LAPLACE-Gleichung $\varphi_{xx} + \varphi_{yy} = 0$ über und liefert die inkompressible Strömung als eine erste Näherung der gesuchten Unterschallströmung. Wir betrachten diese Näherung als erstes Glied einer Potenzentwicklung

$$\varphi(x,\,y) = \varphi_0(x,\,y) + \varphi_1(x,\,y)\,\overline{M}^2 + \varphi_2(x,\,y)\,\overline{M}^4 + \cdots \qquad (11.3)$$

nach Potenzen der MACH-Zahl $\overline{M} = \dfrac{\overline{w}}{\overline{a}}$ der ungestörten Strömung; denn $\overline{M}$ ist bei beliebig fest vorgegebenem $\overline{w}$ ein Maß $\left(\text{proportional}\,\dfrac{1}{\overline{a}}\right)$ für die Kompressibilität des betrachteten Mediums. Setzt man die Entwicklung (11.3) in die nichtlineare Differentialgleichung (11.1) ein und ordnet nach Potenzen von $\overline{M}^2$, so erhält man für die Funktionen $\varphi_k(x,\,y)$ eine Folge linearer Differentialgleichungen

$$\left.\begin{aligned}
(\varphi_0)_{xx} + (\varphi_0)_{yy} &= 0,\\
(\varphi_1)_{xx} + (\varphi_1)_{yy} &= 2\pi\,\tau_1(x,\,y),\\
\cdots\cdots\cdots\cdots\cdots\cdots\cdots\cdots\cdots&\\
(\varphi_k)_{xx} + (\varphi_k)_{yy} &= 2\pi\,\tau_k(x,\,y),\\
\text{usw.}\qquad\quad&
\end{aligned}\right\} \qquad (11.4)$$

Dabei ist $\dfrac{1}{\overline{a}^2}$ entwickelt nach Potenzen von $\overline{M}^2$ einzusetzen. Daher enthalten die rechten Seiten $2\pi\,\tau_k$ in Gl. (11.4) jeweils nur die vorangegangenen Näherungen $\varphi_0,\ \varphi_1,\ \ldots,\ \varphi_{k-1}$. Wenn man die Näherungen nacheinander bestimmt, sind die $2\pi\,\tau_k$ also jedesmal bekannte Funktionen von $x,\,y$.

Die Lösungen der Differentialgleichungen (11.4) sind jeweils durch die Randbedingungen (tangentiale Strömung am Profil, $\mathfrak{w} = \overline{\mathfrak{w}}$ im Unendlichen) festgelegt. Die Ausgangsnäherung $\varphi_0(x,\,y)$ kann mit den üblichen potential- bzw. funktionentheoretischen Methoden der Aerodynamik der inkompressiblen Medien gewonnen werden. Die weiteren Näherungen $\varphi_k(x,\,y)$ kann man ebenfalls als Geschwindigkeitspotentiale inkompressibler Strömungen deuten, die dann aber nicht mehr quellenfrei sind, sondern eine flächenhafte Quellenbelegung mit der Ergiebigkeit $\tau_k(x,\,y)$ besitzen. Wenn man auch das Innere des Profils mit Quellen belegt in der Weise, daß die Randbedingungen erfüllt werden, ist

$$\varphi_k(x,\,y) = \iint \tau_k(\xi,\,\eta)\ln\sqrt{(x-\xi)^2 + (y-\eta)^2}\,d\xi\,d\eta, \qquad (11.5)$$

und die Lösung der Gln. (11.4) wird zu einem reinen Quadraturproblem.

Das Verfahren läßt sich unmittelbar auf achsensymmetrische räumliche Strömungen um Drehkörper übertragen. Man hat dann auf der linken Seite der Gl. (11.1) lediglich das Glied $\dfrac{\varphi_y}{y}$ hinzuzufügen und hat $x,\,y$ als Zylinderkoordinaten zu deuten. Die erste Näherung $\varphi_0(x,\,y)$ entspricht der inkompressiblen Strömung um den Drehkörper. Weder beim ebenen noch beim achsensymmetrischen Problem kann man allgemeine Aussagen über die Konvergenz der zugrunde gelegten Entwicklung (11.3) machen[1].

In speziellen einfachen Fällen gelingt es, für die ersten Entwicklungsglieder explizite analytische Ausdrücke zu finden. Auf diese Weise haben JANZEN[2] und RAYLEIGH[2] die Unterschallströmung um Kreis und Kugel zu berechnen versucht. Später haben POGGI[3] und KAPLAN[4] das Verfahren auf die Ellipse und JOUKOWSKI-Profile angewandt.

Man kann das Verfahren folgendermaßen zu einem Iterationsverfahren modifizieren. Die Näherungen $\varphi_k\,(x,\,y)$ werden nicht als Glieder der Potenzentwicklung (11.3) betrachtet, sondern als sukzessive Approximationen der Lösungen der Gl. (11.1). D. h.: Man setzt $\varphi_{k-1}\,(x,y)$ in die rechte Seite der Gl. (11.1) ein und erhält dadurch $\tau_k\,(x,\,y)$ und hierauf $\varphi_k\,(x,\,y)$ aus Gl. (11.5). Wenn geeignete Rechenanlagen zur Verfügung stehen, ist das Verfahren in dieser Form erfolgversprechend. Es hat den Vorteil, daß der Rechenaufwand von Näherung zu Näherung konstant bleibt, während in der vorher erörterten Fassung der Arbeitsaufwand mit jeder weiteren Näherung stark wächst[5]. TAYLOR[6] hat das Iterationsverfahren mit Hilfe einer elektrischen Analogie („elektrischer Trog") mechanisiert. Später hat VANDREY dieses Verfahren des elektrischen Troges dadurch weiterentwickelt, daß er es nicht über der $x,\,y$-Ebene, sondern über der $u,\,v$-Geschwindigkeitsebene (vgl. § 13) anwandte.

11.2 Entwicklungen nach Potenzen eines Neigungsparameters. In Ziff. 11.1 waren wir von der inkompressiblen Strömung ausgegangen und hatten dann das Potential φ nach Potenzen von $\overline{M}^2$ entwickelt. Bei der Umströmung flacher (bzw. schlanker) Körper ist es zweckmäßiger, von der linearisierten Strömung als Näherung auszugehen und diese Näherung als erstes Glied in einer Entwicklung nach Potenzen eines Neigungsparameters t [etwa $t =$ tangens des größten Neigungswinkels der Profiltangenten gegen die Anströmrichtung, oder bei verschwindendem Anstellwinkel eines Dickenparameters t wie in Gl. (10.1)] zu nehmen.

---

[1] FRANKL, F. I., u. M. V. KELDYSH: Iswesstija Akademii Nauk USSR, Ser. 7 (1934) Nr. 4, S. 561—607.

[2] JANZEN, O.: Phys. Z. Bd. 14 (1913) S. 639. — LORD RAYLEIGH: Phil. Mag. Bd. 32 (1916) S. 1 und Sci. Pap. Bd. 6 S. 402. — Vgl. außerdem E. KRAHN: Z. angew. Math. Mech. Bd. 13 (1943) S. 33—35.

[3] POGGI, L.: Aerotecnica Bd. 12 (1932) S. 1579—1593 und Bd. 14 (1934) S. 532—550.

[4] KAPLAN, C.: N.A.C.A. Rep. 621 (1938) und 671 (1939).

[5] SAUER, R.: Math. Nachr. Bd. 8 (1952) S. 213—216.

[6] TAYLOR, G. J., u. C. F. SHARMAN: Proc. Roy. Soc. A Bd. 121 (1928) S. 194. — G. J. TAYLOR: Z. angew. Math. Mech. Bd. 10 (1939) S. 334—345 und Voltakongreß [4] S. 198—214.

Dieses Verfahren wurde von PRANDTL[1] vorgeschlagen und insbesondere von GÖRTLER[2] weiter ausgebaut. Wie in Ziff. 6.1 setzen wir (in leichter Abänderung der Bezeichnungen)

$$\varphi = \overline{\varphi} + \varphi' = \overline{u}\,x + \varphi', \quad u = \overline{u} + u', \quad v = v'$$

und formen unter Berücksichtigung von Gl. (11.2), nämlich

$$a^2 = \overline{a}^2 - \frac{\gamma-1}{2}\left[(\overline{u} + \varphi'_x)^2 + \varphi'^2_y - \overline{u}^2\right]$$

die Potentialgleichung (4.5) der ebenen wirbelfreien Strömung um in

$$(1 - \overline{M}^2)\varphi'_{xx} + \varphi'_{yy} =$$

$$= \left\{ \begin{array}{l} \dfrac{\varphi'_{xx}}{\overline{a}^2}\left[(\gamma+1)\overline{u}\varphi'_x + \dfrac{\gamma+1}{2}\varphi'^2_x + \dfrac{\gamma-1}{2}\varphi'^2_y\right] \\[2ex] + \dfrac{\varphi'_{yy}}{\overline{a}^2}\left[(\gamma-1)\overline{u}\varphi'_x + \dfrac{\gamma-1}{2}\varphi'^2_x + \dfrac{\gamma+1}{2}\varphi'^2_y\right] \\[2ex] + 2\dfrac{\varphi'_{xy}}{\overline{a}^2}\left[\overline{u}\varphi'_y + \varphi'_x\varphi'_y\right] \end{array} \right\} \equiv 2\pi\,\tau. \quad (11.6)$$

Mit $\tau \equiv 0$ reduziert sich Gl. (11.6) auf die linearisierte Potentialgleichung (6.6)

$$(1 - \overline{M}^2)\varphi'_{xx} + \varphi'_{yy} = 0$$

und liefert die linearisierte Strömung als eine erste Näherung $\varphi'_1(x, y)$. Wir betrachten sie als erstes Glied einer Potenzentwicklung

$$\varphi'(x, y) = \varphi'_1(x, y)\,t + \varphi'_2(x, y)\,t^2 + \cdots \quad (11.7)$$

nach Potenzen des Neigungsparameters t. Das Verfahren verläuft dann ebenso weiter wie in Ziff. 11.1. Anstelle der Differentialgleichungen (11.4) treten die Differentialgleichungen

$$\left. \begin{array}{l} (1 - \overline{M}^2)(\varphi'_1)_{xx} + (\varphi'_1)_{yy} = 0, \\[1ex] (1 - \overline{M}^2)(\varphi'_2)_{xx} + (\varphi'_2)_{yy} = 2\pi\,\tau_2(x, y), \\[1ex] \cdots\cdots\cdots\cdots\cdots\cdots\cdots\cdots\cdots\cdots\cdots \\[1ex] (1 - \overline{M}^2)(\varphi'_k)_{xx} + (\varphi'_k)_{yy} = 2\pi\,\tau_k(x, y), \\ \qquad\qquad\qquad \textbf{usw.} \end{array} \right\} \quad (11.8)$$

Auch dieses Verfahren läßt sich leicht auf achsensymmetrische Strömungen um Drehkörper übertragen. Die Konvergenzfrage ist ebenso ungeklärt wie in Ziff. 11.1.

Sowohl das hier wie auch das in Ziff. 11.1 besprochene Verfahren läßt sich statt am Potential auch an der Stromfunktion durchführen. So haben HANTZSCHE und WENDT[3] Entwicklungen nach Potenzen des Dickenparameters für die Stromfunktion benützt und für die ersten

---

[1] PRANDTL, L.: Voltakongreß [4] S. 180.

[2] GÖRTLER, H.: Z. angew. Math. Mech. Bd. 20 (1940) S. 254—262.

[3] HANTZSCHE, W., u. H. WENDT: Z. angew. Math. Mech. Bd. 22 (1942) S. 72 bis 86; ferner W. HANTZSCHE: Z. angew. Math. Mech. Bd. 23 (1943) S. 185—199.

drei Näherungen analytische Ausdrücke gefunden. Die Verwendung der Stromfunktion ψ hat den Vorteil, daß die Randbedingung am Profil in der einfachen Form $\psi = 0$ erscheint.

§ 12. Potenzentwicklungen für die transsonische Strömung in Laval-Düsen

12.1 Ebene Laval-Düsen. In der Näherung der eindimensionalen Strömung (vgl. Ziff. 3.2) wird die kritische Geschwindigkeit $w = a^*$ beim Durchströmen einer LAVAL-Düse von Unter- zu Überschallgeschwindigkeit im engsten Querschnitt erreicht. Bei der strengen zweidimensionalen Behandlung dagegen erhält man in den Längsschnittebenen der Düse für den Durchgang durch die kritische Geschwindigkeit

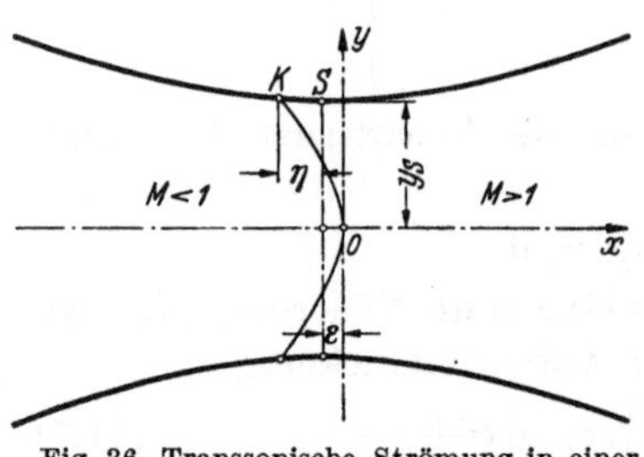

Fig. 36. Transsonische Strömung in einer LAVAL-Düse

eine gekrümmte Linie („transsonische Kurve"). Sie beginnt in einem Punkt K der Düsenwand stromaufwärts vom engsten Querschnitt und schneidet die Düsenachse stromabwärts vom engsten Querschnitt in einem Punkt O (Fig. 36).

Dieses Ergebnis läßt sich durch Entwicklungen des Potentials nach Potenzen von x und y verifizieren. Wir beschränken uns hier darauf, nur einige wenige Glieder der Potenzentwicklungen anzugeben und mit Hilfe dieser Glieder die Lage und Gestalt der transsonischen Kurve für nicht zu große Abweichungen von der eindimensionalen Strömung zu ermitteln. Rechnungen dieser Art finden sich bereits in der Dissertation von TH. MEYER[1]. Später haben OSWATITSCH und ROTHSTEIN[2] die Untersuchungen weiter getrieben, und neuerdings wurden von MARTENSEN und v. SENGBUSCH[3] Potenzentwicklungen bis zu sehr hohen Ordnungen aufgestellt und auch Konvergenzuntersuchungen durchgeführt.

Wir behandeln zunächst den Fall der ebenen Düse. Die Düsenachse wird als x-Achse und der Achsenpunkt, in dem die kritische Geschwindigkeit erreicht wird, als Nullpunkt des Koordinatensystems genommen. Dann hat man für die Geschwindigkeitsverteilung längs der x-Achse

$$u(x,\,0) = a^*(1 + \varkappa x + \cdots), \quad v(x,\,0) = 0 \quad \text{mit} \quad \varkappa > 0 \quad (12.1)$$

[1] MEYER, TH.: Diss. Göttingen 1908.

[2] OSWATITSCH, KL., u. W. ROTHSTEIN: Jb. dtsch. Luft. Forsch. Bd. 1 (1942) S. 91—102.

[3] MARTENSEN, E., u. K. v. SENGBUSCH: Mitt. Max-Planck-Inst. Ström.-Forsch. Aerod. Vers. Anst. Göttingen Nr. 19 (1958).

zu setzen. Setzt man hierauf für u und v Potenzreihen mit zunächst unbestimmten Koeffizienten in die Potentialgleichung (4.5) der ebenen wirbelfreien Strömung ein, so kann man die Koeffizienten Schritt für Schritt bestimmen, wenn man die vorgegebene Geschwindigkeitsverteilung (12.1) auf der Achse sowie die Tatsache, daß u eine in y gerade und v eine ungerade Funktion ist, berücksichtigt. Die Durchführung der Rechnung zeigt, daß allein durch den vorgegebenen Geschwindigkeitsanstieg $\varkappa$ auf der x-Achse bereits die folgenden Teile der Potenzentwicklungen für $u\,(x,\,y)$ und $v\,(x,\,y)$ festgelegt sind:

$$\left.\begin{aligned}\frac{u}{a^*}-1 &= \varkappa\,x + \frac{\gamma+1}{2}\,\varkappa^2 y^2 + \cdots,\\[2mm]\frac{v}{a^*} &= (\gamma+1)\,\varkappa^2 x\,y + \frac{(\gamma+1)^2}{6}\,\varkappa^3 y^3 + \cdots.\end{aligned}\right\}\tag{12.2}$$

Die transsonische Kurve ergibt sich durch die Forderung

$$u^2 + v^2 = a^{*\,2},$$

wofür im Rahmen der Näherung (12.2) auch $u = a^*$ gesetzt werden kann, also

$$x + \frac{\gamma+1}{2}\,\varkappa\,y^2 = 0.\tag{12.3}$$

Hiernach wird die transsonische Kurve durch eine Parabel approximiert, welche die Düsenachse im Nullpunkt O senkrecht schneidet.

Die Scheitelpunkte der Stromlinien sind durch $v = 0$ gekennzeichnet, liegen also in erster Näherung auf der Parabel

$$x + \frac{\gamma+1}{6}\,\varkappa\,y^2 = 0.\tag{12.4}$$

Betrachten wir nun die Stromlinie mit vorgegebenem Abstand y_S ihres Scheitels S als Düsenwand, so ist nach Gl. (12.4)

$$\varepsilon = -x_S = \frac{\gamma+1}{6}\,\varkappa\,y_S^2\tag{12.5}$$

der Abstand des kritischen Punktes auf der Düsenachse von dem weiter stromaufwärts liegenden engsten Querschnitt. Für den noch weiter stromaufwärts liegenden Punkt K auf der Düsenwand folgt mit $y = y_K \approx y_S$ aus Gl. (12.3)

$$-x_K = \frac{\gamma+1}{2}\,\varkappa\,y_S^2\,,\tag{12.6}$$

und für den Abstand η des engsten Querschnitts vom Punkt K ergibt sich

$$\eta = x_S - x_K = \frac{\gamma+1}{3}\,\varkappa\,y_S^2 = 2\varepsilon.\tag{12.7}$$

Schließlich berechnen wir noch die Scheitelkrümmung der Düsenwand. Schreitet man längs der Düsenwand vom Scheitel S aus um das

Bogenelement $dl = dx$ fort, so dreht sich die Tangente um den Winkel

$$d\omega = \frac{dv}{u} = \frac{1}{u}\, v_x\, dx\,.$$

Hieraus folgt für die Scheitelkrümmung

$$\frac{1}{\varrho_S} = \frac{d\omega}{dx} = \frac{1}{u}\, v_x \approx (\gamma + 1)\, \varkappa^2 y_S\,. \tag{12.8}$$

Die Gln. (12.8), (12.5) und (12.7) liefern bei vorgegebenem Geschwindigkeitsanstieg $\varkappa$ auf der Düsenachse und bei vorgegebenem engsten Querschnitt $2y_S$ Näherungswerte für die Scheitelkrümmung $\dfrac{1}{\varrho_S}$ der Düsenwand und die Lage der kritischen Punkte O und K auf der Düsenachse $\left(\varepsilon = \dfrac{\gamma + 1}{6}\, \varkappa\, y_S^2\right)$ und der Düsenwand ($\eta = 2\,\varepsilon$). Ist umgekehrt die Krümmung $\dfrac{1}{\varrho_S}$ der Düsenwand vorgegeben, so liefert Gl. (12.8) den Geschwindigkeitsanstieg auf der Düsenachse

$$\varkappa = \frac{1}{\sqrt{(\gamma + 1)\,\varrho_S\, y_S}}$$

und Gl. (12.7) mittels

$$\eta = 2\,\varepsilon = \frac{y_S}{3}\sqrt{(\gamma + 1)\cdot \frac{y_S}{\varrho_S}}$$

die Lage der kritischen Punkte O und K.

12.2 Drehsymmetrische Laval-Düsen. Die analogen Rechnungen für den Fall der drehsymmetrischen Düse mit kreisförmigem Querschnitt führen mit der Potentialgleichung (4.6) zu den Potenzentwicklungen

$$\left.\begin{aligned}
\frac{u}{a^*} - 1 &= \varkappa\, x + \frac{\gamma + 1}{4}\, \varkappa^2 r^2 + \cdots,\\[2mm]
\frac{v}{a^*} &= \frac{\gamma + 1}{2}\, \varkappa^2 x r + \left(\frac{\gamma + 1}{4}\right)^2 \varkappa^3 r^3 + \cdots.
\end{aligned}\right\} \tag{12.9}$$

Anstelle der Gln. (12.7) und (12.8) kommt

$$\eta = \varepsilon = \frac{\gamma + 1}{8}\, \varkappa\, r_S^2, \tag{12.10}$$

$$\frac{1}{\varrho_S} = \frac{\gamma + 1}{2}\, \varkappa^2 r_S\,. \tag{12.11}$$

Die Gegenüberstellung der Gln. (12.7), (12.8) mit (12.10), (12.11) liefert für den Vergleich einer ebenen und einer drehsymmetrischen Düse mit demselben Längsschnitt die Beziehungen

$$\frac{\varkappa_{drehsymm}}{\varkappa_{eben}} = \sqrt{2} \approx 1{,}41 \, ,$$

$$\frac{\varepsilon_{drehsymm}}{\varepsilon_{eben}} = \frac{3}{4} \sqrt{2} \approx 1{,}06 \, , \qquad\qquad (12.12)$$

$$\frac{\eta_{drehsymm}}{\eta_{eben}} = \frac{3}{8} \sqrt{2} \approx 0{,}53 \, .$$

Bei der ebenen Düse ist $\eta = 2\,\varepsilon$, bei der drehsymmetrischen Düse $\eta = \varepsilon$. Bei der drehsymmetrischen Düse ist nach den Gln. (12.12) der Geschwindigkeitsanstieg $\varkappa$ auf der Achse größer als bei der ebenen Düse, das Heraustreten der kritischen Kurve aus dem engsten Querschnitt dagegen geringer.

12.3 Strömungsverläufe mit örtlichen Überschallbereichen. Wie bereits in Ziff. 3.2 erwähnt wurde, kann eine Laval-Düse auch so durchströmt werden, daß im engsten Querschnitt noch Unterschallgeschwindigkeit herrscht. Stromabwärts nimmt dann die Geschwindigkeit wieder ab, die ganze Düse wird also mit Unterschallgeschwindigkeit durchströmt. Läßt man nun die Anströmgeschwindigkeit allmählich wachsen, so bilden sich zunächst an den Wänden in der Umgebung des engsten Querschnitts örtliche Überschallbereiche aus, während längs der Achse die Strömungsgeschwindigkeit noch durchwegs unterhalb der Schallgeschwindigkeit bleibt (Fig. 37).

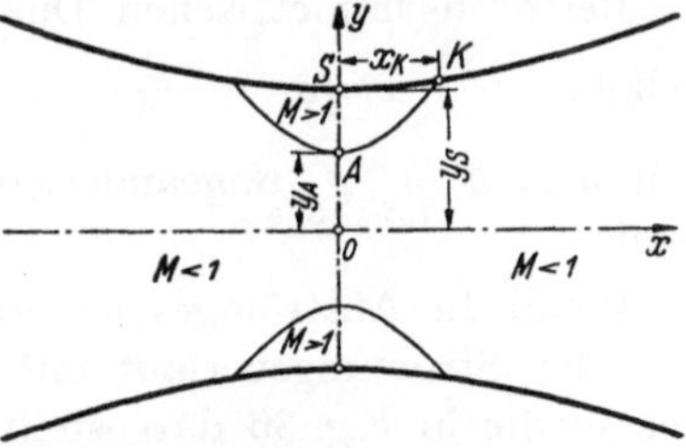

Fig. 37. Düsenströmung mit örtlichen Überschallbereichen

Auch diesen Strömungsverlauf, den erstmals G. J. Taylor[1] untersuchte, kann man durch Potenzentwicklungen von $u\,(x, y)$ und $v\,(x, y)$ darstellen. Für die Geschwindigkeitsverteilung längs der Achse setzen wir hier

$$u(x, 0) = a^*(1 - \delta - \varkappa\, x^2 + \cdots) \quad \text{mit} \quad \varkappa > 0 \quad \text{und} \quad 0 < \delta \ll 1 \quad (12.13)$$

und erhalten anstelle der Gln. (12.2) für ebene Düsen die Entwicklungen

$$\frac{u}{a^*} - 1 = -\delta - \varkappa\, x^2 + (\gamma + 1)\,\varkappa\, \delta\, y^2 + \cdots ,$$
$$\frac{v}{a^*} = 2(\gamma + 1)\,\varkappa\, \delta\, x\, y + \cdots . \qquad\qquad (12.14)$$

Im Rahmen dieser Näherung ist die Strömung zur Ebene $x = 0$ des engsten Querschnitts symmetrisch. Ist die Geschwindigkeitsverteilung auf der Achse durch δ und $\varkappa$ sowie der engste Düsenquerschnitt

---

[1] Taylor, G. J.: Aeronaut. Res. Comm. Rep. and Mem. Nr. 1381. London 1930.

durch y_S vorgegeben, so erhält man für die Scheitelkrümmung $\dfrac{1}{\varrho_S}$ der Düsenwand anstelle der Gl. (12.8)

$$\frac{1}{\varrho_S} = 2(\gamma + 1)\varkappa\,\delta\,y_S \qquad (12.15)$$

und für die kritischen Punkte A im engsten Querschnitt und K auf der Düsenwand (vgl. Fig. 37)

$$y_A = \frac{1}{\sqrt{(\gamma + 1)\varkappa}}, \qquad x_K = \sqrt{\frac{\delta}{\varkappa}\,[(\gamma + 1)\varkappa\,y_S^2 - 1]}. \qquad (12.16)$$

Damit ein Überschallbereich auftritt, muß $y_S^2 > \dfrac{1}{(\gamma + 1)\varkappa}$ sein, was nach Gl. (12.15) mit $\delta < y_S/2\,\varrho_S$ gleichbedeutend ist. Dann wird $y_A < y_S$ und für x_K ergibt sich ein reeller Wert.

Bei drehsymmetrischen Düsen ist in den Gln. (12.14) und (12.15) lediglich $\gamma + 1$ durch $\dfrac{\gamma + 1}{2}$ zu ersetzen. y_A bleibt dann bei festgehaltenem δ, y_S, ϱ_S ungeändert, während x_K im Verhältnis $\sqrt{2} : 1$ kleiner wird.

Wenn die Anströmgeschwindigkeit wächst, muß der in Fig. 37 dargestellte Strömungsverlauf mit örtlichen Überschallbereichen schließlich in die in Fig. 36 dargestellte normale Durchströmung der Laval-Düse übergehen[1].

Die hier behandelte Strömung mit örtlichen, der Düsenwand anliegenden Überschallbereichen ist nur von theoretischem Interesse. Sie ist nur in Ausnahmefällen stabil und stationär. In der Regel geht die Strömung aus einem örtlichen Überschallbereich nicht stetig, wie wir das hier verlangt haben, sondern unstetig durch einen Verdichtungsstoß wieder auf Unterschallgeschwindigkeit zurück (vgl. Ziff. 23.6).

§ 13. Darstellung ebener wirbelfreier Strömungen in der Hodographenebene

13.1 Übergang von der Strömungsebene zur Hodographenebene. Im II. Abschnitt wurden die Potentialgleichung und die Stromfunktionsgleichung der ebenen wirbelfreien Strömung durch Vernachlässigung gewisser Glieder linearisiert. Die sich ergebenden linearen Differentialgleichungen waren demgemäß nur näherungsweise gültig, und zwar für Strömungen, die von der Parallelströmung nur wenig abweichen.

---

[1] Vgl. hierzu H. Görtler: Z. angew. Math. Mech. Bd. 19 (1939) S. 325—337.

Wir werden jetzt eine andere Möglichkeit der Linearisierung kennenlernen. Sie beruht nicht auf irgendwelchen Vernachlässigungen, sondern auf Transformationen des Potentials φ und der Stromfunktion ψ von den Ortskoordinaten x, y („Strömungsebene") auf die Geschwindigkeitskoordinaten u, v bzw. w, ϑ („Geschwindigkeitsebene" oder „Hodographenebene"). Die sich hier ergebenden linearen Differentialgleichungen sind streng gültig, auch für Strömungen, die beliebig stark von der Parallelströmung abweichen.

Es gibt zwei Transformationen, welche die gewünschte Linearisierung leisten:

a) die MOLENBROEK-Transformation[1], bei der nur die unabhängigen Variablen, nicht aber die Funktionen φ und ψ transformiert werden,

b) die LEGENDRE-Transformation, bei der zusammen mit den unabhängigen Variablen auch φ und ψ transformiert werden.

Man beachte, daß eine solche Linearisierung nur für wirbelfreie und nur für ebene Strömungen möglich ist.

13.2 Linearisierung mittels Molenbroek-Transformation. Wir bilden die Strömungsebene auf die Hodographenebene dadurch ab, daß wir jedem Punkt x, y des Strömungsfelds durch seinen Geschwindigkeitsvektor $\mathfrak{w} = (u, v)$ den Punkt u', v der Hodographenebene zuordnen. Sind also P und P' bei dieser Abbildung einander entsprechende Punkte, so ist $O'P' = \mathfrak{w}$ der

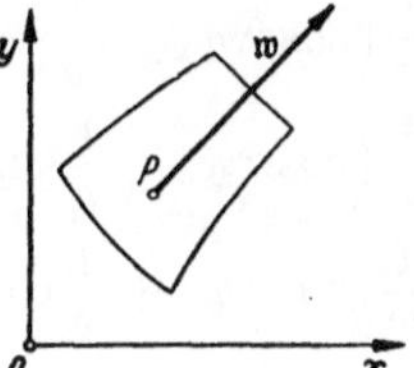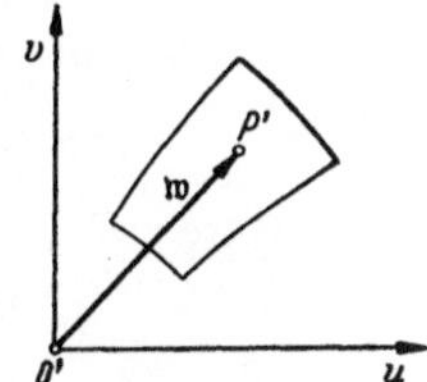

Fig. 38. Strömungsfeld und Geschwindigkeitsbild

Geschwindigkeitsvektor für den Punkt P (Fig. 38). Der Punkt P' heißt das Geschwindigkeitsbild des Punktes P.

Wir setzen für das Folgende voraus, daß die punktweise Zuordnung zwischen dem Strömungsfeld und seinem Geschwindigkeitsbild umkehrbar eindeutig ist, daß also nicht nur jedem Punkt P ein bestimmter Punkt P', sondern auch umgekehrt jedem Punkt P' ein und nur ein Punkt P entspricht. Dann bildet sich jede Kurve des Strömungsfelds wieder in eine Kurve und jeder zweidimensionale Flächenbereich wieder in einen zweidimensionalen Flächenbereich ab. Strömungsfelder, bei denen das zweidimensionale Geschwindigkeitsbild in eine Kurve entartet, wie bei der Strömung mit einseitiger Wand (vgl. Ziff. 16.1) oder

[1] MOLENBROEK, P.: Arch. Math. Phys., Grunert-Hoppe, Reihe 2, Bd. 9 (1890) S. 157. — TSCHAPLIGIN, A.: Wiss. Ann. Univ. Moskau, Math. Phys. Bd. 21 (1904) S. 1—121. — RIABOUCHINSKI, D.: C. R. Acad. Sci., Paris Bd. 194 (1932) S. 1215. — DEMTSCHENKO, B.: Ebenda Bd. 194 (1932) S. 1218 und 1720 sowie Publ. Math. Univ. Belgrade Bd. 2 (1933) S. 85. — STEICHEN, A.: Diss. Göttingen 1909.

in einen Punkt, wie bei der ungestörten Parallelströmung, bleiben von der Betrachtung ausgeschlossen.

Aus den Definitionsgleichungen (5.11) des Potentials und der Stromfunktion folgt

$$d\varphi = u\,dx + v\,dy, \quad d\psi = \varrho\,(-v\,dx + u\,dy)$$

und durch Auflösen nach dx, dy:

$$\left. \begin{aligned} dx &= \frac{1}{w^2}\left(u\,d\varphi - \frac{v}{\varrho}\,d\psi\right) = \frac{1}{w}\left(\cos\vartheta\,d\varphi - \frac{1}{\varrho}\sin\vartheta\,d\psi\right), \\ dy &= \frac{1}{w^2}\left(v\,d\varphi + \frac{u}{\varrho}\,d\psi\right) = \frac{1}{w}\left(\sin\vartheta\,d\varphi + \frac{1}{\varrho}\cos\vartheta\,d\psi\right). \end{aligned} \right\} \quad (13.1)$$

Infolge der geforderten umkehrbar eindeutigen Zuordnung von P und P' kann man x, y und φ, ψ als Funktionen der Geschwindigkeitskoordinaten w, ϑ auffassen. Durch Einsetzen von

$$dx = x_w dw + x_\vartheta d\vartheta, \qquad dy = y_w dw + y_\vartheta d\vartheta,$$
$$d\varphi = \varphi_w dw + \varphi_\vartheta d\vartheta, \qquad d\psi = \psi_w dw + \psi_\vartheta d\vartheta$$

in die Gln. (13.1) und Gleichsetzen der Koeffizienten von $dw, d\vartheta$ auf beiden Seiten der Gleichungen ergibt sich dann

$$\left. \begin{aligned} x_w &= \frac{1}{w}\left(\cos\vartheta\,\varphi_w - \frac{1}{\varrho}\sin\vartheta\,\psi_w\right), \\ x_\vartheta &= \frac{1}{w}\left(\cos\vartheta\,\varphi_\vartheta - \frac{1}{\varrho}\sin\vartheta\,\psi_\vartheta\right), \\ y_w &= \frac{1}{w}\left(\sin\vartheta\,\varphi_w + \frac{1}{\varrho}\cos\vartheta\,\psi_w\right), \\ y_\vartheta &= \frac{1}{w}\left(\sin\vartheta\,\varphi_\vartheta + \frac{1}{\varrho}\cos\vartheta\,\psi_\vartheta\right). \end{aligned} \right\} \quad (13.2)$$

Die Integrierbarkeitsbedingungen der Gln. (13.2)

$$x_{w\vartheta} = x_{\vartheta w}, \quad y_{w\vartheta} = y_{\vartheta w},$$

bei denen die zweiten Ableitungen als stetig vorausgesetzt sind, liefern mit Berücksichtigung der aus der BERNOULLI-Gleichung (2.4) folgenden Beziehung

$$\frac{d}{dw}\left(\frac{1}{\varrho}\right) = -\frac{1}{\varrho^2}\frac{d\varrho}{dp}\frac{dp}{dw} = \frac{1}{\varrho^2}\frac{1}{a^2}\,w\varrho = \frac{w}{a^2\varrho} \quad (13.3)$$

für φ und ψ nach einfacher Rechnung

$$\varphi_w = -\frac{1}{\varrho}\left(1 - \frac{w^2}{a^2}\right)\frac{\psi_\vartheta}{w}, \qquad \varphi_\vartheta = \frac{1}{\varrho}\,w\psi_w. \quad (13.4)$$

Dabei ist noch zu beachten, daß ϱ und a wegen Gl. (1.11) und der vorausgesetzten Wirbelfreiheit nur von p und also wegen Gl. (2.4) allein von w abhängig sind, so daß entsprechend d statt ϑ geschrieben werden kann. Aus den Integrierbarkeitsbedingungen der Gln. (13.4)

$$\varphi_{w\vartheta} = \varphi_{\vartheta w}, \quad \psi_{w\vartheta} = \psi_{\vartheta w},$$

bei denen wieder Stetigkeit der zweiten Ableitungen angenommen wird, folgt schließlich bei abermaliger Berücksichtigung der Gl. (13.3) und nach Elimination von ψ die Potentialgleichung

$$\left(1 - \frac{w^2}{a^2}\right) w^2 \varphi_{ww} + w\left(1 + \frac{w^4}{a^4} - 2\frac{w^3}{a^3}\frac{da}{dw}\right)\varphi_w + \left(1 - \frac{w^2}{a^2}\right)^2 \varphi_{\vartheta\vartheta} = 0. \quad (13.5)$$

Eliminiert man φ, so kommt man zur Stromfunktionsgleichung[1]

$$w^2\psi_{ww} + w\left(1 + \frac{w^2}{a^2}\right)\psi_w + \left(1 - \frac{w^2}{a^2}\right)\psi_{\vartheta\vartheta} = 0. \quad (13.6)$$

Die transformierte Potentialgleichung (13.5) und die transformierte Stromfunktionsgleichung (13.6) sind, wie in Ziff. 13.1 angekündigt, lineare Differentialgleichungen; denn die Koeffizienten von φ_{ww}, φ_w, $\varphi_{\vartheta\vartheta}$ bzw. ψ_{ww}, ψ_w, $\psi_{\vartheta\vartheta}$ hängen nur von der unabhängigen Veränderlichen w ab.

13.3 Linearisierung mittels Legendre-Transformation. Statt durch die MOLENBROEK-Transformation kann man die Linearisierung der Potentialgleichung auch durch die nach LEGENDRE benannte, in der Theorie der partiellen Differentialgleichungen viel verwendete Berührungstransformation

$$u = \varphi_x, \quad v = \varphi_y, \quad \Phi = x\varphi_x + y\varphi_y - \varphi \quad (13.7)$$

herbeiführen. Bei dieser Transformation treten anstelle von x, y die Geschwindigkeitskoordinaten u, v als neue unabhängige Veränderliche und anstelle des Potentials $\varphi(x, y)$ das „konjugierte Potential" $\Phi(u, v)$. Aus den Gln. (13.7) folgt

$$d\Phi = u\,dx + v\,dy + x\,du + y\,dv - d\varphi = x\,du + y\,dv,$$

woraus sich die mit den Gln. (13.7) gleichwertigen Beziehungen

$$x = \Phi_u, \quad y = \Phi_v, \quad \varphi = u\Phi_u + v\Phi_v - \Phi \quad (13.8)$$

ergeben. Aus den Gln. (13.8) folgt dann weiter

$$dx = \Phi_{uu}\,du + \Phi_{uv}\,dv, \quad dy = \Phi_{uv}\,du + \Phi_{vv}\,dv,$$

wobei die zweiten Ableitungen als stetig vorausgesetzt sind. Die Auflösung nach du und dv liefert

$$du = \frac{1}{N}(\Phi_{vv}\,dx - \Phi_{uv}\,dy), \quad dv = \frac{1}{N}(-\Phi_{uv}\,dx + \Phi_{uu}\,dy) \quad (13.9)$$

mit

$$N = \Phi_{uu}\Phi_{vv} - \Phi_{uv}^2 = \begin{vmatrix} x_u & x_v \\ y_u & y_v \end{vmatrix} \neq 0.$$

Die Forderung $N \neq 0$ hat die vorher vorausgesetzte punktweise umkehrbar eindeutige Abbildung des Strömungsfelds auf sein Geschwindigkeitsbild zur Folge.

---

[1] TSCHAPLIGIN, C. A.: Wiss. Ann. Univ. Moskau, Math. Phys. Bd. 21 (1904) S. 1—121.

Der Vergleich der Ausdrücke (13.9) mit den aus den Gln. (13.7) folgenden Differentialen

$$du = \varphi_{xx} dx + \varphi_{xy} dy, \quad dv = \varphi_{xy} dx + \varphi_{yy} dy$$

liefert für die zweiten als stetig vorausgesetzten Ableitungen die Beziehungen

$$\varphi_{xx} = \frac{1}{N} \Phi_{vv}, \quad \varphi_{yy} = \frac{1}{N} \Phi_{uu}, \quad \varphi_{xy} = -\frac{1}{N} \Phi_{uv}. \tag{13.10}$$

Hierdurch geht die Potentialgleichung (4.5) in die lineare Differentialgleichung

$$\left(1 - \frac{v^2}{a^2}\right) \Phi_{uu} + 2 \frac{uv}{a^2} \Phi_{uv} + \left(1 - \frac{u^2}{a^2}\right) \Phi_{vv} = 0 \tag{13.11}$$

oder, bei Verwendung der Polarkoordinaten, in

$$w^2 \Phi_{ww} + w\left(1 - \frac{w^2}{a^2}\right) \Phi_w + \left(1 - \frac{w^2}{a^2}\right) \Phi_{\vartheta\vartheta} = 0 \tag{13.12}$$

über.

In analoger Weise läßt sich die Stromfunktionsgleichung (5.9) durch die LEGENDRE-Transformation

$$\left. \begin{aligned} q &= \psi_y, & r &= -\psi_x, & \Psi &= x\psi_x + y\psi_y - \psi, \\ x &= -\Psi_r, & y &= \Psi_q, & \psi &= q\Psi_q + r\Psi_r - \Psi \end{aligned} \right\} \tag{13.13}$$

in die lineare Differentialgleichung

$$\left(1 - \frac{q^2}{\varrho^2 a^2}\right) \Psi_{qq} - 2 \frac{qr}{\varrho^2 a^2} \Psi_{qr} + \left(1 - \frac{r^2}{\varrho^2 a^2}\right) \Psi_{rr} = 0 \tag{13.14}$$

für die „konjugierte Stromfunktion" $\Psi(q, r)$ verwandeln. Hierbei ist nach Ziff. 5.4 ϱa eine Funktion von $\psi_x^2 + \psi_y^2$, hier also eine Funktion der unabhängigen Veränderlichen q und r.

q und r sind nach Gl. (5.2) die Komponenten des Stromdichtevektors $\varrho \mathfrak{w}$, die LEGENDRE-Transformation (13.13) führt also von der Stromebene nicht zur Hodographenebene, sondern zur Stromdichteebene. Nachteilig ist hierbei, daß der Unter- und Überschallbereich sich in der Stromdichteebene überdecken; denn das Intervall $0 \leqq \varrho\,a \leqq \varrho^* a^*$ wird sowohl von den Unter- wie von den Überschallgeschwindigkeiten durchlaufen (vgl. Ziff. 2.4, insbesondere Fig. 3 links).

13.4 Linearverbindung von Strömungsfeldern. In der Strömungsebene sind die Differentialgleichungen des Potentials und der Stromfunktion nichtlineare Gleichungen. Infolgedessen lassen sich in der Strömungsebene Lösungen der Differentialgleichungen nicht linear superponieren. Dagegen sind in der Hodographenebene lineare Superpositionen zulässig, da es sich hier nach Ziff. 13.2 und 13.3 um lineare Differentialgleichungen handelt.

So ergibt sich beispielsweise aus zwei Lösungen $\varphi_1\,(w, \vartheta)$, $\varphi_2\,(w, \vartheta)$ der Gl. (13.5) oder aus zwei Lösungen $\Phi_1\,(w, \vartheta)$, $\Phi_2\,(w, \vartheta)$ der Gl. (13.12) durch die Linearverbindung

$$\varphi = \lambda_1 \varphi_1(w, \vartheta) + \lambda_2 \varphi_2(w, \vartheta) \;\Big\}$$

bzw.
$$\Phi = \lambda_1 \Phi_1(w, \vartheta) + \lambda_2 \Phi_2(w, \vartheta) \;\Big\} \qquad (13.15)$$

mit den beliebigen Konstanten λ_1, λ_2 eine einparametrige Schar von Lösungen (Parameter $\lambda_1 : \lambda_2$). Dieselbe Linearverbindung gilt nach Gl. (13.2) und (13.4) bzw. Gl. (13.8) auch für die Ortskoordinaten, also

$$x = \lambda_1 x_1 + \lambda_2 x_2, \quad y = \lambda_1 y_1 + \lambda_2 y_2. \qquad (13.16)$$

Dies liefert folgende einfache geometrische Konstruktion[1] (Fig. 39):

Vorgegeben seien zwei Strömungsfelder, deren Punkte P_1, P_2 sich umkehrbar eindeutig durch gleiche Geschwindigkeitsvektoren $\mathfrak{w}_1 = \mathfrak{w}_2$ aufeinander abbilden lassen. Die Verbindungsstrecken $P_1 P_2$ werden in

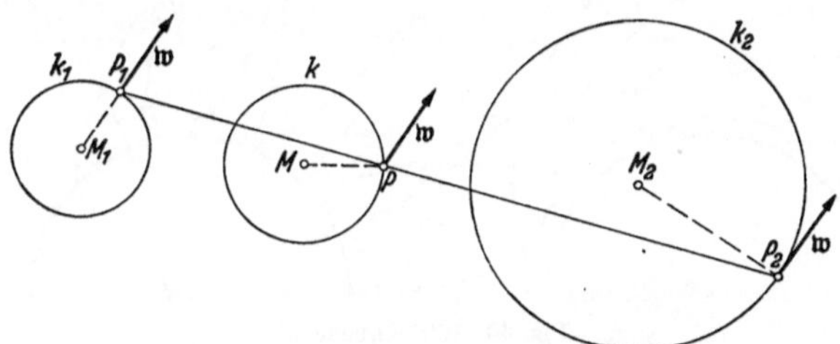

Fig. 39. Linearverbindung von Strömungsfeldern

einem beliebigen, aber konstanten Teilverhältnis $\lambda_1 : \lambda_2$ innen oder außen geteilt. Ordnet man dann den Teilpunkten P jeweils den Geschwindigkeitsvektor $\mathfrak{w} = \mathfrak{w}_1 = \mathfrak{w}_2$ der Ausgangspunkte P_1, P_2 zu, so bestimmen diese Vektoren eine neue kompressible Strömung.

Alle auf diese Weise miteinander „linearverbundenen" Strömungsfelder haben dasselbe Geschwindigkeitsbild. Es entsprechen sich daher die Unterschallbereiche, die Überschallbereiche und die transsonischen Kurven. Dagegen werden die Hüllkurven, an denen verschiedene Blätter des Strömungsfelds zusammenhängen, im allgemeinen nicht aufeinander abgebildet. Eine solche Hüllkurve haben wir in Ziff. 3.3 bei der Quell- und Senkenströmung (vgl. Fig. 8) kennengelernt: Der Bereich $r > r_{\min}$ ist zweiblättrig überdeckt. Das eine Blatt enthält etwa die Unterschall-Senkenströmung, das zweite Blatt die Überschall-Quellströmung. Die Hüllkurve $r = r_{\min}$, an der beide Blätter zusammenzuheften sind, ist hier gleichzeitig die transsonische Kurve.

Beispiel: Wirbelquelle. Zur Erläuterung behandeln wir die Linearverbindung einer Quell- und einer Wirbelströmung (vgl. Ziff. 3.3). Jedem

---

[1] SAUER, R.: Z. angew. Math. Mech. Bd. 21 (1941) S. 313—315.

Kreis k_1 der Quellströmung entspricht ein Kreis k_2 der Wirbelströmung mit demselben $w =$ const, wobei die Punkte P_1, P_2 mit gleichen Geschwindigkeitsvektoren $\mathfrak{w}_1$, $\mathfrak{w}_2$ jeweils zu senkrechten Kreisradien gehören (vgl. Fig. 39). Die Teilpunkte P liegen wieder auf einem Kreis k und die dem Betrage nach konstanten Geschwindigkeitsvektoren $\mathfrak{w}$ der Punkte P sind gegen den Kreis k unter einem konstanten Winkel geneigt. Die so erzeugte neue Strömung bezeichnen wir als Wirbelquelle bzw. Wirbelsenke.

Bei der Quell-Senken-Strömung ist, wie oben erwähnt, ein Kreis $r = r_{\min}$ Hüllkurve, an der zwei Blätter, nämlich ein Unter- und ein Überschallblatt zusammenhängen. Bei der Wirbelströmung ist das Strömungsfeld, das wieder das Äußere eines Kreises $r = r_{\min}$ erfüllt (vgl. Fig. 9), nur einblättrig überdeckt. Der Überschallbereich

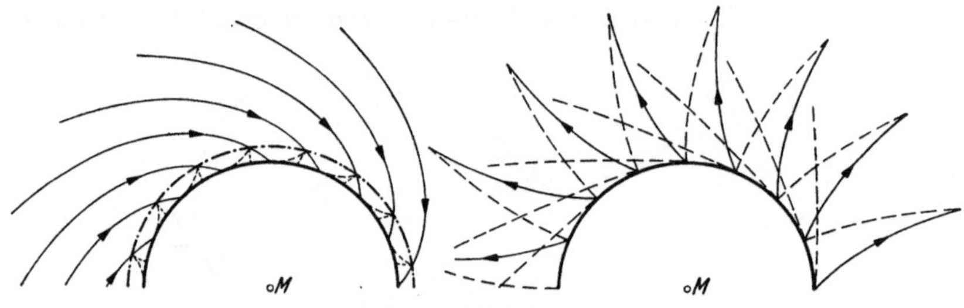

Fig. 40. Wirbelquelle

$r_{\min} < r < r^*$ ist ringförmig, der Unterschallbereich $r > r^*$ erstreckt sich ins Unendliche. Bei der Wirbelquelle bzw. Wirbelsenke ergibt sich wieder eine zweiblättrige Überdeckung des Äußeren eines Kreises $r = r_{\min}$. Das eine Blatt (Fig. 40 links) enthält einen ringförmigen Überschallbereich $r_{\min} < r < r^*$ und den sich ins Unendliche erstreckenden Unterschallbereich $r > r^*$, das andere Blatt (Fig. 40 rechts) den restlichen Überschallbereich. Die Hüllkurve $r = r_{\min}$, an der beide Blätter zusammenhängen, gehört also zur Überschallströmung. Die Maximalgeschwindigkeit wird auf dem zweiten Blatt im Unendlichen erreicht. Die in Fig. 40 ausgezogenen und mit Pfeilen versehenen Kurven sind Stromlinien. Auf die gestrichelt eingezeichneten Kurven (MACH-Kurven) werden wir erst in Ziff. 15.1 eingehen.

Weitere einfache Beispiele kann man mit der von W. TOLLMIEN[1] gefundenen „Spiralströmung" bilden. Bei dieser Strömung existiert ein System konzentrischer und kongruenter logarithmischer Spiralen, für welche jeweils sowohl die Größe der Geschwindigkeit als auch der Winkel gegen die Geschwindigkeitsrichtung konstant ist.

---

[1] TOLLMIEN, W.: Z. angew. Math. Mech. Bd. 17 (1937) S. 117—136. — R. SAUER: Z. angew. Math. Mech. Bd. 21 (1941) S. 313—315.

§ 14. Hodographenverfahren zur Berechnung ebener wirbelfreier Unterschallströmungen und transsonischer Strömungen

14.1 Allgemeine Bemerkungen über Hodographenverfahren. In der Aerodynamik der inkompressiblen Medien reduzieren sich die Differentialgleichungen des Potentials und der Stromfunktion ebener Strömungen sowohl in der x, y-Strömungsebene wie auch in der u, v-Hodographenebene auf die LAPLACE-Differentialgleichung

$$\varphi_{xx} + \varphi_{yy} = 0, \quad \psi_{xx} + \psi_{yy} = 0, \quad \varphi_{uu} + \varphi_{vv} = 0, \quad \psi_{uu} + \psi_{vv} = 0.$$

Hier hat man also in beiden Ebenen die Vorteile, welche die Linearität einer Differentialgleichung mit sich bringt. Außerdem bietet sich, da φ und ψ als Real- und Imaginärteil einer analytischen Funktion von $x + i y$ bzw. $u + i v$ betrachtet werden können, in beiden Ebenen die Möglichkeit, funktionentheoretische Hilfsmittel zu verwenden. Bei manchen Problemen, insbesondere wenn es sich um Strömungen mit freien Grenzen (Ausflußprobleme, Totwasser) handelt, lassen sich die Anfangs- und Randbedingungen in der Hodographenebene besonders einfach darstellen. Man löst das Problem dann zunächst in der Hodographenebene und transformiert die Lösung am Schluß in die Strömungsebene zurück („Hodographenverfahren").

Solche Hodographenverfahren sind auch in der Gasdynamik der kompressiblen Medien nützlich. Hier liegt der Hauptvorteil darin, daß man es, wenn man die Aufgabe zuerst in der Hodographenebene zu lösen sucht, mit linearen Differentialgleichungen zu tun hat, während in der Strömungsebene nichtlineare Differentialgleichungen vorliegen. Dieser Vorteil ist so wesentlich, daß man in der Gasdynamik Hodographenmethoden nicht nur für Strömungen mit freien Grenzen, sondern auch für Profilströmungen verwendet, obwohl bei diesen erhebliche Schwierigkeiten hinsichtlich der Anfangs- und Randbedingungen auftreten. Diese lassen sich nämlich nicht von vornherein von der Strömungsebene auf die Hodographenebene übertragen. Außerdem sind in der Hodographenebene Potential und Stromfunktion einer Profilströmung mehrdeutige Funktionen mit komplizierten Singularitäten.

Für die Überschallströmung um Profile werden wir in den §§ 15—17 verhältnismäßig einfache numerische Methoden, die auf der Charakteristikentheorie beruhen, kennenlernen. Aus diesem Grund werden Hodographenmethoden nur für Unterschallströmungen um Profile verwandt sowie für transsonische Umströmungen, bei denen das Profil mit Unterschallgeschwindigkeit angeströmt wird, am Profil selbst aber ein örtlicher Überschallbereich auftritt. Bezüglich der physikalischen Realisierbarkeit solcher transsonischen Strömungen vgl. Ziff. 23,6.

14.2 Potenzentwicklungen in der Hodographenebene. Erstmals wurde die Hodographenmethode von TSCHAPLIGIN[1] in die Gasdynamik eingeführt. Später wurde sie von GUDERLEY, LIGHTHILL und vielen anderen Aerodynamikern weiter ausgebaut und für den praktischen Gebrauch zugänglich gemacht. Ausführliche Literaturangaben finden sich bei KUO und SEARS[2]. Wir beschränken uns hier darauf, zu zeigen, wie die Stromfunktion in der Hodographenebene aus hypergeometrischen Funktionen aufgebaut werden kann.

Zu diesem Zweck gehen wir aus von der formalen FOURIER-Reihe

$$\psi(w,\,\vartheta) \sim \sum_{\nu} Q_{\nu}(w)\cos\nu\vartheta \quad \text{bzw.} \quad \sum_{\nu} Q_{\nu}(w)\sin\nu\vartheta; \tag{14.1}$$

$\nu \gtreqless 0$ sind beliebige ganze oder nicht ganze Zahlen. Durch Einsetzen in Gl. (13.6) ergibt sich für die $Q_{\nu}(w)$ die gewöhnliche Differentialgleichung

$$w^2 Q_{\nu}'' + w\left(1 + \frac{w^2}{a^2}\right)Q_{\nu}' - \nu^2\left(1 - \frac{w^2}{a^2}\right)Q_{\nu} = 0; \tag{14.2}$$

die Striche bedeuten Ableitungen nach w.

Bei Beschränkung auf vollkommene Gase mit konstanten spezifischen Wärmen und Einführung der auf die Maximalgeschwindigkeit bezogenen dimensionslosen Geschwindigkeit $W = \dfrac{w}{w_{\max}}$ folgt aus Gl. (2.8)

$$a^2 = \frac{\gamma - 1}{2}\, w_{\max}^2(1 - W^2),$$

und Gl. (14.2) geht über in

$$W^2(1 - W^2)Q_{\nu}'' + W\left(1 - \frac{\gamma - 3}{\gamma - 1}\,W^2\right)Q_{\nu}' - \nu^2\left(1 - \frac{\gamma + 1}{\gamma - 1}\,W^2\right)Q_{\nu} = 0,$$

wenn die Striche jetzt Ableitungen nach W bedeuten. Nach Division durch $W^2(1 - W^2)$ kommt nach elementarer Rechnung

$$Q_{\nu}'' + \left[\frac{1}{W} - \frac{1}{\gamma - 1}\left(\frac{1}{W - 1} + \frac{1}{W + 1}\right)\right]Q_{\nu}' -$$
$$- \nu^2\left[\frac{1}{W^2} + \frac{1}{\gamma - 1}\left(\frac{1}{W - 1} - \frac{1}{W + 1}\right)\right]Q_{\nu} = 0. \tag{14.2*}$$

Nach bekannten Sätzen aus der Theorie der Differentialgleichungen gehört diese Differentialgleichung zur FUCHSschen Klasse und hat vier außerwesentlich singuläre Stellen, nämlich $W = 0$, $W = \pm 1$, $W = \infty$. Sie geht durch die Substitution

$$Q_{\nu} = W^{\nu} f_{\nu}(W^2) \tag{14.3}$$

in eine hypergeometrische Differentialgleichung für $f_{\nu}(W^2)$ über.

---

[1] TSCHAPLIGIN, C. A.: Wiss. Ann. Univ. Moskau, Math. Phys. Bd. 21 (1904) S. 1—121.

[2] SEARS, W. R.: [9] S. 577—582.

14.3 Näherungslösungen auf Grund approximierender Druck-Dichte-Gleichungen. Die Anwendung der Hodographenmethode läßt sich dadurch vereinfachen, daß man die bei isentropischen Zustandsänderungen geltende Druck-Dichte-Gleichung $p = p(\varrho)$ des vorliegenden Gases für einen gewissen Geschwindigkeitsbereich durch eine hypothetische Druck-Dichte-Gleichung in geeigneter Weise approximiert. Dadurch gelingt es auf die verschiedenste Weise, die Potential- und Stromfunktionsgleichungen (13.5), (13.6), (13.12) und (13.14) in der Hodographenebene derart zu vereinfachen, daß sie auf gut durchforschte spezielle Differentialgleichungen der mathematischen Physik reduziert werden können[1].

Die einfachste Approximation dieser Art, bei der die Druck-Dichte-Kurve in der $p, \frac{1}{\varrho}$-Ebene durch eine Tangente oder Sehne angenähert wird, geht schon auf TSCHAPLIGIN zurück; wir werden sie in Ziff. 14.4 ausführlich besprechen. Höhere Approximationen wurden später von SAUER[2], MÜLLER[3] sowie SCHUBERT und SCHINKE[4] benützt.

Von besonderer Wichtigkeit sind die Approximationen dieser Art, welche die Druck-Dichte-Beziehung in der Umgebung der kritischen Geschwindigkeit annähern und daher für transsonische Strömungen brauchbar sind. Wir werden hierauf in Ziff. 23.4 zurückkommen.

14.4 Unterschallströmungen bei geradlinig approximierter Druck-Dichte-Kurve. Wir besprechen nun die in Ziff. 14.3 bereits erwähnte Approximation der Druck-Dichte-Kurve durch eine Tangente in der $p, \frac{1}{\varrho}$-Ebene[5] (Fig. 41). Dem Berührungspunkt $\overline{A}$ entsprechen die Zustandswerte $\overline{p}, \overline{\varrho}$ der Grundströmung. Diese Approximation kann als nächsteinfache Verbesserung der Voraussetzung $\varrho = \text{const}$ der inkom-

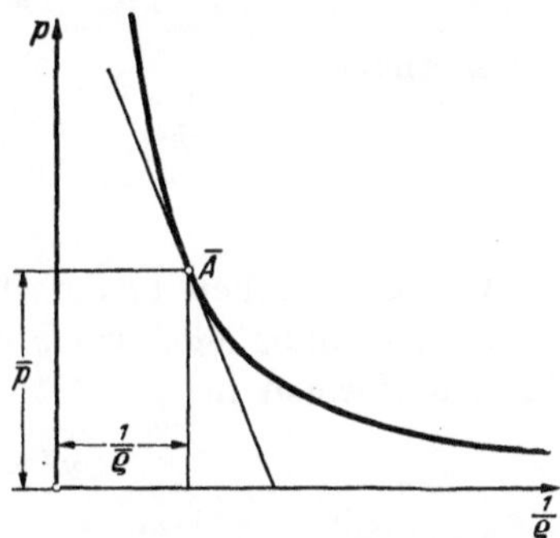

Fig. 41. Ersatz der Druck-Dichte-Kurve durch eine Tangente

---

[1] Vgl. hierzu F. PENZLIN: Zur Hodographenmethode der Gasdynamik I, II. Mitt. Math. Inst. T.H. München (Dez. 1956, August 1957).

[2] SAUER, R.: Sitzungsber. Bayer. Akad. Wiss., math.-naturw. Klasse 1951, S. 65—71.

[3] MÜLLER, W.: Sitzungsber. Bayer. Akad. Wiss., math.-naturw. Klasse 1953, S. 313—330.

[4] SCHUBERT, H., u. E. SCHINKE: Ber. Sächs. Akad. Wiss., math.-naturw. Klasse Bd. 102 (1957) Heft 2.

[5] TSCHAPLIGIN, C. A.: Wiss. Ann. Univ. Moskau, Math. Phys. Bd. 21 (1904) S. 1—121. — Vgl. ferner A. BUSEMANN: Z. angew. Math. Mech. Bd. 17 (1937) S. 73—79 sowie HSUE-SHEN TSIEN: J. Aeron. Sci. Bd. 6 (1939) S. 399—407.

pressiblen Strömung gelten. Sie ermöglicht, wie sich im folgenden zeigen wird, die Zurückführung des Problems auf die LAPLACEsche Differentialgleichung bzw. die CAUCHY-RIEMANNschen Differentialgleichungen der inkompressiblen Strömung, wodurch die Hilfsmittel der Funktionentheorie zugänglich werden.

Für die Neigung der Druck-Dichte-Kurve im Ausgangspunkt $\overline{A}$ hat man

$$\left[\frac{dp}{d\left(\frac{1}{\varrho}\right)}\right]_{\overline{A}} = -\,\overline{\varrho}^2 \left[\frac{dp}{d\varrho}\right]_{\overline{A}} = -\,\overline{a}^2\,\overline{\varrho}^2.$$

Hieraus folgt als Gleichung der Tangente in der $p,\ \frac{1}{\varrho}$-Ebene

$$p - \overline{p} = \overline{a}^2\,\overline{\varrho}^2 \left(\frac{1}{\overline{\varrho}} - \frac{1}{\varrho}\right). \tag{14.4}$$

Sie wird der weiteren Betrachtung als approximierende Druck-Dichte-Kurve zugrunde gelegt. Für die Schallgeschwindigkeit erhält man aus Gl. (14.4)

$$a^2 = \frac{dp}{d\varrho} = \left(\frac{\overline{\varrho}}{\varrho}\right)^2 \overline{a}^2, \quad \text{also} \quad a^2 \varrho^2 = \overline{a}^2\,\overline{\varrho}^2 = \text{const}. \tag{14.5}$$

Aus der BERNOULLI-Gleichung (2.4) folgt

$$w^2 - \overline{w}^2 = \overline{a}^2\,\overline{\varrho}^2 \left(\frac{1}{\varrho^2} - \frac{1}{\overline{\varrho}^2}\right) \tag{14.6}$$

und hiernach

$$a^2 = w^2 + (\overline{a}^2 - \overline{w}^2), \quad \left(\frac{\varrho}{\overline{\varrho}}\right)^2 = 1 - \frac{w^2 - \overline{w}^2}{a^2}, \quad \left(\frac{\overline{\varrho}}{\varrho}\right)^2 = 1 + \frac{w^2 - \overline{w}^2}{\overline{a}^2}. \tag{14.7}$$

Wir beschränken uns nach Ziff. 14.1 auf Anströmung mit Unterschallgeschwindigkeit, also $\overline{w} < \overline{a}$. Dann lassen sich die Gln. (14.6) und (14.7) umformen in

$$w^2 = \overline{a}_0^2\,\overline{\varrho}_0^2 \left(\frac{1}{\varrho^2} - \frac{1}{\varrho_0^2}\right), \tag{14.8}$$

$$a^2 = w^2 + \overline{a}_0^2, \quad \left(\frac{\varrho}{\overline{\varrho}_0}\right)^2 = 1 - \frac{w^2}{a^2}, \quad \left(\frac{\overline{\varrho}_0}{\varrho}\right)^2 = 1 + \frac{w^2}{\overline{a}_0^2}, \tag{14.9}$$

wobei $\overline{\varrho}_0$ und $\overline{a}_0$ sich auf den der geradlinigen Druck-Dichte-Kurve (14.4) entsprechenden Ruhezustand $w = 0$ beziehen.

Durch die Gln. (14.9) ist ein völlig anderes Verhalten als bei der Druck-Dichte-Beziehung der vollkommenen Gase gegeben. Die Strömungsgeschwindigkeit w ist stets kleiner als die Schallgeschwindigkeit. Es gibt also nur Unterschallgeschwindigkeiten, und zwar wächst w von $w = 0$ bei $p = \overline{p}_0$, $\varrho = \overline{\varrho}_0$, $a = \overline{a}_0$ bis zum Höchstwert

$$w_{\max} = \overline{a}\sqrt{\left(\frac{\overline{p}}{\overline{a}^2\,\overline{\varrho}} + 1\right)^2 - \left(1 - \frac{\overline{w}^2}{\overline{a}^2}\right)}$$

bei $p = 0$. Die Schallgeschwindigkeit a, die nach Gl. (2.8) bei vollkommenen Gasen bei wachsender Strömungsgeschwindigkeit w abnimmt, nimmt hier mit wachsendem w zu. Eine analoge Druck-Dichte-Beziehung, bei der nur Überschallgeschwindigkeiten auftreten, werden wir in Ziff. 15.7 kennenlernen.

Mit Berücksichtigung der Gln. (14.9) spezialisieren sich die Gln. (13.4) zu

$$\varphi_w = -\frac{1}{w}\sqrt{1 - \frac{w^2}{a^2}}\,\frac{\psi_\vartheta}{\varrho_0}, \qquad \varphi_\vartheta = \frac{w}{\sqrt{1 - \dfrac{w^2}{a^2}}}\,\frac{\psi_w}{\varrho_0}.$$

Sie werden mit Hilfe der TSCHAPLIGINschen Transformation der Geschwindigkeit w vermöge

$$d\omega = \sqrt{1 - \frac{w^2}{a^2}}\,\frac{dw}{w} \tag{14.10}$$

weiter vereinfacht zu

$$\varphi_\omega = -\frac{\psi_\vartheta}{\varrho_0}, \qquad \varphi_\vartheta = \frac{\psi_\omega}{\varrho_0}. \tag{14.11}$$

Dies sind die CAUCHY-RIEMANNschen Differentialgleichungen in den Variablen ω und $-\vartheta$. Infolgedessen ist $\varphi + i\dfrac{\psi}{\varrho_0}$ eine analytische Funktion von $\omega - i\vartheta$ bzw. von $e^{\omega - i\vartheta}$.

Setzt man also

$$\tilde{\Omega} = U + iV = \bar{a}_0 e^{\omega + i\vartheta} = W e^{i\vartheta}, \quad W = \bar{a}_0 e^\omega = \sqrt{U^2 + V^2},$$

so hat man

$$\varphi + i\frac{\psi}{\varrho_0} = F(U - iV) = F(\Omega), \qquad \varphi - i\frac{\psi}{\varrho_0} = \tilde{F}(U + iV) = \tilde{F}(\tilde{\Omega}).$$

Hierbei bedeutet der Zirkumflex den konjugiert komplexen Ausdruck, und für W folgt aus den Gln. (14.9) und (14.10) die Beziehung

$$W = \frac{2\bar{a}_0 w}{\bar{a}_0 + \sqrt{\bar{a}_0^2 + w^2}}, \qquad w = \frac{4\bar{a}_0^2 W}{4\bar{a}_0^2 - W^2}. \tag{14.12}$$

Die x,y-Ebene und die U,V-Ebene sind miteinander verknüpft durch die aus den Gln. (13.2) mit Berücksichtigung von Gl. (14.9) sich nach kurzer Rechnung ergebenden Beziehungen

$$dx = \frac{U}{W^2}\left(1 - \frac{W^2}{4\bar{a}_0^2}\right)d\varphi - \frac{V}{W^2}\left(1 + \frac{W^2}{4\bar{a}_0^2}\right)\frac{d\psi}{\varrho_0},$$

$$dy = \frac{V}{W^2}\left(1 - \frac{W^2}{4\bar{a}_0^2}\right)d\varphi + \frac{U}{W^2}\left(1 + \frac{W^2}{4\bar{a}_0^2}\right)\frac{d\psi}{\varrho_0}.$$

Sie lassen sich komplex zusammenfassen in

$$dz = dx + i\,dy = \frac{1}{\Omega}\,dF(\Omega) - \frac{\tilde{\Omega}}{4\bar{a}_0^2}\,d\tilde{F}(\tilde{\Omega}), \tag{14.13}$$

wo also

$$\Omega = W e^{-i\vartheta}$$

ist. Wir haben somit folgendes Ergebnis:

Bei Zugrundelegung der geradlinigen Druck-Dichte-Kurve (14.4) läßt sich zu jeder analytischen Funktion $F(\Omega)$ eine ebene Unterschallströmung durch Quadraturen herleiten. Die Ortskoordinaten x, y des Strömungsfeldes ergeben sich aus Gl. (14.13) als Funktionen von W und ϑ, der Geschwindigkeitsbetrag w folgt aus Gl. (14.12).

Falls man die Randbedingungen aus der z-Ebene in die Ω-Ebene von vornherein übertragen kann, wie dies bei freien Oberflächen gelingt, ist die analytische Funktion $F(\Omega)$ durch die Randbedingungen in der Ω-Ebene funktionentheoretisch festgelegt. Wenn dagegen die Randbedingungen in der Ω-Ebene nicht als gegeben vorausgesetzt werden können, wie dies bei den Profilströmungen der Fall ist, verfährt man folgendermaßen:

Man bestimmt zunächst funktionentheoretisch die inkompressible Umströmung des vorgegebenen Profils (Π) und setzt für $\tilde{\Omega}$ die wirkliche Geschwindigkeit und für $F(\Omega)$ das komplexe Potential der inkompressiblen Umströmung von (Π). Aus Gl. (14.13) ergibt sich dann eine Unterschallströmung um ein von (Π) mehr oder weniger abweichendes Profil (Π'). Durch systematische Änderung des Ausgangsprofils sucht man schließlich zu erreichen, daß (Π') in hinreichender Annäherung mit dem vorgegebenen Profil zusammenfällt.

14.5 Bergmansche Operatorenmethode. Ein neueres Hodographenverfahren ist die BERGMANsche Operatorenmethode[1]. Der Grundgedanke dieser Methode, die sich nicht auf eine approximierende, sondern auf die wirkliche Druck-Dichte-Gleichung der vollkommenen Gase bezieht und in gewissem Sinn als eine Verallgemeinerung des in Ziff. 14.4 behandelten Verfahrens betrachtet werden kann, ist der folgende:

Die Klasse der analytischen Funktionen $f(Z)$ einer komplexen Veränderlichen Z wird durch einen Integraloperator in eine Klasse von Funktionen $P[f]$ transformiert, welche die Lösungen der Stromfunktionsgleichung (13.6) liefern. Dabei wird Gl. (13.6) in der aus der TSCHAPLIGINschen Transformation (14.10) folgenden Umformung

$$\psi_{\omega\omega} + \psi_{\vartheta\vartheta} - \frac{M^4}{(1-M^2)^{3/2}}\,\psi_\omega = 0$$

benützt und $\omega + i\,\vartheta = Z$ gesetzt. Dann ist

$$P[f] = \int\limits_{-1}^{+1} E(Z, \tilde{Z}, t)\cdot f\left(\tfrac{1}{2}Z(1-t^2)\right)\cdot \frac{dt}{\sqrt{1-t^2}}$$

---

[1] BERGMAN, S.: Proc. Symposia Appl. Math. Nr. 1, Brown University 1949 S. 19—40. Hier finden sich auch viele Literaturhinweise. — Vgl. ferner S. BERGMAN: The kernel function and conformal mapping. Surveys of Amer. Math. Soc. Bd. 5 (1950).

eine solche Funktionenklasse; $E(Z, \tilde{Z}, t)$ ist dabei eine bestimmte Funktion, auf deren Erörterung wir hier nicht näher eingehen können. Man kann zeigen, daß die Bildfunktionen $P[f]$ in verschiedener Hinsicht dasselbe Verhalten zeigen wie die Ausgangsfunktionen f. Insbesondere entspricht einem Verzweigungspunkt n-ter Ordnung wieder ein ebensolcher. Infolgedessen kann man die im Schlußabsatz der Ziff. 14.4 angegebene Vorschrift zur Gewinnung von Unterschallströmungen um Profile aus inkompressiblen Profilströmungen sinngemäß auf die BERGMANsche Methode übertragen.

§ 15. Charakteristikenverfahren zur Berechnung ebener wirbelfreier Überschallströmungen

15.1 Orthogonal-reziproke Beziehung zwischen den Mach-Netzen in der Strömungsebene und der Geschwindigkeitsebene. Die lineare Theorie der ebenen Überschallströmung (vgl. § 8) führt auf anschauliche Weise zur strengen, nichtlinearen Theorie, wenn man die Strömung nicht im ganzen Bereich mit derselben Parallelströmung als Grundströmung linearisiert, sondern für die Umgebung eines jeden Punktes x, y eine „berührende", von Ort zu Ort veränderliche linearisierte Strömung einführt. Anstelle des konstanten Grundgeschwindigkeitsvektors $\overline{w}$, der konstanten Schallgeschwindigkeit $\overline{a}$ und des konstanten MACH-Winkels $\overline{\alpha}$ treten dann die örtlich veränderlichen Werte w, a, α und an Stelle des geradlinigen MACHschen Parallelogramm-Netzes (vgl. Fig. 18) tritt ein i. allg. krummliniges Kurvennetz als MACH-Netz. Dieses liegt im Gegensatz zur linearen Theorie nicht von vornherein fest, sondern kann erst nach Ermittlung der örtlichen Strömungsgeschwindigkeit w bestimmt werden. Denn erst aus w ergeben sich in jedem Punkt des Strömungsfeldes die Winkel ϑ und α und hieraus mit $\vartheta \mp \alpha$ die MACH-Richtungen. Die Integralkurven dieser beiden Richtungsfelder sind die MACH-Kurven.

Als Begrenzungslinien des MACH-Netzes können auftreten:

a) die transsonische oder kritische Kurve, d. h. die Trennungslinie des Über- und Unterschallbereichs (Fig. 42);

b) etwaige Hüllkurven einer der beiden Scharen der MACH-Kurven, die man nach TOLLMIEN[1] als Grenzkurven bezeichnet (Fig. 43).

An der transsonischen Kurve ist $\alpha = \dfrac{\pi}{2}$. Die beiden MACH-Richtungen fallen zusammen und die MACH-Kurven haben Rückkehrpunkte. Die Stromlinien dagegen durchsetzen die transsonische Kurve ohne Singu-

---

[1] TOLLMIEN, W.: Z. angew. Math. Mech. Bd. 17 (1937) S. 117—136 und Bd. 21 (1941) S. 140—152 und S. 308. Vgl. außerdem F. RINGLEB: Z. angew. Math. Mech. Bd. 20 (1940) S. 185—198 sowie G. GUDERLEY: Z. angew. Math. Mech. Bd. 22 (1942) S. 121—126.

larität, und zwar senkrecht zu den Rückkehrtangenten der MACH-Kurven.

Eine Grenzlinie wird jeweils von einer der beiden MACH-Kurvenscharen berührt, während die MACH-Kurven der anderen Schar sowie die Stromlinien dort Rückkehrpunkte haben. Von Sonderfällen abgesehen bricht der stetige Strömungsverlauf vor Erreichen der Grenzlinie durch Ausbildung einer Unstetigkeitsfront („Verdichtungsstoß") zusammen; wir werden hierauf im IV. Abschnitt zurückkommen.

Bei der in Fig. 40 dargestellten Wirbelquelle ist der Kreis $r = r^*$ (in Fig. 40 strich-punktiert) die transsonische Kurve und der Kreis $r = r_{min}$ (in Fig. 40 durchgezogen) Grenzlinie. Man verifiziert hier leicht die Aussagen a) und b) über das Verhalten der MACH-Kurven.

Wie in § 13 setzen wir voraus, daß in dem in Frage kommenden Bereich die x, y-Strömungsebene und die u, v-Hodographenebene punkt-

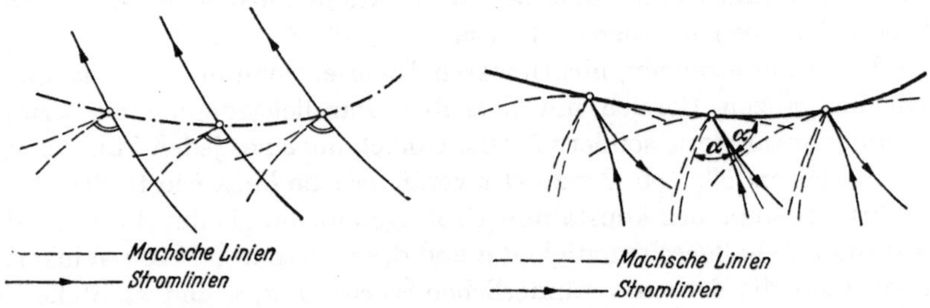

Fig. 42. Transsonische Kurve   Fig. 43. Grenzlinie der isentropischen Strömung

weise umkehrbar eindeutig aufeinander bezogen sind. Dann entspricht dem MACH-Kurvennetz der x, y-Ebene wieder ein Kurvennetz in der u, v-Ebene. Wir bezeichnen es als das MACH-Kurvennetz der u, v-Ebene. Unter einem Kurvennetz verstehen wir wie in Ziff. 8.8 zwei Kurvenscharen folgender Art: Je zwei Kurven derselben Schar haben in dem in Frage kommenden Bereich keinen Punkt gemeinsam, je zwei Kurven verschiedener Scharen schneiden sich in genau einem Punkt, und zwar unter einem von 0 und π verschiedenen Schnittwinkel.

Die lineare Theorie nach Ziff. 8.2 (vgl. Fig. 20), jeweils auf die Umgebung eines Punktes des Strömungsfeldes angewandt, liefert unmittelbar folgenden Satz (Fig. 44):

Der Geschwindigkeitsvektor $\mathfrak{w}$ ändert sich längs einer MACH-Kurve der einen Schar senkrecht zu den MACH-Kurven der anderen Schar. Sind also 1, 2, 3, ... Punkte einer MACH-Kurve der einen Schar in der x, y-Ebene und 1′, 2′, 3′, ... die Bildpunkte auf der entsprechenden MACH-Kurve der u, v-Ebene, so stehen die Tangenten der u, v-MACH-Kurve in den Punkten 1′, 2′, 3′, ... senkrecht auf den Tangenten der MACH-Kurven der anderen Schar in den Punkten 1, 2, 3, ... der x, y-Ebene.

Hieraus ergibt sich für die einander entsprechenden MACH-Netze in der Strömungsebene und der Geschwindigkeitsebene eine einfache geometrische Beziehung („orthogonal reziproke Beziehung"), die auch

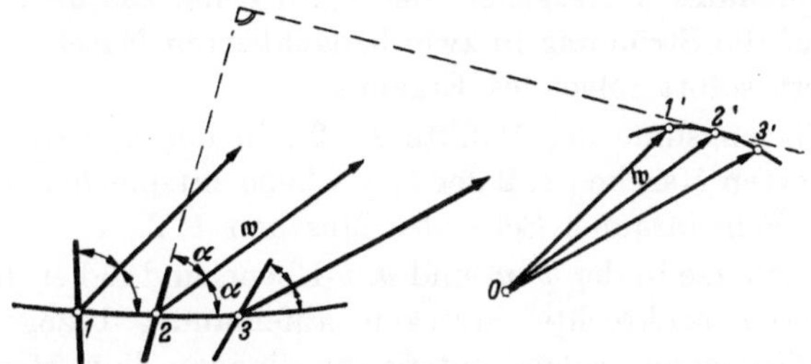

Fig. 44. MACH-Kurve und ihr Bild in der Hodographenebene

sonst bei Fragen der Differentialgeometrie und der Mechanik eine Rolle spielt (Fig. 45):

Jeder Tangente des einen Netzes entspricht eine senkrechte Tangente des anderen Netzes. Die „Längstangenten" einer Kurve des einen Netzes

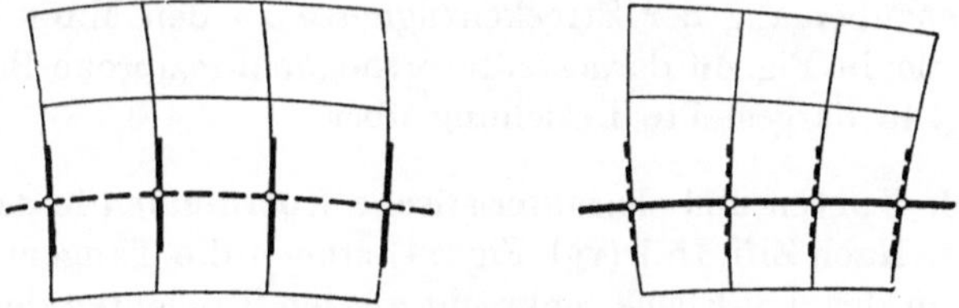

Fig. 45. Orthogonal-reziproke Beziehung zwischen den MACH-Netzen in der Strömungsebene und der Geschwindigkeitsebene

stehen senkrecht auf den „Quertangenten" der Bildkurve im anderen Netz.

Der Übergang von der linearen Theorie zur strengen, nichtlinearen Theorie läßt sich auch folgendermaßen darstellen (Fig. 46):

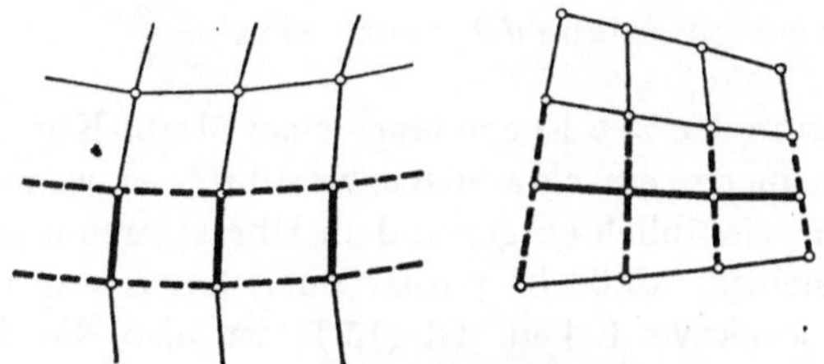

Fig. 46. Orthogonal-reziproke Streckenzugnetze

Wir approximieren die vorliegende Überschallströmung dadurch, daß wir das MACH-Netz der x, y-Ebene durch ein Streckenzugnetz mit viereckigen Maschen und die Strömung in jeder dieser Maschen durch eine

Parallelströmung ersetzen. Jeder Masche 1, 2, 3, ... des Netzes in der x, y-Ebene entspricht hierbei ein Punkt 1', 2', 3', ... in der u, v-Ebene, dem aus Maschen aufgebauten Vierecksnetz der x, y-Ebene also ein aus Punkten aufgebautes Vierecksnetz der u, v-Ebene. Die lineare Theorie, angewandt auf die Strömung in zwei benachbarten Maschen (vgl. etwa Fig. 23), liefert sofort folgendes Ergebnis:

Die Verbindungslinie der Punkte 1', 2', in der u, v-Ebene, welche zwei benachbarten Maschen 1, 2 der x, y-Ebene entsprechen, steht senkrecht auf der gemeinsamen Seite der Maschen 1, 2.

Die Vierecksnetze in der x, y- und u, v-Ebene sind daher durch paarweise zueinander senkrechte Strecken aufeinander bezogen. Jedem Streckenzug des einen Netzes entspricht eine zu ihm streckenweise senkrechte Querseitenfolge des anderen Netzes und jedem Viereck ein zu ihm streckenweise senkrechtes Vierkreuz. Durch Drehung des einen der beiden Netze um $\frac{\pi}{2}$ entsteht die bekannte parallel-reziproke Beziehung der graphischen Statik zwischen Kräfteplan und Lageplan eines ebenen Fachwerks.

Beim Grenzübergang der Streckenzugnetze zu den MACH-Kurvennetzen geht die in Fig. 46 dargestellte orthogonal-reziproke Beziehung in die in Fig. 45 dargestellte Beziehung über.

15.2 Mach-Kurven und charakteristische Koordinaten in der Hodographenebene. Nach Ziff. 15.1 (vgl. Fig. 44) stehen die Tangenten einer MACH-Kurve in der u, v-Ebene senkrecht zu den Tangenten der MACH-Kurven der anderen Schar in der x, y-Ebene. Dieser Sachverhalt drückt sich in den Gln. (8.5), (8.6) der linearen Theorie aus. Setzt man in der dort stehenden Beziehung

$$u' = + \overline{w}\,\Delta\vartheta\,\tan\overline{\alpha}$$

für u', $\overline{w}$, $\Delta\vartheta$ und $\overline{\alpha}$ die Ausdrücke dw, w, $d\vartheta$ und α, so ergibt sich

$$dw = \mp\, w\tan\alpha\,d\vartheta \quad \text{mit} \quad \sin\alpha = \frac{a}{w} \tag{15.1}$$

beim Fortschreiten in der x, y-Ebene längs einer MACH-Kurve unter dem Winkel $\vartheta \mp \alpha$ (also quer zu einer MACH-Kurve mit $\vartheta \pm \alpha$), wenn die positive Zählrichtung für ϑ wie üblich entgegen dem Uhrzeigersinn gewählt wird und man berücksichtigt, daß $\Delta\vartheta$ positiv zu nehmen war für konvexe und negativ für konkave Ecken. Gl. (15.1) ist also die Differentialgleichung für die MACH-Kurven der u, v-Ebene, die den MACH-Kurven mit $\vartheta \mp \alpha$ in der x, y-Ebene entsprechen.

Wir bezeichnen die MACH-Kurven mit $\vartheta - \alpha$ als rechtslaufende und die MACH-Kurven mit $\vartheta + \alpha$ als linkslaufende MACH-Kurven, da sie stromabwärts gegenüber der Stromlinienrichtung nach rechts bzw. links laufen.

Nach Gl. (15.1) gilt dann

$$\cot\alpha\,\frac{dw}{w} \pm d\vartheta = 0 \qquad (15.2)$$

für diejenigen MACH-Kurven der u, v-Ebene, die rechts- bzw. linkslaufenden MACH-Kurven der x, y-Ebene entsprechen.

Da bei vorgegebener Druck-Dichte-Beziehung die Schallgeschwindigkeit a und demnach auch der MACH-Winkel α eine bekannte Funktion des Geschwindigkeitsbetrags w ist, läßt sich die Differentialgleichung (15.2) sogleich integrieren, nämlich

$$\int \cot\alpha\,\frac{dw}{w} \pm \vartheta = \begin{cases} 2\,\lambda = \text{const}, \\ 2\,\mu = \text{const}. \end{cases} \qquad (15.3)$$

Hiermit haben wir ein wichtiges Ergebnis gewonnen:

Während die x, y-MACH-Netze von Strömung zu Strömung verschieden sind und daher jeweils erst aus dem vorliegenden Strömungsfeld ermittelt werden können, ist das u, v-MACH-Netz für alle Überschallströmungen dasselbe und ist durch Gl. (15.3) ein für allemal festgelegt. Dieses unterschiedliche Verhalten hängt, wie wir in Ziff. 15.6 erkennen werden, damit zusammen, daß das Potential in der Strömungsebene einer nichtlinearen, in der Hodographenebene dagegen einer linearen Differentialgleichung genügt (vgl. Ziff. 13.2 und 13.3).

Die MACH-Kurven $\lambda = $ const und $\mu = $ const können als Koordinatenlinien in der Hodographenebene verwendet werden. Anstelle der cartesischen Koordinaten u, v oder der Polarkoordinaten w, ϑ treten dann die „charakteristischen Koordinaten" λ, μ zur Festlegung des Geschwindigkeitsvektors w. Aus den Gln. (15.3) folgt

$$\vartheta = \lambda - \mu, \quad \int \cot\alpha\,\frac{dw}{w} = \lambda + \mu, \quad \text{also} \quad w = w\,(\lambda+\mu). \qquad (15.4)$$

Der Neigungswinkel ϑ des Geschwindigkeitsvektors ist somit gleich der Differenz der charakteristischen Geschwindigkeitskoordinaten, und der Geschwindigkeitsbetrag ist eine (durch die Druck-Dichte-Beziehung $p = p(\varrho)$ festgelegte) Funktion ihrer Summe.

15.3 Anwendung auf vollkommene Gase mit konstanten spezifischen Wärmen; Epizykloiden-Diagramm nach Prandtl und Busemann. Bei vollkommenen Gasen mit konstanten spezifischen Wärmen ist nach Gl. (2.8) unter Berücksichtigung der Gl. (2.10)

$$\cot^2\alpha = \frac{1}{\sin^2\alpha} - 1 = \frac{w^2 - a^2}{a^2} = \frac{w^2 - a^{*2}}{a^{*2} - \dfrac{\gamma - 1}{\gamma + 1}\,w^2} = \frac{M^{*2} - 1}{1 - \dfrac{\gamma - 1}{\gamma + 1}\,M^{*2}}.$$

Nach Einsetzen in Gl. (15.3) kommt

$$\int \sqrt{\frac{M^{*2} - 1}{1 - \dfrac{\gamma - 1}{\gamma + 1}\,M^{*2}}}\;\frac{dM^*}{M^*} \pm \vartheta = \begin{cases} 2\,\lambda \\ 2\,\mu \end{cases}$$

und nach elementarer Ausführung der Quadraturen

$$\left.\begin{array}{c} 2\,\lambda \\ 2\,\mu \end{array}\right\} = \pm\,\vartheta + \frac{1}{2}\,\text{arc cos}\left[\gamma - (\gamma + 1)\,\frac{1}{M^{*\,2}}\right] + \\ + \frac{1}{2}\,\sqrt{\frac{\gamma+1}{\gamma-1}}\,\text{arc cos}\,[\gamma - (\gamma - 1)\,M^{*\,2}] - \frac{\pi}{2}. \tag{15.5}$$

Liegt M^* im Bereich zwischen der kritischen Geschwindigkeit $M^* = 1$ und der Maximalgeschwindigkeit $M^* = \sqrt{\dfrac{\gamma+1}{\gamma-1}}$, so liegen die Argumente der arc cos zwischen -1 und $+1$. Als Funktionswert ist jeweils der Wert im Intervall $(0,\,\pi)$ zu nehmen, also arc cos $(-1) = \pi$, arc cos $(+1) = 0$.

Die Kurven $\lambda = $ const und $\mu = $ const sind Zweige von Epizykloiden, welche den Überschall-Ringbereich $a^* \leqq w \leqq w_{\max}$ der Hodographenebene erfüllen (Fig. 47). Sie entstehen durch Abrollen eines Kreises vom Durchmesser $w_{\max} - a^*$ am Kreis $w = a^*$. Vgl. hierzu auch Ziff. 15.4.

Das in Fig. 47 dargestellte Epizykloiden-Diagramm wurde von PRANDTL und BUSEMANN[1] erstmals angegeben. In diesem Diagramm sind λ und μ nach Gl. (15.5) im Gradmaß geeicht.

Die λ- und μ-Kurven des Diagramms gehen bei Differenzen $\Delta\lambda$ bzw. $\Delta\mu = 1°$ durch Drehungen um jeweils $2°$ auseinander hervor. Sie erzeugen ein krummliniges Vierecksnetz mit Geraden durch den Nullpunkt und konzentrischen Kreisen als Diagonalen. Auf den Radien ($\vartheta = $ const) sind die Differenzen $\lambda - \mu$ und auf den konzentrischen Kreisen ($w = $ const) sind die Summen $\lambda + \mu$ konstant, und zwar ist nach Gl. (15.5):

$$\left.\begin{array}{l} \lambda - \mu = \vartheta, \\[2mm] \lambda + \mu = \dfrac{1}{2}\,\text{arc cos}\left[\gamma - (\gamma + 1)\,\dfrac{1}{M^{*\,2}}\right] + \\[4mm] \qquad + \dfrac{1}{2}\,\sqrt{\dfrac{\gamma+1}{\gamma-1}}\,\text{arc cos}\,[\gamma - (\gamma - 1)M^{*\,2}] - \dfrac{\pi}{2}, \end{array}\right\} \tag{15.6}$$

so daß die Summe $\lambda + \mu$ am inneren Kreis ($w = a^*$, $M^* = 1$) gleich Null ist und am äußeren Kreis $\left(w = w_{\max},\ M^* = \sqrt{\dfrac{\gamma+1}{\gamma-1}}\right)$ den Maximalwert $\dfrac{\pi}{2}\left(\sqrt{\dfrac{\gamma+1}{\gamma-1}} - 1\right)$ erreicht. Längs der Epizykloide $\mu = \mu_0 = $ const besteht nach der ersten Gl. (15.6) die Beziehung

$$\lambda + \mu = \vartheta + 2\,\mu_0 = \vartheta - \vartheta_0, \tag{15.7}$$

wobei $\vartheta_0 = -2\,\mu_0$ nach Gl. (15.5) derjenige Winkel $\vartheta = \vartheta_0$ ist, für den die μ-Kurve zum Wert $\mu = \mu_0$ den inneren Kreis ($M^* = 1$) berührt.

---

[1] PRANDTL, L., u. A. BUSEMANN: Stodola-Festschrift, Zürich 1929, S. 499. Vgl. auch K. OSWATITSCH [7]. Statt λ, μ, ϑ werden dort (die im Gradmaß geeichten) Größen $\lambda' = 600 - \mu$; $\mu' = 400 - \lambda$; $\vartheta' = -\vartheta$ benützt.

Die Differenz $\vartheta - \vartheta_0$ wächst also, vom Werte 0 am inneren Kreis ($M^* = 1$) beginnend, längs der charakteristischen Kurve bis auf den Maximalbetrag

$$\vartheta_{\max} = (\lambda + \mu)_{\max} = \frac{\pi}{2}\left(\sqrt{\frac{\gamma + 1}{\gamma - 1}} - 1\right),$$

$$\text{d. i.} \quad \vartheta_{\max}\,[^\circ] = \left(\sqrt{\frac{\gamma + 1}{\gamma - 1}} - 1\right) \cdot 90^\circ = 129{,}32^\circ \tag{15.8}$$

am äußeren Kreis $\left(M^* = \sqrt{\dfrac{\gamma + 1}{\gamma - 1}}\right)$ an. Dabei ist $\gamma = 1{,}405$ gesetzt.

Die durch das Epizykloiden-Diagramm graphisch dargestellten Beziehungen sind in Zahlentafel 2 zahlenmäßig angegeben. Aus dieser die

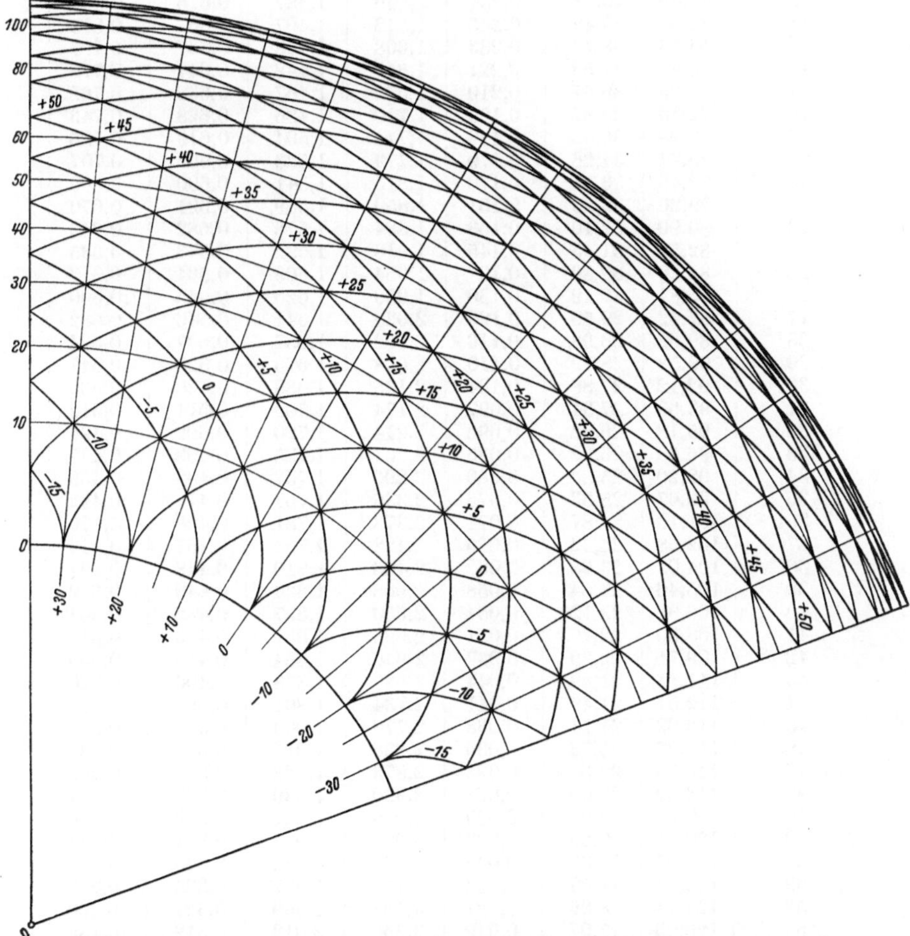

Fig. 47. Charakteristikendiagramm für Luft ($\gamma = 1{,}405$) (nach PRANDTL u. BUSEMANN)

Zahlentafel 2 für Luft ($\gamma = 1,405$).
Strömung mit Überschallgeschwindigkeit

$\vartheta_{(\mu=0)}[°]$ bzw. $\lambda + \mu [°]$	$\omega[°]$	$\alpha[°]$	p/p_0	M	M^*	T/T_0	$\Theta = \dfrac{\varrho\, w}{\varrho^* w^*}$
0	0,00	90,00	0,527	1,000	1,000	0,832	1,000
1	23,72	67,28	0,477	1,084	1,068	0,808	0,994
2	30,04	61,96	0,449	1,133	1,107	0,794	0,986
3	34,82	58,18	0,424	1,178	1,141	0,781	0,976
4	38,88	55,12	0,401	1,220	1,173	0,768	0,965
5	42,34	52,66	0,381	1,258	1,201	0,757	0,953
6	45,42	50,58	0,363	1,295	1,227	0,747	0,940
7	48,30	48,70	0,345	1,332	1,253	0,736	0,926
8	50,93	47,07	0,329	1,366	1,276	0,726	0,912
9	53,46	45,54	0,313	1,401	1,299	0,716	0,897
10	55,84	44,16	0,298	1,435	1,322	0,706	0,882
11	58,16	42,84	0,284	1,470	1,344	0,696	0,865
12	60,38	41,62	0,270	1,505	1,366	0,686	0,849
13	62,49	40,51	0,257	1,539	1,387	0,676	0,832
14	64,52	39,48	0,245	1,572	1,407	0,667	0,815
15	66,53	38,47	0,233	1,608	1,428	0,657	0,797
16	68,47	37,53	0,221	1,641	1,448	0,647	0,779
17	70,33	36,67	0,210	1,675	1,467	0,638	0,762
18	72,18	35,82	0,199	1,710	1,486	0,628	0,743
19	73,98	35,02	0,189	1,744	1,504	0,619	0,725
20	75,74	34,26	0,179	1,779	1,523	0,609	0,707
21	77,49	33,51	0,170	1,815	1,541	0,600	0,689
22	79,20	32,80	0,161	1,850	1,559	0,591	0,670
23	80,90	32,10	0,153	1,884	1,576	0,582	0,653
24	82,55	31,45	0,145	1,918	1,592	0,573	0,635
25	84,20	30,80	0,137	1,954	1,609	0,564	0,617
26	85,81	30,19	0,130	1,989	1,625	0,555	0,600
27	87,42	29,58	0,123	2,025	1,641	0,546	0,582
28	89,02	28,98	0,116	2,062	1,657	0,537	0,564
29	90,58	28,42	0,110	2,098	1,673	0,529	0,547
30	92,12	27,88	0,104	2,135	1,688	0,520	0,530
31	93,66	27,34	0,097	2,174	1,704	0,511	0,512
32	95,18	26,82	0,092	2,214	1,720	0,502	0,494
33	96,68	26,32	0,086	2,251	1,735	0,493	0,477
34	98,20	25,80	0,080	2,296	1,752	0,483	0,459
35	99,67	25,33	0,075	2,339	1,767	0,474	0,442
36	101,13	24,87	0,071	2,378	1,781	0,466	0,426
37	102,58	24,42	0,066	2,422	1,795	0,457	0,410
38	104,02	23,98	0,062	2,466	1,810	0,448	0,394
39	105,46	23,54	0,058	2,508	1,824	0,440	0,379
40	106,88	23,12	0,054	2,550	1,837	0,432	0,364
41	108,30	22,70	0,051	2,595	1,851	0,423	0,349
42	109,71	22,29	0,047	2,640	1,864	0,415	0,335
43	111,11	21,89	0,044	2,689	1,878	0,406	0,320
44	112,51	21,49	0,041	2,734	1,891	0,398	0,306
45	113,89	21,11	0,038	2,778	1,903	0,390	0,294
46	115,27	20,73	0,036	2,826	1,917	0,382	0,281
47	116,63	20,37	0,033	2,873	1,928	0,374	0,269
48	118,00	20,00	0,031	2,920	1,939	0,367	0,257
49	119,36	19,64	0,029	2,968	1,951	0,359	0,246
50	120,71	19,29	0,027	3,021	1,963	0,351	0,234
51	122,07	18,93	0,025	3,074	1,975	0,343	0,222
52	123,41	18,59	0,023	3,131	1,987	0,335	0,211
53	124,74	18,26	0,021	3,188	1,999	0,327	0,200
54	126,03	17,97	0,019	3,350	2,012	0,319	0,188
129,32	219,32	0,00	0,000	∞	2,437	0,000	0,000

Zahlentafel 1 (vgl. Ziff. 2.4) ergänzenden Tabelle kann man in Abhängigkeit von $\lambda + \mu$ den Geschwindigkeitsbetrag (M^* bzw. M), den MACH-Winkel α sowie die bei isentropischer Strömung durch den Geschwindigkeitsbetrag außerdem festgelegten Werte für Druck, Temperatur und Stromdichte entnehmen, also $\frac{p}{p_0}$, $\frac{T}{T_0}$, $\Theta = \frac{\varrho\,w}{\varrho^*\,w^*}$, wobei der Index 0 hier Staupunktwerte kennzeichnet. Es sei für den Gebrauch der Tabelle auch noch darauf hingewiesen, daß $\lambda + \mu$ nach Gl. (15.7) gleichzeitig den Wert des zugehörigen Neigungswinkels ϑ der Geschwindigkeit beim Fortschreiten längs der Epizykloide $\mu = 0$ wiedergibt. Auf die Bedeutung der Spalte ω wird in Ziff. 16.2 eingegangen werden.

15.4 Geometrische Herleitung der Prandtl-Busemannschen Epizykloiden. Die in Ziff. 15.3 durch Integration der Differentialgleichung (15.2) gefundenen Epizykloiden, Gl. (15.5), kann man nach PRANDTL und BUSEMANN auch durch rein geometrische Überlegungen gewinnen:

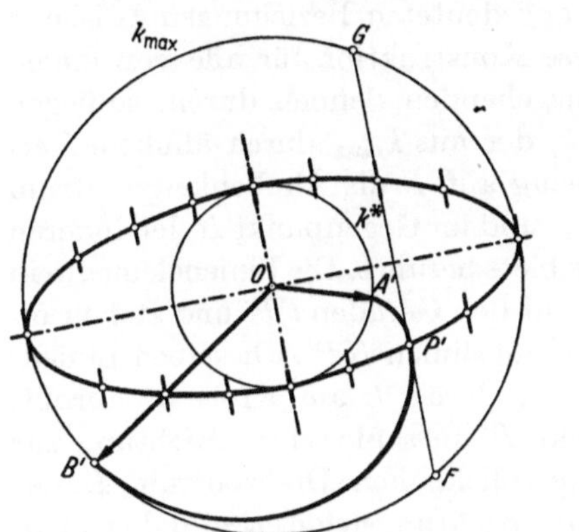

Fig. 48. Richtungsfeld des u, v-MACH-Netzes

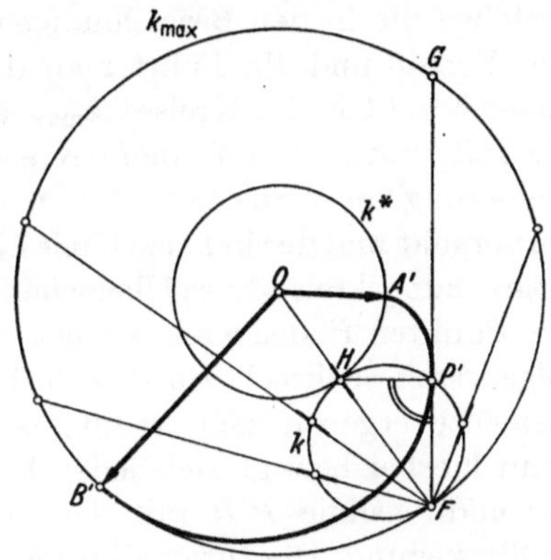

Fig. 49. Erzeugung der u, v-MACH-Kurven als Rollkurven

    a) Gl. (15.2) sagt aus, daß die Tangenten der zu bestimmenden MACH-Kurven der Hodographenebene senkrecht stehen zu den Tangenten der MACH-Kurve der anderen Schar in der x, y-Ebene (vgl. Fig. 44).

    b) In Ziff. 8.2 (vgl. Fig. 21 und 22) wurde die MACH-Ellipse mit den Halbachsen w_{max} und a^* eingeführt. Stellt man diese Ellipse auf einen Punkt P' des Überschall-Ringgebiets der Geschwindigkeitsebene ein, so liegt die große Achse in einer der beiden MACH-Richtungen des Punktes P, der in der x, y-Ebene dem Punkt P' entspricht. Nach a) hat dann die kleine Ellipsenachse die Richtung der einen der durch den Punkt P' der Geschwindigkeitsebene gehenden MACH-Kurven. Dies führt zu folgender Erzeugung des Richtungsfeldes der MACH-Kurven der Geschwindigkeitsebene (Fig. 48):

Die mit Linienelementen parallel zur kleinen Achse „gefiederte" MACH-Ellipse wird um den Nullpunkt der Geschwindigkeitsebene gedreht und erzeugt hierbei in dem ringförmigen Überschallbereich $a^* \leq w \leq w_{max}$ ein Richtungsfeld. Die Integralkurven dieses Richtungsfeldes sind die gesuchten u, v-MACH-Kurven.

Jeder Innenpunkt P' des Überschallbereichs wird zweimal von der MACH-Ellipse erfaßt (vgl. Fig. 22), das Überschallgebiet wird also von dem Richtungsfeld doppelt überdeckt.

c) Das in Absatz b) durch Drehung der mit Linienelementen „gefiederten" MACH-Ellipse erzeugte Richtungsfeld läßt sich auch auf folgende Weise gewinnen (Fig. 49): Man teilt jede Sehne FG des äußeren Begrenzungskreises k_{max} des Überschall-Ringgebiets im konstanten Teilverhältnis

$$FG : FP' = 2\,w_{max} : (w_{max} - a^*) = \tau : 1$$

und ordnet dem Teilpunkt P' die Richtung der Sehne selbst zu. Dann bestehen die in den Bezeichnungen angedeuteten Beziehungen zwischen den Fig. 48 und 49. Führt man diese Konstruktion für alle von einem festen Punkt F des Kreises k_{max} ausgehenden Sehnen durch, so liegen die Teilpunkte P' auf einem Kreis k, der aus k_{max} durch ähnliche Verkleinerung im Verhältnis $\tau : 1$ in bezug auf F als Ähnlichkeitszentrum hervorgeht und der in F den Kreis k_{max} und im Gegenpunkt H den inneren Begrenzungskreis k^* des Überschallgebiets berührt. Die Linienelemente in den Punkten P' des Kreises k liegen auf den Geraden FP' und stehen infolgedessen senkrecht zu den Verbindungslinien HP'. Dieselben Linienelemente ergeben sich, wenn man den Kreis k am Kreis k^* abrollt, denn hierbei bewegt sich jeder Punkt P' in senkrechter Richtung zur Verbindungslinie $P'H$ mit dem augenblicklichen Drehzentrum H der Rollbewegung. Die Integralkurven des Richtungsfeldes sind daher identisch mit den bei der Abrollung von k an k^* von den Punkten P' des abrollenden Kreises k beschriebenen Epizykloiden.

15.5 Konstruktion von Überschallströmungen bei vorgegebenen Anfangsbedingungen. Auf Grund der in Ziff. 15.2 erörterten Beziehungen zwischen der Strömungsebene und der Geschwindigkeitsebene ergibt sich eine sehr einfache Konstruktion zur Ermittlung einer Überschallströmung aus vorgegebenen Anfangsdaten. Wir formulieren die Aufgabe folgendermaßen (Fig. 50):

Längs einer Kurve AB der Strömungsebene wird der Geschwindigkeitsvektor $\mathfrak{w}$ mit $w > a$ vorgegeben. Dadurch sind dann längs AB auch die Winkel $\vartheta \mp \alpha$, also die MACH-Richtungen, bekannt sowie die durch die Gln. (15.3) bzw. (15.5) definierten charakteristischen Geschwindigkeitskoordinaten λ, μ. Wir setzen voraus, daß längs AB an keiner Stelle eine MACH-Richtung mit der Tangentenrichtung der Kurve AB zusammenfällt.

Dieselbe Aufgabe haben wir früher im Rahmen der linearen Theorie erörtert (vgl. Fig. 30). Wir können sie jetzt im Rahmen der nichtlinearen, strengen Theorie fast ebenso einfach erledigen:

Zunächst greifen wir auf der Kurve AB neben den Randpunkten A, B noch eine Reihe von Zwischenpunkten heraus. Die von A, B und diesen Zwischenpunkten ausgehenden MACH-Kurven erzeugen ein aus Dreiecken und Vierecken aufgebautes Netz (vgl. Fig. 50). Da uns, von den Punkten auf der Anfangskurve abgesehen, die Netzpunkte nicht bekannt sind, können wir von diesem Netz vorläufig nur eine schematische Figur entwerfen. Weil nun aber nach Gl. (15.3) λ längs den rechtslaufenden und μ längs den linkslaufenden MACH-Kurven konstant bleibt, liegen in den ihrer Lage nach noch nicht bestimmten Netzpunkten die Wertepaare λ, μ von vornherein fest. So kann z. B. im Punkt P' sofort $\lambda = \lambda_1$ ($\lambda =$ const auf $B'P'$) und $\mu = \mu_2$ ($\mu =$ const auf $A'P'$) eingetragen werden. Hiernach ist dann in jedem Netzpunkt auch $\vartheta = \lambda - \mu$ und $w = w(\lambda + \mu)$ sowie auch der MACH-Winkel $\alpha = \alpha(\lambda + \mu)$ bekannt; die Werte w und α können etwa aus der Zahlentafel 2 (vgl. Ziff. 15.3) entnommen werden. Mit ϑ

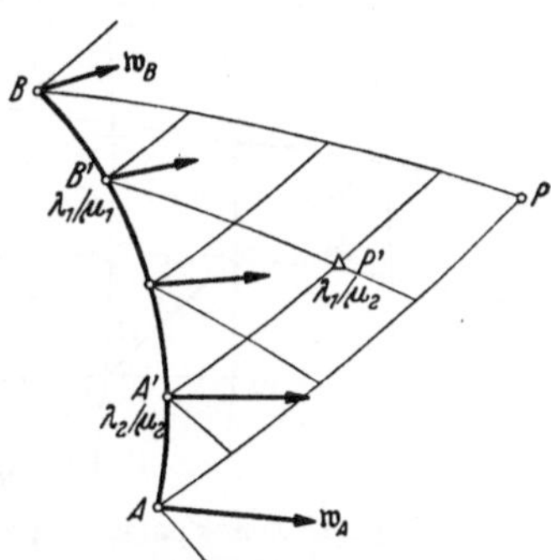

Fig. 50. Konstruktion einer Überschallströmung aus vorgegebenen Anfangsdaten

und α kennt man nun in jedem der Netzpunkte die MACH-Richtungen. Wenn man dann die Sehnenrichtungen des Netzes durch die Mittelwerte der MACH-Richtungen in den Sehnenendpunkten approximiert, kann man die Netzpunkte, mit den Punkten auf der Anfangskurve beginnend, von Punkt zu Punkt schrittweise konstruieren bzw. berechnen.

Vergleicht man diese Konstruktion mit der entsprechenden Konstruktion der linearen Theorie (vgl. Fig. 30), so sieht man, daß die einzige Komplikation in der nach Eintragung der λ, μ-Werte noch erforderlichen Bestimmung der Lage der Netzpunkte besteht. Alle Aussagen der linearen Theorie über den Bestimmtheitsbereich und die Abhängigkeits- und Einflußbereiche (vgl. Fig. 28 und 29) bleiben beim Übergang von der linearen zur strengen Theorie unverändert gültig, wenn man sich auf eine gewisse Umgebung der Ausgangskurve AB beschränkt. Auf die hierbei allerdings erforderlichen Stetigkeits- und Differenzierbarkeitsvoraussetzungen der Anfangsdaten gehen wir nicht ein.

Das hier besprochene numerische Verfahren läßt sich auch als graphisches Verfahren ausbilden und wurde als solches von PRANDTL und BUSEMANN eingeführt. Man bedient sich dann zweckmäßig nach Fig. 46

der Approximation des x, y-MACH-Netzes durch Vierecks- (bzw. Drei-ecks-) Maschen, innerhalb deren die Strömung als Parallelströmung be-trachtet wird. Den Maschen des x, y-MACH-Netzes entsprechen dann Punkte in der u, v-Ebene, und es ergibt sich die in Fig. 46 dargestellte orthogonal-reziproke Beziehung. Die Lösung der oben gestellten An-fangswertaufgabe kann jetzt folgendermaßen geschehen (Fig. 51):

Die Anfangskurve AB wird durch einen Streckenzug und die vor-gegebene kontinuierliche Geschwindigkeitsverteilung längs AB durch eine diskontinuierliche, streckenweise konstante Verteilung ersetzt. Jeder Strecke des Streckenzugs AB wird also ein gewisser Geschwindigkeits-vektor $\mathfrak{w}$ zugeordnet. Durch Übertragung dieser Vektoren in die u, v-

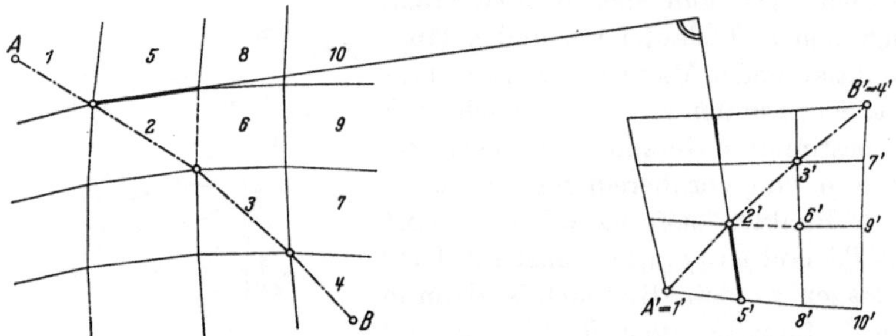

Fig. 51. Konstruktion reziproker Netze aus gegebenen Anfangsbedingungen

Ebene ergibt sich dort ein Streckenzug $A'B'$ (Punkte $1'$ bis $4'$ in Fig. 51). Die von den Punkten des Streckenzuges $A'B'$ ausgehenden MACH-Kurven der u, v-Ebene (Epizykloiden) sind bekannt und bilden ein krummliniges Vierecksnetz über dem Streckenzug $A'B'$ als Diagonal-kurve (Punkte $5'$ bis $10'$ in Fig. 51). Wir ersetzen dieses krummlinige Vierecksnetz durch das Streckenzugnetz der Sehnen und können dann in eindeutiger Weise das im Sinne der Fig. 46 orthogonal-reziproke Netz in der x, y-Ebene ermitteln, ausgehend von dem vorgegebenen Strecken-zug AB.

Man kann zeigen, daß sowohl das numerische wie auch das graphische Verfahren Lösungen liefert, die bei fortgesetzter Verfeinerung der Netze gegen die strenge Lösung des Anfangswertproblems konvergieren. Da sich der Einsatz programmgesteuerter Rechenautomaten mehr und mehr einbürgert, haben heutzutage vor allem die numerischen Methoden prak-tische Bedeutung. Wir werden im folgenden das Charakteristiken-verfahren stets in der numerischen Fassung benützen.

15.6 Zusammenhang mit der Charakteristikentheorie der quasi-linearen hyperbolischen Differentialgleichungen 2. Ordnung. Die im vorangehenden gewonnenen Ergebnisse sollen jetzt in Zusammenhang gebracht werden mit der Charakteristikentheorie der quasilinearen hyperbolischen Differentialgleichungen. Es werden hierdurch die Ausführungen in Ziff. 8.8 über lineare hyperbolische Differentialgleichungen ergänzt.

a) Eine nichtlineare Differentialgleichung zweiter Ordnung heißt quasilinear, wenn sie hinsichtlich der zweiten Ableitungen φ_{xx}, φ_{xy}, φ_{yy}, nicht aber hinsichtlich φ selbst und sämtlicher ersten Ableitungen von φ linear ist. Wir beschränken uns auf die in den zweiten Ableitungen homogene quasilineare Differentialgleichung

$$A(\varphi_x, \varphi_y)\,\varphi_{xx} + 2\,B(\varphi_x, \varphi_y)\,\varphi_{xy} + C(\varphi_x, \varphi_y)\,\varphi_{yy} = 0, \qquad (15.9)$$

wobei wir außerdem voraussetzen, daß die Koeffizienten A, B, C nur von φ_x, φ_y, nicht aber von φ selbst und auch nicht von den unabhängigen Veränderlichen x, y abhängen. Die Potentialgleichung (4.5) und die Stromfunktionsgleichung (5.9) der ebenen wirbelfreien Strömung sind Spezialfälle der Gl. (15.9).

Wie in Ziff. 8.8 unterscheiden wir auch bei den quasilinearen Differentialgleichungen (15.9) durch $AC - B^2 \gtrless 0$ den elliptischen und hyperbolischen Fall. Die Potentialgleichung (4.5) ist wegen

$$AC - B^2 = \left(1 - \frac{u^2}{a^2}\right)\left(1 - \frac{v^2}{a^2}\right) - \frac{u^2 v^2}{a^4} = 1 - \frac{u^2 + v^2}{a^2} = 1 - M^2$$

im Unterschallbereich ($M < 1$) vom elliptischen und im Überschallbereich ($M > 1$) vom hyperbolischen Typus. Dasselbe gilt für die Stromfunktionsgleichung (5.9).

Durch die LEGENDRE-Transformation (13.7), (13.8), (13.10)

$$u = \varphi_x, \quad v = \varphi_y, \quad \Phi = xu + yv - \varphi, \quad x = \Phi_u, \quad y = \Phi_v,$$

die wir in Ziff. 13.3 auf die Potentialgleichung der ebenen isentropischen Strömung anwandten, geht die nichtlineare Differentialgleichung (15.9) über in die lineare Differentialgleichung

$$A(u, v)\,\Phi_{vv} - 2\,B(u, v)\,\Phi_{uv} + C(u, v)\,\Phi_{uu} = 0. \qquad (15.10)$$

Auch durch die MOLENBROEK-Transformation (vgl. Ziff. 13.2) ergab sich in der Hodographenebene eine lineare Differentialgleichung für das Geschwindigkeitspotential, und in analoger Weise erhielten wir durch die MOLENBROEK- und die LEGENDRE-Transformation lineare Differentialgleichungen für die Stromfunktion.

b) Entsprechend Gl. (8.15) definieren wir im hyperbolischen Bereich, auf den wir uns nunmehr beschränken, für die nichtlineare Differentialgleichung (15.9) durch

$$A(\varphi_x, \varphi_y)dy^2 - 2\,B(\varphi_x, \varphi_y)dy\,dx + C(\varphi_x, \varphi_y)dx^2 = 0 \qquad (15.11)$$

charakteristische Richtungen und charakteristische Kurven (Charakteristiken). Während bei der linearen Differentialgleichung (8.14) die Koeffizienten A, B, C Funktionen von x, y sind, hängen sie bei der nichtlinearen Differentialgleichung (15.9) von φ_x, φ_y, also von der gesuchten Lösung $\varphi(x, y)$ ab. Infolgedessen liegen die Charakteristiken einer linearen Differentialgleichung (8.14) ein für allemal fest, bei einer nichtlinearen Differentialgleichung (15.9) dagegen sind sie erst durch die Lösung $\varphi(x, y)$ mitbestimmt, ändern sich also mit den die Lösung festlegenden Anfangs- und Randbedingungen. Die transformierte Differentialgleichung (15.10) ist linear und liefert daher in der u, v-Ebene ein ein für allemal festes Charakteristikennetz, nämlich

$$A(u, v)\,du^2 + 2\,B(u, v)\,du\,dv + C(u, v)\,dv^2 = 0. \qquad (15.12)$$

Aus den Gln. (15.11) und (15.12) ergeben sich in der x, y-Ebene und der u, v-Ebene die charakteristischen Richtungen

$$\left(\frac{dy}{dx}\right)_{1,2} = \frac{1}{A}\left(B \pm \sqrt{B^2 - AC}\right),$$
$$\left(\frac{dv}{du}\right)_{1,2} = \frac{1}{C}\left(-B \mp \sqrt{B^2 - AC}\right) = \frac{A}{-B \pm \sqrt{B^2 - AC}} = -\left(\frac{dx}{dy}\right)_{2,1}. \qquad (15.13)$$

Bei dieser Zuordnung stehen dann die charakteristischen Richtungen 1 bzw. 2 der x, y-Ebene senkrecht auf den charakteristischen Richtungen 2 bzw. 1 der u, v-Ebene.

Bei der Potentialgleichung (4.5) als Spezialfall der nichtlinearen Differentialgleichung (15.9) ergibt sich für die charakteristischen Richtungen

$$\frac{dy}{dx} = \frac{-uv \pm a\sqrt{u^2 + v^2 - a^2}}{a^2 - u^2} = \tan(\vartheta \mp \alpha);$$

hiernach sind die charakteristischen Richtungen mit den MACH-Richtungen, die charakteristischen Kurven also mit den MACH-Kurven identisch. Dasselbe Resultat erhält man bei der Stromfunktionsgleichung (5.9). Die Gln. (15.13) kennzeichnen die orthogonal-reziproke Beziehung der MACH-Netze in der x, y-Ebene und der u, v-Ebene.

c) Für die Festlegung der Lösungen der quasilinearen Differentialgleichung (15.9) gelten sinngemäß die in Ziff. 8.8, Abs. c) für lineare Differentialgleichungen hergeleiteten Sätze; denn die in Fig. 51 angedeutete Konstruktion orthogonal-reziproker Streckenzugnetze gilt nicht nur für den Spezialfall der Potentialgleichung (4.5), sondern für jede quasilineare Differentialgleichung der speziellen Gestalt (15.9). Man kann nämlich zeigen, daß die Zuordnung der Richtungen 1,2 in den Gln. (15.13) bei der Abbildung der x, y-Ebene auf die u, v-Ebene tatsächlich hergestellt wird[1].

15.7 Geradlinige Mach-Netze. Wenn in der orthogonal-reziproken Beziehung der beiden MACH-Netze (vgl. Fig. 45) das eine der beiden Netze nicht aus gekrümmten Linien, sondern aus lauter Geraden be-

---

[1] Eine ausführliche Darstellung der Charakteristikentheorie findet sich z. B. bei R. SAUER: [15] 3. Kap.

steht, dann ist das andere Netz ein Rückungsnetz (Fig. 52). Umgekehrt ist ein zu einem Rückungsnetz orthogonal-reziprokes Netz stets ein Geradennetz. Ein Rückungsnetz ist dadurch gekennzeichnet, daß längs jeder Netzkurve die Quertangenten parallel sind. Es wird daher von zwei Scharen paralleler und kongruenter Kurven erzeugt und jede Netzmasche ist ein (im allgemeinen krummliniges) Parallelogramm mit parallelen kongruenten Kurvenbögen als Gegenseiten.

a) Das u, v-MACH-Netz ist geradlinig im Falle der TSCHAPLIGINschen Druck-Dichte-Beziehung

$$p - \bar{p} = \bar{a}^2 \bar{\varrho}^2 \left(\frac{1}{\bar{\varrho}} - \frac{1}{\varrho} \right). \tag{14.4}$$

Diese Beziehung haben wir schon in Ziff. 14.4 benützt und erhielten dabei in Gl. (14.9) $a^2 = w^2 + \text{const.}$ Wenn man die Konstante wie in

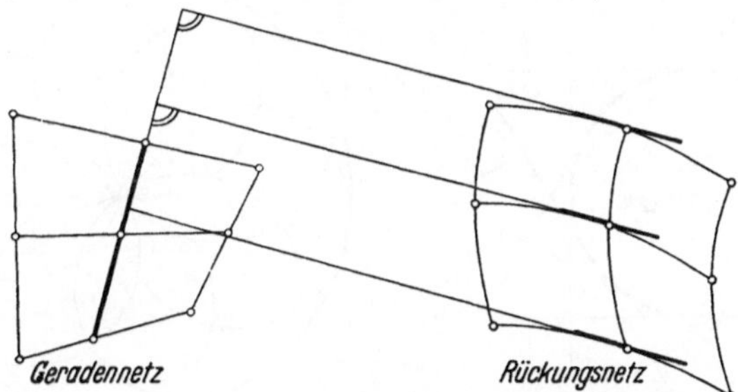

Fig. 52. Geradennetz und orthogonal-reziprokes Rückungsnetz

Ziff. 14.4 positiv ansetzt, ergibt sich eine reine Unterschallströmung, wenn man sie negativ ansetzt, eine reine Überschallströmung. Mit dieser Überschallströmung, bei der also gilt

$$a^2 = w^2 - \bar{a}^{*2} \quad \text{mit} \quad \bar{a}^{*2} \equiv \bar{w}^2 - \bar{a}^2, \tag{15.14}$$

beschäftigen wir uns jetzt. Mit

$$\sin^2 \alpha = \frac{w^2 - \bar{a}^{*2}}{w^2}, \quad \cot^2 \alpha = \frac{\bar{a}^{*2}}{w^2 - \bar{a}^{*2}}$$

liefert Gl. (15.3) für die MACH-Linien der u, v-Ebene nach elementarer Rechnung

$$w \cos(2\lambda - \vartheta) = \bar{a}^*, \quad w \cos(2\mu + \vartheta) = \bar{a}^*. \tag{15.15}$$

Die MACH-Linien der u, v-Ebene sind also in der Tat gerade Linien, nämlich die Tangenten des Kreises $w = \bar{a}^*$. Der Überschallbereich $\bar{a}^* < w < w_{\max}$ entartet hier mit $w_{\max} = \infty$ in den ganzen Außenbereich des Kreises $w = a^*$ (Fig. 53).

Die MACH-Netze in der x, y-Ebene sind hierbei also Rückungsnetze.

b) Das u, v-MACH-Netz ist ein Rückungsnetz im Fall der MUNKschen Druck-Dichte-Beziehung[1]

$$p = A + B \cdot \left[\arctan\left(\frac{\varrho}{\overline{\varrho}}\right) - \frac{\left(\frac{\varrho}{\overline{\varrho}}\right)}{1 + \left(\frac{\varrho}{\overline{\varrho}}\right)^2} \right], \qquad (15.16)$$

wobei $\overline{\varrho}$ eine beliebig fest vorgegebene Bezugsdichte ist. Anstelle der Gl. (15.14) ergibt sich hier

$$a^2 = w^2 \left[1 - \left(\frac{w}{\overline{w}_{\max}}\right)^2 \right] \quad \text{mit} \quad \overline{w}_{\max}^2 \equiv \frac{2B}{\overline{\varrho}}, \qquad (15.17)$$

sofern man die Staupunktdichte $\overline{\varrho}_0 = \infty$ wählt. Letzteres ist ohne Bedeutung, da wir eine Beschreibung wirklicher Strömungen mit Hilfe des

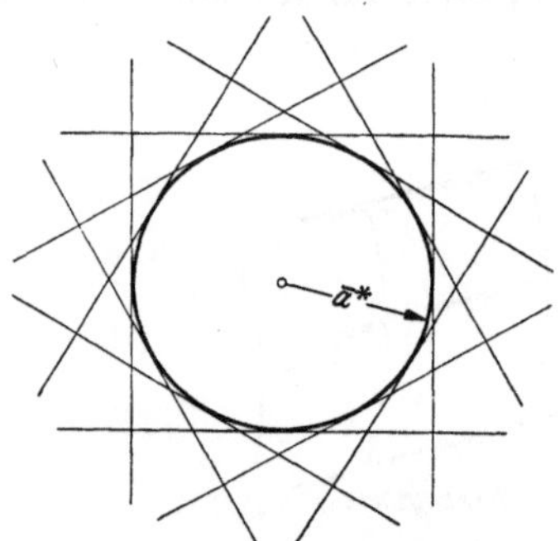

Fig. 53. Geradliniges u, v-MACH-Netz im Fall der TSCHAPLIGINschen Druck-Dichte-Beziehung

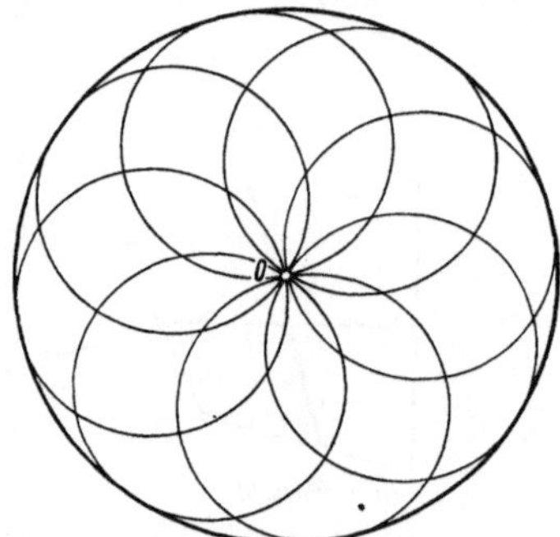

Fig. 54. u, v-Netz als Rückungsnetz im Fall der MUNKschen Druck-Dichte-Beziehung

hier besprochenen Charakteristikenverfahrens sowieso nur im Überschallgebiet erwarten können, wo also die Betrachtung von Staupunkten ausgeschlossen ist.

Die MACH-Linien der u, v-Ebene sind die durch den Nullpunkt O gehenden Kreise mit dem Durchmesser $\overline{w}_{\max}$ (Fig. 54). Man überzeugt sich leicht, daß diese Kreise in der Tat ein Rückungsnetz erzeugen. Der Überschallbereich ist hier das Kreisinnere $w < \overline{w}_{\max}$. Die MACH-Netze in der x, y-Ebene sind Geradennetze.

§ 16. Beispiele ebener wirbelfreier Überschallströmungen

16.1 Strömung mit einseitiger Wand. Eine Strömung sei auf der einen Seite durch eine feste Wand begrenzt und erstrecke sich auf der anderen Seite ins Unendliche. Die Wand sei zunächst geradlinig, so daß die Strömung von ihr nicht beeinflußt wird. Im weiteren Verlauf sei sie

---

[1] MUNK, M.: J. Appl. Phys., April 1949, S. 302—305.

gekrümmt. Sie bewirkt dann, je nachdem die konvexe oder konkave Seite der Strömung zugewandt ist, eine Verdünnungsströmung (Fig. 55) mit zunehmender oder eine Verdichtungsströmung (Fig. 56) mit abnehmender Geschwindigkeit. Schließlich soll die Wand wieder gerad-

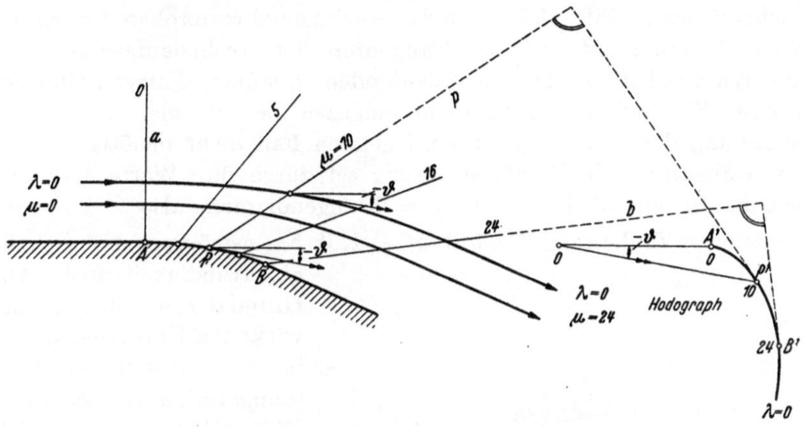

Fig. 55. Verdünnungsströmung mit einseitiger Wand

linig verlaufen. Der gekrümmte Wandteil soll an seinen beiden Enden A, B tangential in den geradlinigen übergehen.

Solange es sich um Überschallgeschwindigkeiten handelt, kann die Wand so umströmt werden, daß der ankommende Parallelstrom bis an die von A stromabwärts laufende gerade MACH-Linie a ungestört bleibt und von der von B stromabwärts laufenden geraden MACH-Linie b an wieder als Parallelstrom weiterläuft. Längs den zwischen a und b stromabwärts laufenden ebenfalls geraden MACH-Linien ist die Strömung

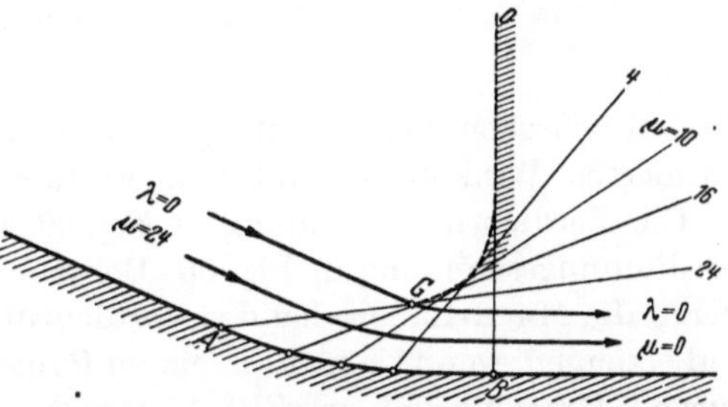

Fig. 56. Verdichtungsströmung mit einseitiger Wand

keine Parallelströmung, jedoch ist die Strömungsgeschwindigkeit längs jeder dieser MACH-Linien nach Größe und Richtung konstant. Jede der MACH-Linien schneidet also die Stromlinien unter jeweils konstantem Winkel. Alle Punkte x, y längs einer MACH-Linie sind demnach ein und demselben Punkt u, v der Hodographenebene zugeordnet (z. B. in Fig. 55 die MACH-Linien a, b, p den Punkten A', B', P') und das ganze zweidimensionale Strömungsfeld der x, y-Ebene hat als Bild in der Geschwindigkeitsebene nicht wieder einen zweidimensionalen Bereich, sondern ein eindimensionales Gebilde (in Fig. 55 die Kurve $A'\,P'\,B'$). Die Abbildung der x, y-Ebene auf die u, v-Ebene ist sonach nicht umkehrbar eindeutig, das u, v-MACH-Netz entartet in eine einzige u, v-MACH-Kurve (Epizykloidenbogen). In Fig. 55 sind die von dem gekrümmten Wandteil stromabwärts laufenden x, y-MACH-Linien linkslaufend. Entsprechend der in Ziff. 15.1 erörterten orthogonal-reziproken Beziehung stehen sie senkrecht auf den Tangenten der (rechtslaufenden) u, v-MACH-Kurve $A'\,P'\,B'$. Die rechtslaufenden x, y-MACH-Kurven sind gekrümmt. Sie sind in Fig. 55 nicht eingezeichnet, da man sie für die Berechnung der Strömung im vorliegenden Fall nicht benötigt.

Die ankommende Parallelströmung sei durch ihre Werte λ, μ vorgegeben. In Fig. 55 ist $\lambda = 0$, $\mu = 0$ angenommen, also $\lambda + \mu = 0$, woraus nach Zahlentafel 2 sofort $\overline{M} = 1$, d. h. Anströmung mit Schallgeschwindigkeit, folgt. Auf Grund der in Ziff. 15.5 entwickelten Konstruktion ist im ganzen weiteren Strömungsverlauf $\lambda = \mathrm{const} = 0$. Die μ-Werte ändern sich zwischen a und b von MACH-Linie zu MACH-Linie und sind für jede MACH-Linie p durch den Tangentenwinkel ϑ der Wand im Punkt P bestimmt auf Grund der Beziehung (15.6)

$$\vartheta = \lambda - \mu = 0 - \mu.$$

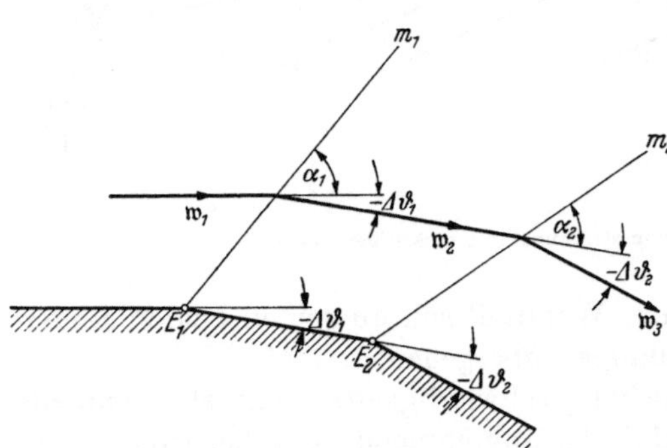

Fig. 57. Wiederholte Ablenkung einer Parallelströmung an einer Folge flacher Ecken

Der Winkel zwischen den Wandtangenten in A und B darf den in Gl. (15.8) definierten Winkel $\vartheta_{\max}$ nicht überschreiten.

Die Verdichtungsströmung in Fig. 56 wird ebenso ermittelt wie die Verdünnungsströmung in Fig. 55. Bei der Verdünnungsströmung divergieren die MACH-Linien, bei der Verdichtungsströmung konvergieren sie und erzeugen, wenn sie nicht in einem Punkt zusammenlaufen, eine Hüllkurve („Grenzkurve“, vgl. Ziff. 15.1, insbesondere Fig. 43). Die in Fig. 56 dargestellte Verdichtungsströmung ist demnach nur bis an die durch den Anfangspunkt G der Grenzkurve laufende Stromlinie physikalisch realisierbar.

Man kann die hier behandelten Strömungen auch sehr anschaulich aus der linearisierten Theorie durch einen Grenzprozeß gewinnen: Wir ersetzen die gekrümmte Wand durch einen Streckenzug und wenden auf jede der hierbei auftretenden flachen Ecken die lineare Theorie von Ziff. 8.3 an (Fig. 57). An der Ecke E_1 nehmen wir $\mathfrak{w}_1$ als Grundströmung und erhalten hierzu nach Ziff. 8.3 die MACH-Linie m_1, die mit $\mathfrak{w}_1$ den

Mach-Winkel α_1 bildet, und die um den Winkel $\Delta\vartheta_1$ abgelenkte Parallelströmung $\mathfrak{w}_2$. An der Ecke E_2 nehmen wir dann $\mathfrak{w}_2$ als Grundströmung und erhalten die Mach-Linie m_2, die mit $\mathfrak{w}_2$ den Winkel α_2 bildet, und die um den Winkel $\Delta\vartheta_2$ abermals abgelenkte Parallelströmung $\mathfrak{w}_3$ usf. Wir wenden also die lineare Theorie nicht wie in § 8 (vgl. insbesondere Fig. 26) global, d. h. durchweg mit derselben Grundströmung $\overline{\mathfrak{w}}$, sondern jeweils lokal an, d. h. bei jeder Ecke mit der vorangehenden Parallelströmung als neuer Grundströmung. Beim Grenzübergang vom Streckenzug zur gekrümmten Wand konvergiert dann die aus einer Folge von Parallelströmungen zusammengesetzte Strömung zu der vorher behandelten kontinuierlichen Strömung.

16.2 Verdünnungsströmung an einer konvexen Ecke. Wenn man in Ziff. 16.1 den gekrümmten Wandteil APB in einen Punkt E degene-

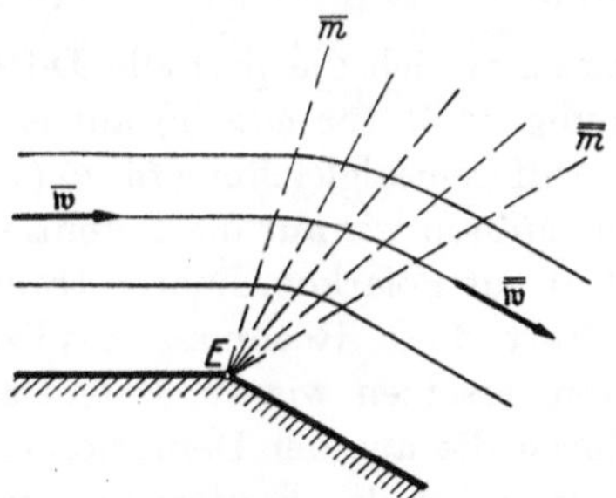

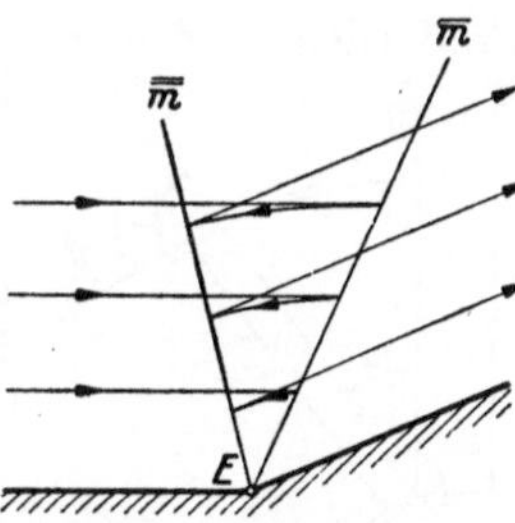

Fig. 58. Verdünnungsfächer an einer konvexen Ecke

Fig. 59. Physikalisch nicht realisierbarer Verdichtungsfächer an einer konkaven Ecke

rieren läßt, entartet die in Fig. 55 dargestellte Verdünnungsströmung zu einem „Verdünnungsfächer" (Fig. 58) und die Verdichtungsströmung von Fig. 56 in einen „Verdichtungsfächer" (Fig. 59). Der Verdichtungsfächer ist offenbar physikalisch nicht realisierbar, da die Stromlinien von $\overline{m}$ nach $\overline{\overline{m}}$ in die ankommende Parallelströmung zurücklaufen und an $\overline{\overline{m}}$ dann wieder umkehren. Man kann dies auch so ausdrücken: Bei der Entartung der Verdichtungsströmung von Fig. 56 zum Verdichtungsfächer rückt der Anfangspunkt G der Grenzkurve bis an die Wand, nämlich in die Ecke E vor.

Der Verdünnungsfächer wurde als erstes Beispiel einer nichtlinearisierten Überschallströmung erstmals von Th. Meyer[1] behandelt und wird oft als Meyersche Eckenströmung bezeichnet. Wie die Strömung längs einer gekrümmten Wand bewirkt auch die Eckenströmung die Ablenkung eines Parallelstroms in einen Parallelstrom anderer Richtung. Die Ablenkung kann nicht beliebig weit getrieben werden, sondern nach Ziff. 15.3 nur bis zu einem maximalen Ablenkungswinkel $\vartheta_{\max}$. Nach

---

[1] Meyer, Th.: Diss. Göttingen 1908.

Gl. (15.8) ergibt sich für vollkommene Gase mit $\gamma = 1{,}405$ der Wert $\vartheta_{\max} \approx 129{,}32\ [°]$.

Unabhängig von der allgemeinen Theorie von § 15, die wir in Ziff. 16.1 verwendeten, kann man die MEYERsche Eckenströmung auch unmittelbar durch Integration der nichtlinearen Potentialgleichung gewinnen:

Wir führen Polarkoordinaten r, ω mit E als Nullpunkt ein (Fig. 60). Dabei sei ω im Gegensatz zu ϑ im Uhrzeigersinn gezählt. Da der Geschwindigkeitsvektor $\mathfrak{w}$ längs jeder Geraden durch E konstant sein soll, müssen die Geschwindigkeitskomponenten u, v in Richtung der Radien und senkrecht zu ihnen Funktionen von ω allein sein, also

$$u(\omega) = \varphi_r, \quad v(\omega) = \frac{1}{r}\,\varphi_\omega. \tag{16.1}$$

Für das Potential kann man dann durch den Ansatz

$$\varphi(r,\,\omega) = r\,\Phi(\omega) \tag{16.2}$$

die Veränderlichen trennen. Dadurch reduziert sich die partielle Differentialgleichung (4.5) für $\varphi(x,\,y)$ auf eine gewöhnliche Differentialgleichung für $\Phi(\omega)$.

Zunächst müßten wir nur die Potentialgleichung (4.5) auf Polarkoordinaten transformieren. Statt diese Rechnung explizit durchzuführen, ersetzen wir die Potentialgleichung durch die aus der Definition des MACH-Winkels folgende Forderung, daß die Geschwindigkeitskomponente v senkrecht zu einer MACH-Richtung stets gleich der Schallgeschwindigkeit a ist. Im vorliegenden Fall sind die Geraden durch den Nullpunkt E MACH-Linien, und es ist daher

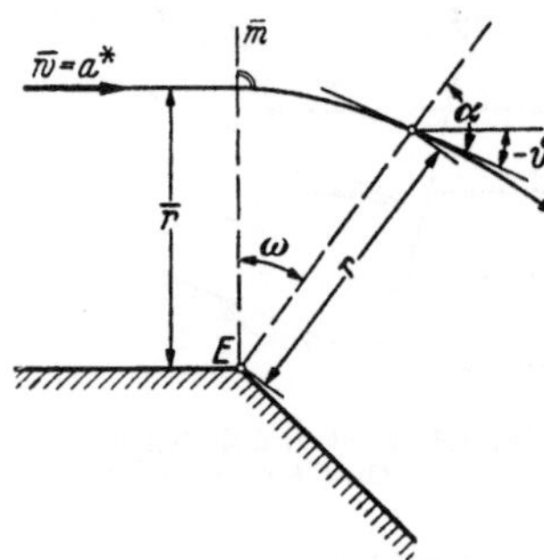

Fig. 60. Erläuterung der Bezeichnungen

$$v = \frac{1}{r}\,\varphi_\omega = a. \tag{16.3}$$

Unter Berücksichtigung von Gl. (2.8) folgt hieraus

$$\frac{1}{r^2}\,\varphi_\omega^2 = \frac{\gamma - 1}{2}\left[w_{\max}^2 - \varphi_r^2 - \frac{1}{r^2}\,\varphi_\omega^2\right].$$

Nach Einsetzen von Gl. (16.2) ergibt sich die gewöhnliche Differentialgleichung erster Ordnung

$$\frac{\gamma + 1}{\gamma - 1}\,\Phi'^2 + \Phi^2 = w_{\max}^2; \tag{16.4}$$

der Strich bedeutet Ableitung nach ω.

Gl. (16.4) hat die partikuläre Lösung

$$\Phi = w_{\max}\cdot\sin\left(\sqrt{\frac{\gamma - 1}{\gamma + 1}}\,\omega\right),$$

woraus nach Gl. (16.2) für das Potential

$$\varphi\,(r,\,\omega) = w_{\mathrm{max}} \cdot \sin\left(\sqrt{\frac{\gamma-1}{\gamma+1}}\,\omega\right)$$

und auf Grund der Gln. (16.1) für die Geschwindigkeit

$$u = w_{\mathrm{max}}\sin\left(\sqrt{\frac{\gamma-1}{\gamma+1}}\,\omega\right),\quad v = a^{*}\cos\left(\sqrt{\frac{\gamma-1}{\gamma+1}}\,\omega\right) \qquad (16.5)$$

folgt. Dabei ist ω also im Uhrzeigersinn positiv gezählt.

Die durch Gl. (16.5) gegebene Strömung beginnt bei $\omega = 0$ mit $u = 0$, $v = a^{*}$. Sie entsteht also aus einem Parallelstrom wie in Fig. 58, der aber Schallgeschwindigkeit hat.

Der MACH-Winkel α ist durch

$$\tan\alpha = \frac{v}{u} = \sqrt{\frac{\gamma-1}{\gamma+1}}\,\cot\left(\sqrt{\frac{\gamma-1}{\gamma+1}}\,\omega\right) \qquad (16.6)$$

bestimmt, woraus dann auch der Neigungswinkel der Stromlinien $-\vartheta = \omega + \alpha - \frac{\pi}{2}$ (vgl. Fig. 60) berechnet werden kann. In Zahlentafel 2 ist zu jedem $|\vartheta|$ der zugehörige Wert von ω angegeben. Für den Druck ergibt sich aus Gl. (2.21)

$$\frac{p}{p_0} = \left[\frac{2}{\gamma+1}\cos^2\left(\sqrt{\frac{\gamma-1}{\gamma+1}}\,\omega\right)\right]^{\frac{\gamma}{\gamma-1}}. \qquad (16.7)$$

Nachträglich kann man natürlich die Verdünnung statt an $\overline{m}$ auch an irgendeiner stromabwärts von $\overline{m}$ liegenden MACH-Linie beginnen lassen (sofern man $\overline{\vartheta}$ gleich dem ϑ der dortigen Stromlinie macht), was einer Anströmgeschwindigkeit $\overline{w} > a^{*}$ entspricht.

16.3 Strömung mit beidseitigen Wänden (Düsenströmung). Wir gehen nun zu Überschallströmungen über, die auf beiden Seiten von festen Wänden begrenzt sind. Solche Strömungen treten im Überschallteil der LAVAL-Düsen auf und sind daher von großer praktischer Bedeutung. In Ziff. 3.2 haben wir die Strömung in LAVAL-Düsen in der eindimensionalen Stromröhrennäherung behandelt. Jetzt sind wir imstande, die zweidimensionale Strömung im Überschallteil mit Hilfe des Charakteristikenverfahrens streng zu behandeln. Wie man hierfür die erforderlichen Anfangsdaten längs einer Kurve stromabwärts vom engsten Querschnitt erhält, wurde in § 12 erörtert.

Da es auf diese speziellen Anfangsdaten hier nicht ankommt, gehen wir von einem parallelen Überschallstrom aus ($\lambda = 5°$, $\mu = 5°$) und berechnen für beidseitig vorgegebene Wände den weiteren Verlauf des Strömungsfeldes (Fig. 61).

Die ankommende Parallelströmung bleibt ungestört bis an die geradlinigen MACH-Linien AC und CB. Wären — wie bei der Konstruktion der LAVAL-Düsen — längs einer die Punkte A und B verbindenden Kurve k von Punkt zu Punkt sich ändernde Strömungsgeschwindigkeiten als Anfangsdaten vorgegeben, so hätte man die Strömung in dem Bestimmtheitsbereich ACB nach Ziff. 15.5 zu berechnen; die MACH-Linien wären dann i. allg. nicht geradlinig.

Wir verfahren nun weiter nach Ziff. 15.5 und denken uns zunächst im Anschluß an die MACH-Linien AC und BC ein schematisches MACH-Netz gezeichnet. Auf den von AC ausgehenden linkslaufenden MACH-Linien sind dann die μ-Werte von AC her bekannt, auf den von CB ausgehenden rechtslaufenden MACH-Linien sind in analoger Weise die λ-Werte bekannt. In den Punkten, in denen diese links- bzw. rechtslaufenden MACH-Linien die Wände treffen, ist durch die Wandneigung

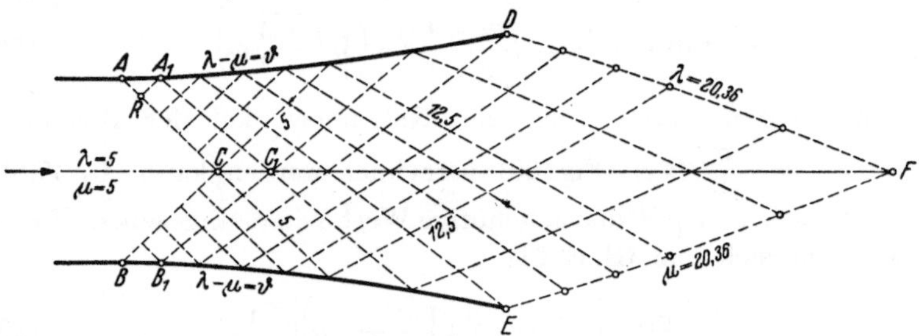

Fig. 61. Überschallströmung in einer ebenen Düse

zu dem bereits vorliegenden μ-Wert auch der λ-Wert bzw. zu dem bereits vorliegenden λ-Wert auch der μ-Wert auf Grund der ersten der Relationen (15.4)

$$\lambda - \mu = \vartheta$$

festgelegt. Allerdings ist zunächst noch nicht der Ort A_1 bekannt, in dem die vom randnächsten seiner Lage nach noch bekannten Maschenpunkt R ausgehende μ-Charakteristik den Rand trifft. Also kennt man bei gekrümmtem Rand auch die dortige Neigung nicht, so daß man in das schematische MACH-Netz die weiteren λ, μ-Werte noch nicht eintragen kann.

Zu R sollen die Werte λ_R, μ gehören. Dann gehören zu A_1 die Werte λ, μ, wobei λ noch unbekannt ist. Nach Ziff. 15.5 müßte man der Sehne RA_1 diejenige Richtung geben, die sich als MACH-Richtung zu dem Wertepaar $\dfrac{\lambda_R + \lambda}{2}, \mu$ ergibt. Da aber λ noch nicht bekannt ist, bestimmt man statt dessen zunächst die Sehnenrichtung RA_1 aus λ_R, μ. Der Schnittpunkt dieser Sehne mit der vorgegebenen Randkurve liefert nach Gl. (15.4) einen ersten Näherungswert λ' für λ. Wiederholt man die Konstruktion der Sehne RA_1, indem man ihr nun die MACH-Richtung zu

$\dfrac{\lambda_R + \lambda'}{2}$, μ gibt, so findet man eine zweite Näherung λ'' für λ und so fort, bis man den Ort A_1 und den zugehörigen λ-Wert genügend genau kennt.

Nun hat man also den λ-Wert der von A_1 ausgehenden λ-Charakteristik. Ebenso verfährt man bei der Bestimmung von B_1 und dem zugehörigen μ. Dann kann man nach Ziff. 15.5 das MACH-Netz bis zur Grenze $A_1 C_1 B_1$ ermitteln. Ebenso wie vorher die Anfangsdaten längs ACB gegeben waren, sind sie nun längs $A_1 C_1 B_1$ bekannt, und wir können das Verfahren so lange wiederholen, bis wir die Strömung im ganzen Bereich zwischen den bis D und E vorgegebenen Wänden und den Charakteristiken DF und EF kennen.

Die Reflexion der MACH-Linien an den Wänden verdeutlicht Fig. 62: Längs der rechtslaufenden MACH-Linie 12 ändert sich die λ, μ-Summe von $\lambda + \mu$ auf $\lambda + \mu + \varepsilon$, also um ε. Längs der linkslaufenden MACH-Linie 23 ändert sich die Summe um denselben Wert ε, nämlich von $\lambda + \mu + \varepsilon$ auf $\lambda + \varepsilon + \mu + \varepsilon = \lambda + \mu + 2\varepsilon$. Dabei ist vorausgesetzt, daß die Wand von 1 bis 2 geradlinig ist. Wenn die λ, μ-Summe stromabwärts längs einer MACH-Linie der einen Schar wächst (bzw. fällt), ist die MACH-Linie der anderen Schar eine Verdünnungslinie (bzw. Verdichtungslinie), denn wie man aus dem Charakteristikendiagramm (Fig. 47) sieht,

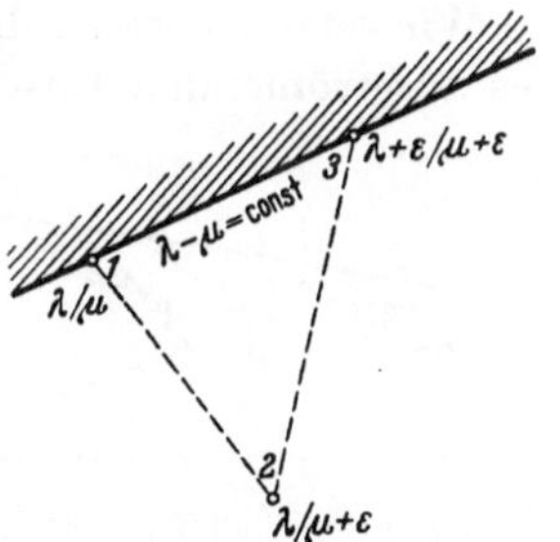

Fig. 62. Reflexion der MACH-Linien an einer festen Wand

wächst (sinkt) dabei der Wert von w und damit fällt (wächst) nach Gl. (2.4) der Druck p. Aus Fig. 62 entnimmt man also folgenden Satz:

An einer festen Wand werden Verdünnungslinien wieder als Verdünnungslinien und Verdichtungslinien wieder als Verdichtungslinien reflektiert.

Wie in der linearen Theorie (vgl. Schlußabsatz von Ziff. 8.3) werden wir auch hier Verdichtungslinien durch ausgezogene und Verdünnungslinien durch gestrichelte Linien darstellen.

Eine LAVAL-Düse soll schließlich einen Parallelstrahl liefern. Infolgedessen muß der letzte Teil der Wand so geformt werden, daß die längs DF und EF noch nicht parallele Strömung in einen Parallelstrom mit konstanter Geschwindigkeit verwandelt wird, und zwar soll die in F erreichte Geschwindigkeit $\lambda_F = 20{,}36°$, $\mu_F = 20{,}36°$ die Geschwindigkeit des Parallelstrahls sein (Fig. 63). Die Konstruktion verläuft folgendermaßen:

Wir verlangen, daß in dem Bereich FDP, der von den linkslaufenden, von DF ausgehenden MACH-Linien überdeckt wird, $\lambda = \mathrm{const} = \lambda_F = 20{,}36°$ sei. Ebenso setzen wir im Bereich FEQ $\mu = \mathrm{const} = \mu_F = 20{,}36°$

fest. Dann sind im Bereich FDP die linkslaufenden, im Bereich FEQ die rechtslaufenden Mach-Linien geradlinig und ihre Richtungen sind durch die λ, μ-Verteilung längs DF bzw. EF bestimmt. Längs dieser Mach-Linien ist dann jeweils auch $\vartheta = \lambda - \mu$ bekannt. Die Wand kann somit als Integralkurve des ϑ-Richtungsfeldes vom Punkt D bzw. E an berechnet werden.

16.4 Austritt eines Überschall-Parallelstrahls aus einer ebenen Düse gegen Unterdruck. An Stelle der Strömung zwischen festen Wänden soll jetzt eine Strömung im freien Strahl untersucht werden. Anstelle der Randbedingung $\lambda - \mu = \vartheta$ an den festen Wänden tritt dann an der freien Strahloberfläche die Randbedingung $\bar{p} = $ const, welche nach den Gln. (15.4) und (2.4) mit $\lambda + \mu = $ const (vgl. Zahlentafel 2) gleichwertig ist.

Wir setzen voraus, daß der Außendruck $\bar{p}$ kleiner ist als der Druck des ausströmenden Gases, daß also zunächst Verdünnungen auftreten.

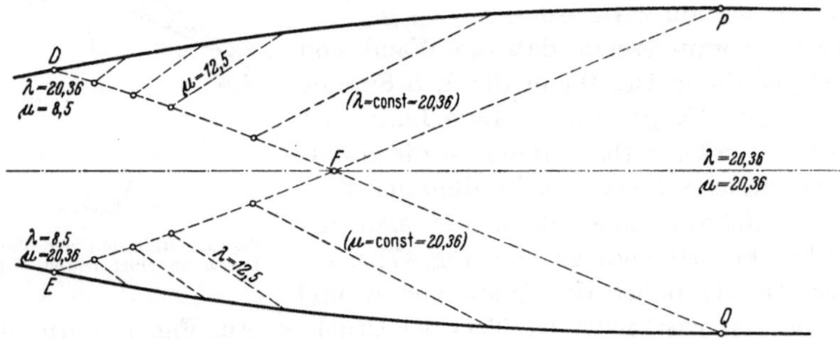

Fig. 63. Ergänzung einer ebenen Düse auf paralleles Ausströmen

Über den komplizierteren Fall der Ausströmung gegen Überdruck, die mit Verdichtungsstößen an der Düsenmündung beginnt, vgl. Ziff. 22.7.

Die Berechnung verläuft folgendermaßen (Fig. 64): Die Strömung soll wieder als Überschall-Parallelstrom beginnen ($\lambda = 5°$, $\mu = 5°$) und verläuft bis an die Punkte A, B zwischen festen Wänden. Sie bleibt ungestört bis an die Mach-Linien AC und BC. An den Ecken A und B treten Verdünnungsfächer (vgl. Ziff. 16.2) auf, durch welche der Parallelstrom soweit abgelenkt wird, bis der durch $\bar{p}$ festgelegte Wert $\lambda + \mu = 26°$ erreicht ist. In den Dreiecken AUD und BVE besteht dann wieder Parallelströmung, und zwar ist $\lambda = 21°$, $\mu = 5°$ bzw. $\lambda = 5°$, $\mu = 21°$. In dem Bereich $CUFV$ überlagern sich die beiden Verdünnungsfächer. Die λ, μ-Verteilung ist durch die Verdünnungsfächer gegeben, die Berechnung der Mach-Richtungen und Netzpunkte erfolgt nach Ziff. 15.5. Natürlich sind in dem Überlagerungsbereich die Mach-Linien nicht mehr geradlinig. Sie sind jedoch wieder geradlinig in den Gebieten $UDRF$ und

VESF nach dem Durchlaufen des Überlagerungsbereichs. Im Viereck
FRTS herrscht wieder Parallelströmung mit $\vartheta = 0$. In den Gebieten
DRP und *ESQ*, in denen die MACH-Linien von neuem gekrümmt sind,
erfolgt die Konstruktion ähnlich wie bei der Reflexion an festen Wänden,
lediglich mit dem Unterschied, daß die ortsabhängige Randbedingung
$\lambda - \mu = \vartheta$ durch die ortsunabhängige Randbedingung $\lambda + \mu = 26°$ zu

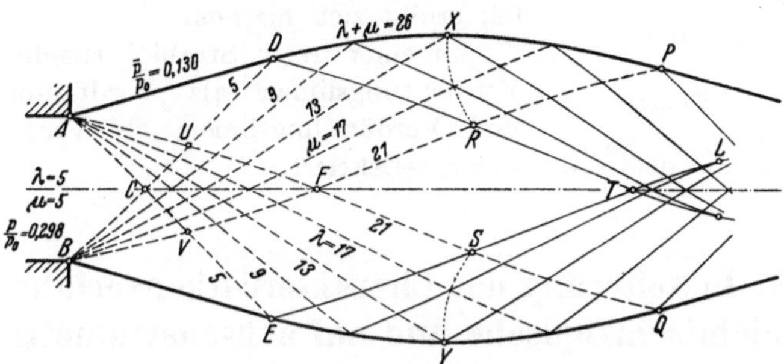

Fig. 64. Austritt eines Überschall-Parallelstrahls aus einer ebenen Düse gegen Unterdruck

ersetzen ist, so daß hier also in das schematische MACH-Netz nach
Ziff. 15.5 die λ- und μ-Werte sofort eingetragen werden können, auch
wenn man die genaue Lage der Strahlgrenze und der einzelnen Netzpunkte noch nicht kennt.

Setzt man die Konstruktion in derselben Weise fort, so ergibt sich
der aus Fig. 64 ersichtliche Verlauf. Die punktierten Kurven *RX* und *SY*
(die bei *X* und *Y* Tangenten mit senkrechter Neigung gegenüber $\vartheta = 0$
besitzen) sind die Linien, auf denen jeweils die Stromrichtung $\vartheta = 0$
ist. Mit unseren bisherigen Mitteln kann die Konstruktion nur so lange
fortgesetzt werden, als keine Überschneidungen *L* von Charakteristiken
einer Schar untereinander auftreten, was einem später zu behandelnden
Verdichtungsstoß entspricht. Anhand der betreffenden λ- und μ-Werte
überlegt man sich leicht, daß z. B. die von *P* ausgehende λ-Charakteristik
der in *D* die Strahloberfläche treffenden μ-Charakteristik in der Weise
entspricht, daß ihre Neigungswinkel gegen die Achse $\vartheta = 0$ entgegengesetzt gleich sind. In derselben Weise entsprechen sich (bis zum Auftreten der Stöße) alle Teile des Charakteristikennetzes rechts und links
der Linie *XRSY*, sofern man zu jeder die Linien *RX* bzw *SY* schnei-
denden Charakteristik der einen Schar auch die durch den Schnittpunkt gehende der anderen Schar eingezeichnet hat. Man kann so leicht
einsehen, daß im Falle schwacher Druckdifferenzen, wenn also die
Kurven *RX* und *SY* annähernd mit der Geraden durch *RS* zusammenfallen, die MACH-Netze rechts und links dieser Geraden spiegelsymme-
trisch sind. In diesem Falle ergeben sich rechts insbesondere die Spiegel-

bilder zu A und B, von wo ab sich wieder der gleiche Strömungsverlauf wie von A, B aus periodisch wiederholt.

Die Reflexion der MACH-Linien an einer freien Strahloberfläche verdeutlicht Fig. 65: Längs der rechtslaufenden MACH-Linie 13 ändert sich die λ, μ-Summe um $+\varepsilon$, längs 32 um $-\varepsilon$. In derselben Weise wie in Ziff. 16.3 (vgl. Fig. 62) ergibt sich hieraus:

An einer freien Strahloberfläche werden Verdichtungslinien als Verdünnungslinien und Verdünnungslinien als Verdichtungslinien reflektiert.

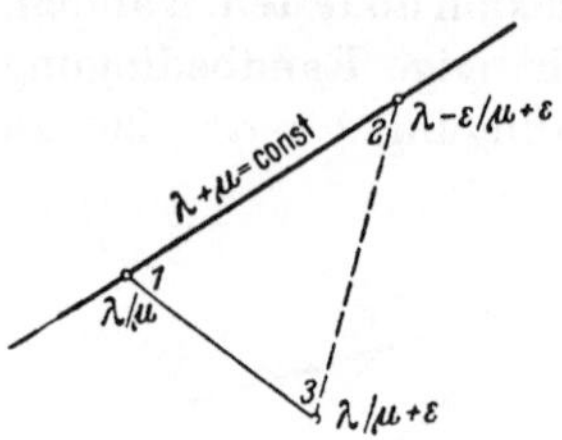

Fig. 65. Reflexion der MACH-Linien an einer freien Oberfläche

§ 17. Erweiterung des Charakteristikenverfahrens auf nichtisentropische und auf achsensymmetrische Überschallströmungen

17.1 Transformation der Grundgleichungen auf das Mach-Netz. Bei dem in § 15 entwickelten Charakteristikenverfahren für die wirbelfreie ebene Überschallströmung wurde das Strömungsfeld schrittweise längs der MACH-Linien berechnet. Wir erweitern das Verfahren jetzt in zweifacher Hinsicht, nämlich einerseits durch Hinzunahme der achsensymmetrischen räumlichen und andererseits durch Zulassung auch nichtwirbelfreier, also nichtisentropischer Überschallströmungen[1].

Um wieder zu einer Vorschrift für die Konstruktion der Strömungsfelder längs der MACH-Linien zu kommen, transformieren wir die Grundgleichungen in jedem Punkt P der Strömungsebene auf die dortigen MACH-Richtungen (Fig. 66).

Als Grundgleichungen benützen wir die Gln. (2.17) und (2.18) und spezialisieren sie auf ebene Strömungen und auf achsensymmetrische räumliche Strömungen. In beiden Fällen bezeichnen wir die Ortskoordinaten mit x, y (= cartesische Koordinaten bei der ebenen Strömung bzw. Zylinderkoordinaten bei der achsensymmetrischen Strömung) und die Geschwindigkeitskomponenten mit u, v. Außerdem nehmen wir an, daß es sich um ein vollkommenes Gas mit konstanten spezifischen Wärmen handelt, und setzen dann nach den Gln. (1.17) und (1.14)

$$T = \frac{a^2}{\gamma R} = \frac{a^2}{\gamma(c_p - c_v)} = \frac{a^2}{\gamma(\gamma - 1)} \frac{1}{c_v}. \tag{17.1}$$

---

[1] Vgl. hierzu C. FERRARI: Aerotecnica Bd. 16 (1936) S. 121—130 und Bd. 17 (1937) S. 507—518. — Anschließend haben GUDERLEY, PFEIFFER, SAUER, TOLLMIEN und andere ähnliche Verfahren angegeben.

Hiermit ergibt sich, wenn wir noch

$$s = \frac{S}{c_v} \tag{17.2}$$

setzen:

$$v(u_y - v_x) - \frac{a^2}{\gamma(\gamma - 1)} s_x = 0, \quad u(u_y - v_x) + \frac{a^2}{\gamma(\gamma - 1)} s_y = 0, \tag{17.3}$$

$$(a^2 - u^2)u_x + (a^2 - v^2)v_y - uv(u_y + v_x) + \tau a^2 \frac{v}{y} = 0 \tag{17.4}$$

mit
$$\tau = 0 \text{ bzw. } 1.$$

Die Gln. (17.3) folgen im ebenen Fall aus den beiden ersten Gln. (2.17) oder auch wie im achsensymmetrischen Fall direkt aus Gl. (2.14). Die Gl. (17.4) folgt im Fall der ebenen Strömung ($\tau = 0$) unmittelbar aus Gl. (2.18), im Fall der achsensymmetrischen Strömung ($\tau = 1$) erhält man sie ähnlich wie Gl. (4.3*) bzw. (4.6) aus den Gln. (2.2) und (2.3).

Wir formen nun die Gln. (17.3), (17.4) zunächst auf ein x^*, y^*-Koordinatensystem um, dessen x^*-Achse in einem Punkt P des Strömungsfelds die Richtung des Geschwindigkeitsvektors w hat. Bei dieser Transformation ändern sich die Gleichungen der ebenen Strömung ($\tau = 0$) nicht; denn im ebenen Fall sind alle rechtwinkligen cartesischen Koordinatensysteme gleichberechtigt. Da sich die Gleichungen der achsensymmetrischen Strömung ($\tau = 1$) von denen der ebenen Strömung nur um das Glied $a^2 \frac{v}{y}$ unterscheiden, wird bei der Transformation auf das x^*, y^*-System nur

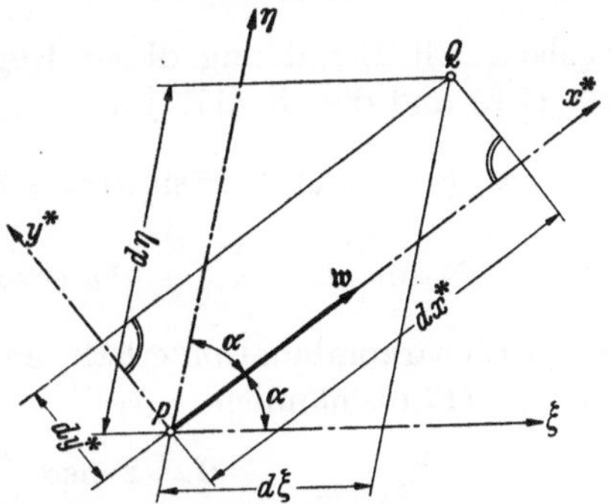

Fig. 66. Koordinatentransformation auf die MACH-Richtungen

dieses Glied abgeändert. Wir transformieren es zunächst nicht, sondern behalten für dieses Glied die alten Koordinaten y und v bei.

Die Transformation der Gln. (17.3), (17.4) auf das x^*, y^*-System läßt sich für den Punkt P sofort durchführen mit Hilfe der in P geltenden Beziehungen

$$u^* = w, \quad v^* = 0, \quad du^* = dw, \quad dv^* = w\,d\vartheta. \tag{17.5}$$

Dabei wird die Umgebung des Punktes P auf das festbleibende Koordinatensystem mit P als Nullpunkt bezogen. Durch Einsetzen der Gln. (17.5) in die Gln. (17.3), (17.4) kommt

$$\frac{\partial s}{\partial x^*} = 0, \quad w\left(\frac{\partial w}{\partial y^*} - w\frac{\partial \vartheta}{\partial x^*}\right) + \frac{a^2}{\gamma(\gamma - 1)}\frac{\partial s}{\partial y^*} = 0, \tag{17.6}$$

$$(a^2 - w^2)\frac{\partial w}{\partial x^*} + a^2 w\frac{\partial \vartheta}{\partial y^*} + \tau a^2 \frac{v}{y} = 0. \tag{17.7}$$

Die erste der Gln. (17.6) drückt die uns bereits bekannte Tatsache aus, daß die Entropie längs jeder Stromlinie konstant bleibt. Die beiden übrigen Gleichungen transformieren wir weiter auf ein schiefwinkliges ξ, η-Koordinatensystem, das wieder P als Nullpunkt hat und wieder für die Umgebung von P festgehalten wird (vgl. Fig. 66). Die positiven ξ- und η-Achsen sind stromabwärts gerichtet und verlaufen in den beiden MACH-Richtungen. Dann bestehen die Beziehungen

$$d\xi = \frac{1}{2}\left(\frac{dx^*}{\cos\alpha} - \frac{dy^*}{\sin\alpha}\right) = \frac{1}{\sin 2\alpha}\left(\sin\alpha\, dx^* - \cos\alpha\, dy^*\right),$$

$$d\eta = \frac{1}{2}\left(\frac{dx^*}{\cos\alpha} + \frac{dy^*}{\sin\alpha}\right) = \frac{1}{\sin 2\alpha}\left(\sin\alpha\, dx^* + \cos\alpha\, dy^*\right),$$

aus denen sich die Differentiationsregeln

$$\left.\begin{aligned}
\frac{\partial}{\partial x^*} &= \frac{1}{\sin 2\alpha}\left(\sin\alpha\,\frac{\partial}{\partial\xi} + \sin\alpha\,\frac{\partial}{\partial\eta}\right) = \frac{1}{2\cos\alpha}\left(\frac{\partial}{\partial\xi} + \frac{\partial}{\partial\eta}\right), \\
\frac{\partial}{\partial y^*} &= \frac{1}{\sin 2\alpha}\left(-\cos\alpha\,\frac{\partial}{\partial\xi} + \cos\alpha\,\frac{\partial}{\partial\eta}\right) = \frac{1}{2\sin\alpha}\left(-\frac{\partial}{\partial\xi} + \frac{\partial}{\partial\eta}\right)
\end{aligned}\right\} \quad (17.8)$$

ergeben. Mit Benützung dieser Regeln transformieren sich die zweite Gl. (17.6) und die Gl. (17.7) in

$$w\cos\alpha\,(w_\xi - w_\eta) + w^2\sin\alpha\,(\vartheta_\xi + \vartheta_\eta) + \frac{a^2}{\gamma(\gamma-1)}\cos\alpha\,(s_\xi - s_\eta) = 0,$$

$$(w^2 - a^2)\sin\alpha\,(w_\xi + w_\eta) + a^2 w\cos\alpha\,(\vartheta_\xi - \vartheta_\eta) - 2\tau a^2\sin\alpha\cos\alpha\,\frac{v}{y} = 0.$$

Durch Linearkombination erhält man unter Berücksichtigung der ersten der Gln. (17.6), nämlich

$$0 = 2\cos\alpha\,\frac{\partial s}{\partial x^*} = s_\xi + s_\eta,$$

die beiden „charakteristischen Gleichungen"

$$\left.\begin{aligned}
\frac{\cot\alpha}{w}\,w_\xi + \vartheta_\xi &= -\frac{\sin 2\alpha}{2\gamma(\gamma-1)}\,s_\xi \\
\frac{\cot\alpha}{w}\,w_\eta - \vartheta_\eta &= -\frac{\sin 2\alpha}{2\gamma(\gamma-1)}\,s_\eta
\end{aligned}\right\} + \tau\sin\alpha\,\frac{\sin\vartheta}{y} \quad \text{mit} \quad \tau = 0 \text{ bzw. } 1.$$

$$(17.9)$$

Sie sind dadurch ausgezeichnet, daß in ihnen nur Ableitungen in einer einzigen Richtung, nämlich jeweils nur ξ-Ableitungen oder nur η-Ableitungen auftreten. In demselben Sinn ist die erste der Gln. (17.6)

$$\frac{\partial s}{\partial x^*} = 0 \qquad (17.6_1)$$

eine charakteristische Gleichung.

Benützt man anstelle der Polarkoordinaten w, ϑ des Geschwindigkeitsvektors die in Gl. (15.3) eingeführten charakteristischen Koordinaten λ, μ, dann nehmen die Gln. (17.9) eine kürzere Form an, nämlich

$$\left.\begin{array}{l} \lambda_\xi = - \dfrac{\sin 2\alpha}{4\,\gamma\,(\gamma-1)}\,s_\xi \\[3mm] \mu_\eta = - \dfrac{\sin 2\alpha}{4\,\gamma\,(\gamma-1)}\,s_\eta \end{array}\right\} + \tau \sin\alpha\,\frac{\sin\vartheta}{2y} \quad \text{mit} \quad \tau = 0 \text{ bzw. } 1\,. \quad (17.10)$$

Hierbei ist λ und μ wieder im Bogenmaß zu messen. Die charakteristischen Gln. (17.6_1) und (17.10) zeigen, daß längs der Stromlinien und längs der Mach-Linien die Werte λ, μ und s bestimmten Bedingungen unterworfen sind, weshalb man diese Gleichungen auch als „Verträglichkeitsbedingungen" bezeichnet. Im Fall der wirbelfreien, also isentropischen Strömung ist Gl. (17.6_1) trivial und es bleiben nur die beiden Verträglichkeitsbedingungen (17.10). Ist die Strömung außerdem eben ($\tau = 0$), dann spezialisieren sich die Gln. (17.10) zu den Gln. (15.3)

$$\left.\begin{array}{l} \lambda = \text{const} \\[2mm] \mu = \text{const} \end{array}\right\} \text{ längs der } \left\{\begin{array}{l} \text{rechtslaufenden} \\[2mm] \text{linkslaufenden} \end{array}\right. \text{Mach-Linien}\,.$$

17.2 Zusammenhang mit der Charakteristikentheorie der hyperbolischen Systeme quasilinearer Differentialgleichungen. Ähnlich wie in Ziff. 8.8 und 15.6 geben wir für den mathematisch tiefer interessierten Leser einige Hinweise auf den Zusammenhang der im vorausgehenden durchgeführten Untersuchungen mit der Charakteristikentheorie der hyperbolischen Systeme quasilinearer Differentialgleichungen.

Die drei Differentialgleichungen (17.3), (17.4) sind ein Spezialfall der allgemeinen quasilinearen (d. h. nur bezüglich der ersten Ableitungen der gesuchten Funktionen linearen) Systeme.

$$\left.\begin{array}{l} a_{11}u_x + a_{12}u_y + a_{21}v_x + a_{22}v_y + a_{31}s_x + a_{32}s_y = f, \\[2mm] b_{11}u_x + b_{12}u_y + b_{21}v_x + b_{22}v_y + b_{31}s_x + b_{32}s_y = g, \\[2mm] c_{11}u_x + c_{12}u_y + c_{21}v_x + c_{22}v_y + c_{31}s_x + c_{32}s_y = h. \end{array}\right\} \quad (17.11)$$

Die Koeffizienten $a_{ik}, b_{ik}, c_{ik}, f, g$ und h sind Funktionen der unabhängigen Veränderlichen x, y und der gesuchten Funktionen u, v, s.

Die Charakteristiken, längs denen sich kleine Störungen der Anfangswerte ausbreiten, genügen der „Richtungsbedingung"

$$\begin{vmatrix} a_{11}\,dy - a_{12}\,dx & a_{21}\,dy - a_{22}\,dx & a_{31}\,dy - a_{32}\,dx \\[2mm] b_{11}\,dy - b_{12}\,dx & b_{21}\,dy - b_{22}\,dx & b_{31}\,dy - b_{32}\,dx \\[2mm] c_{11}\,dy - c_{12}\,dx & c_{21}\,dy - c_{22}\,dx & c_{31}\,dy - c_{32}\,dx \end{vmatrix} = 0\,. \quad (17.12)$$

Wenn diese für die betrachteten Wertesysteme x, y, u, v, s drei verschiedene reelle Richtungen $\dfrac{dy}{dx}$ liefert, bezeichnen wir das System (17.11) als hyperbolisch bezüglich dieses Wertesystems. Durch den Punkt x, y gehen dann drei verschiedene charakteristische Richtungen.

Längs einer Charakteristik sind die Funktionswerte u, v, s nicht wie bei anderen Kurven als Anfangswerte frei wählbar, sondern müssen die „Verträglichkeitsbedingungen"

$$\begin{vmatrix} a_{i1}dy - a_{i2}dx & a_{k1}dy - a_{k2}dx & fdy - (a_{12}du + a_{22}dv + a_{32}ds) \\ b_{i1}dy - b_{i2}dx & b_{k1}dy - b_{k2}dx & gdy - (b_{12}du + b_{22}dv + b_{32}ds) \\ c_{i1}dy - c_{i2}dx & c_{k1}dy - c_{k2}dx & hdy - (c_{12}du + c_{22}dv + c_{32}ds) \end{vmatrix} = 0$$

$$(17.13)$$

erfüllen. Dabei kann für i und $k \neq i$ jeweils eine der Zahlen $1, 2, 3$ gesetzt werden.

Bei Anwendung auf das Differentialgleichungssystem (17.3), (17.4) liefert die Richtungsbedingung (17.12) als Charakteristiken die zwei Scharen der MACH-Linien und die Schar der Stromlinien. Aus der Verträglichkeitsbedingung (17.13) ergeben sich hierauf nach elementaren Umformungen die in Ziff. 17.1 gefundenen Verträglichkeitsbedingungen (17.10) längs der MACH-Linien und (17.6₁) längs der Stromlinien.

17.3 Konstruktion von Überschallströmungen bei vorgegebenen Anfangsbedingungen. Wir übertragen nun die in Ziff. 15.5 erörterte Konstruktion ebener isentropischer Überschallströmungen zunächst auf achsensymmetrische isentropische und dann auf ebene und achsensymmetrische nichtisentropische Überschallströmungen.

a) Isentropische achsensymmetrische Überschallströmungen. Ebenso wie in Ziff. 15.5 geben wir längs einer Kurve AB der Strömungsebene den Geschwindigkeitsvektor $\mathfrak{w}$ mit $w > a$ vor, und zwar wieder so, daß an keiner Stelle eine MACH-Richtung mit der Richtung der Kurventangente zusammenfällt (vgl. Fig. 50). Die Konstruktion des MACH-Netzes im Bestimmtheitsbereich ist jetzt insofern komplizierter, als die λ, μ-Werte in den Netzpunkten nicht von vornherein eingetragen werden können. Vielmehr müssen sie zugleich mit den Ordinaten y der Netzpunkte von Masche zu Masche schrittweise berechnet werden; denn anstelle der Verträglichkeitsbedingungen (15.3), nach denen λ auf den rechts- und μ auf den linkslaufenden MACH-Linien konstant ist, treten die verwickelteren Verträglichkeitsbedingungen (17.10), nämlich

$$\left.\begin{array}{c} \lambda_\xi \\ \mu_\eta \end{array}\right\} = \sin\alpha\,\frac{\sin\vartheta}{2y}\ \text{auf den}\ \left\{\begin{array}{c}\text{rechts-}\\\text{links-}\end{array}\right\}\ \text{laufenden MACH-Linien.} \qquad (17.14)$$

Wir ersetzen in diesen Gleichungen die Differentialquotienten durch Differenzenquotienten, also

$$\lambda_\xi = \frac{\lambda(R) - \lambda(P)}{\overline{PR}}, \qquad \mu_\eta = \frac{\mu(R) - \mu(Q)}{\overline{QR}}.$$

Dabei sollen P und Q zwei Nachbarpunkte des MACH-Netzes sein, die zusammen mit den Werten $\lambda(P)$, $\mu(P)$, $\lambda(Q)$, $\mu(Q)$ bereits bestimmt sind (Fig. 67). Der Punkt R wird dann wie in Ziff. 15.5 bestimmt, indem der Winkel $\vartheta - \alpha$ für PR aus den Werten $\lambda(P)$, $\mu(P)$ und der Winkel $\vartheta + \alpha$, für QR aus den Werten $\lambda(Q)$, $\mu(Q)$ berechnet wird. Die Werte $\lambda(R)$, $\mu(R)$ ergeben sich hierauf aus den die Verträglichkeitsbedingungen (17.14) approximierenden Differenzengleichungen

$$\frac{\lambda(R) - \lambda(P)}{\overline{PR}} = \frac{1}{2\,y_P}\sin\alpha(P)\cdot\sin\vartheta(P),$$
$$\frac{\mu(R) - \mu(Q)}{\overline{QR}} = \frac{1}{2\,y_Q}\sin\alpha(Q)\cdot\sin\vartheta(Q). \qquad (17.15)$$

Dies sind zwei lineare Gleichungen, welche die Unbekannten $\lambda(R)$, $\mu(R)$ eindeutig festlegen.

Auf diese Weise kann man, beginnend mit Netzpunkten auf der Anfangskurve AB, nacheinander alle weiteren Punkte des Bestimmtheitsbereichs samt den λ, μ-Werten berechnen. Die so ermittelten Näherungswerte x, y, λ, μ der Netzpunkte lassen sich durch Iteration verbessern, indem man nach Ermittlung eines Punktes R und der Näherungswerte $\lambda(R)$, $\mu(R)$ jedesmal die Rechnung wiederholt und dabei anstelle der in den Gln. (17.15) benützten Werte $\alpha(P)$, $\alpha(Q)$, y_P, y_Q usf. die Mittelwerte $\frac{1}{2}(\alpha(P) + \alpha(R))$, $\frac{1}{2}(\alpha(Q) + \alpha(R))$, $\frac{1}{2}(y_P + y_R)$, $\frac{1}{2}(y_Q + y_R)$ usf. aus den vorher

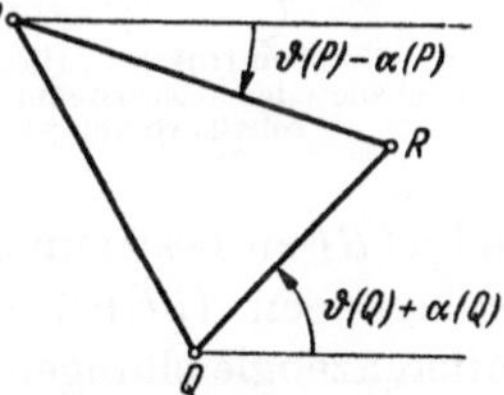

Fig. 67. Netzkonstruktion für isentropische achsensymmetrische Überschallströmungen

berechneten Näherungen nimmt. Man setzt die Iterationen jeweils so lange fort, bis die Rechnung in den Grenzen der Rechengenauigkeit zum Stillstand kommt. Die so gefundenen Werte sind bis auf Rundungsfehler die strengen Lösungen für die nichtlinearen Differenzengleichungen

$$\frac{\lambda(R) - \lambda(P)}{\overline{PR}} = \frac{\sin\left[\frac{1}{2}(\alpha(P) + \alpha(R))\right]\cdot\sin\left[\frac{1}{2}(\vartheta(P) + \vartheta(R))\right]}{2\cdot\frac{1}{2}(y_P + y_R)},$$
$$\frac{\mu(R) - \mu(Q)}{\overline{QR}} = \frac{\sin\left[\frac{1}{2}(\alpha(Q) + \alpha(R))\right]\cdot\sin\left[\frac{1}{2}(\vartheta(Q) + \vartheta(R))\right]}{2\cdot\frac{1}{2}(y_Q + y_R)},$$

wobei zur Bestimmung des Punktes R die Winkel $\vartheta - \alpha$ und $\vartheta + \alpha$ ebenfalls durch die Mittelwerte $\frac{1}{2}[\vartheta(P) + \vartheta(R) - \alpha(P) - \alpha(R)]$ bzw. $\frac{1}{2}[\vartheta(Q) + \vartheta(R) - \alpha(Q) - \alpha(R)]$ ersetzt sind. Bei Verfeinerung des MACH-Netzes konvergieren die Lösungen der Differenzengleichungen gegen die Lösungen der Differentialgleichungen[1].

b) Nichtisentropische ebene oder achsensymmetrische Überschallströmungen. Bei nichtisentropischen Strömungen tritt eine weitere Kompli-

[1] Konvergenzbetrachtungen finden sich bei R. COURANT-K.O. FRIEDRICHS: [13] II. Kap. Vgl. auch R. COURANT-P. LAX: Comm. Pure and Appl. Math. Bd. 2 (1949) S. 255—273. — F. BAUHUBER: Sitzungsber. Bayer. Akad. Wiss., math.-naturw. Klasse 1955 S. 23—43. — R. AUFSCHLÄGER: ebenda 1956 S. 87—112.

kation dadurch ein, daß in jedem Punkt x, y nicht nur λ und μ, sondern die drei Werte λ, μ, s ermittelt werden müssen. Die im vorangehenden beschriebene Konstruktion des Netzpunktes R ist daher folgendermaßen zu modifizieren (Fig. 68):

Aus $\lambda(P)$, $\mu(P)$ und $\lambda(Q)$, $\mu(Q)$ werden wie vorher die Koordinaten x_R, y_R berechnet. Um einen Näherungswert $s(R)$ für die Entropie in R zu finden, gehen wir von R unter dem Winkel

$$\vartheta(R) = \tfrac{1}{2}[\vartheta(P) + \vartheta(Q)]$$

auf die Strecke PQ zurück, wodurch dort der Punkt H festgelegt ist. Wir ordnen diesem Punkt durch lineare Interpolation den Entropiewert

$$s(H) = \frac{\overline{HQ}\cdot s(P) + \overline{HP}\cdot s(Q)}{\overline{PQ}} \qquad (17.16)$$

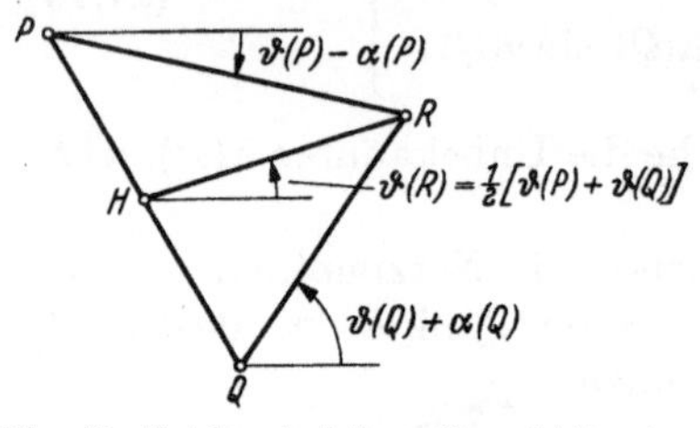

Fig. 68. Netzkonstruktion für nichtisentropische ebene oder achsensymmetrische Überschallströmungen

zu und setzen $s(R) = s(H)$.

Es bleiben dann nur noch $\lambda(R)$ und $\mu(R)$ zu bestimmen. Hierfür ergeben sich aus den Verträglichkeitsbedingungen (17.10) die den Gln. (17.15) entsprechenden linearen Differenzengleichungen

$$\left.\begin{aligned}
\frac{\lambda(R) - \lambda(P)}{\overline{PR}} &= -\frac{\sin 2\alpha(P)}{4\gamma(\gamma-1)}\,\frac{s(R) - s(P)}{\overline{PR}} + \frac{\tau}{2y_P}\,\sin\alpha(P)\sin\vartheta(P), \\
\frac{\mu(R) - \mu(Q)}{\overline{QR}} &= -\frac{\sin 2\alpha(Q)}{4\gamma(\gamma-1)}\,\frac{s(R) - s(Q)}{\overline{QR}} + \frac{\tau}{2y_Q}\,\sin\alpha(Q)\sin\vartheta(Q).
\end{aligned}\right\} \qquad (17.17)$$

Die Lösung läßt sich ebenso wie bei a) durch Iterationen verbessern.

17.4 Beispiele. Wir geben zur Erläuterung zwei Beispiele isentropischer achsensymmetrischer Überschallströmungen. Beispiele nichtisentropischer Strömungen (Überschallströmung um ein Profil bzw. um einen axial angeströmten Drehkörper mit anliegender Kopfwelle) werden im IV. Abschnitt folgen (vgl. § 22).

a) Überschallströmung in einer achsensymmetrischen Düse (Fig. 69 und 70). Die in Ziff. 16.3 behandelte Konstruktion für die ebene Düsenströmung kann jetzt auf achsensymmetrische Düsen übertragen werden. In Fig. 69, die der Fig. 61 entspricht, ist das MACH-Netz für die Überschallströmung durch eine achsensymmetrische Düse mit vorgegebener Meridiankurve AD dargestellt. Die Einströmung erfolgt wieder mit einem Parallelstrahl. Daher sind die ersten eingezeichneten MACH-Linien AC und BC wieder geradlinig und auf AC und BC sind wiederum sowohl λ als auch μ konstant. Auf den übrigen MACH-Linien ist jedoch wegen der Verträglichkeitsbedingungen (17.14) weder λ noch μ konstant.

Die der Fig. 63 entsprechende Fig. 70 zeigt, wie eine achsensymmetrische Düse auf paralleles Ausströmen ergänzt wird. Die MACH-Linien FP und FQ sind wieder geradlinig und auf PF und QF sind wiederum sowohl λ als auch μ konstant. Während aber bei der ebenen Düse in DFP der Wert von λ und in EFQ der Wert von μ konstant war und daher in DFP die linkslaufenden, in EFQ die rechtslaufenden MACH-Linien geradlinig waren, ist bei der achsensymmetrischen Düse in DFP und

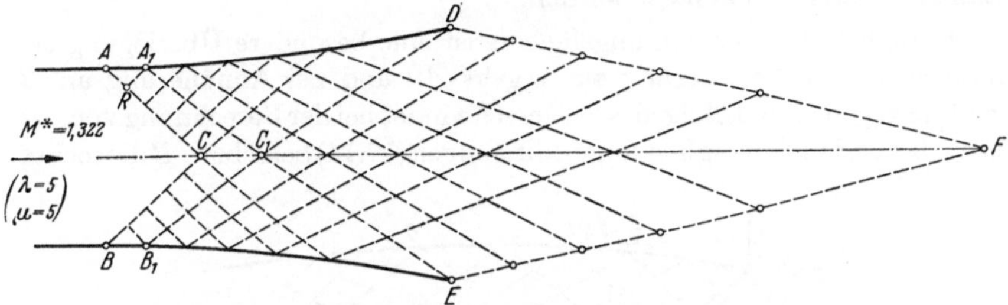

Fig. 69. Überschallströmung in einer achsensymmetrischen Düse

EFQ sowohl λ wie μ variabel. Daher müssen beide Scharen der MACH-Linien bei der Konstruktion des Netzes verwendet werden, und es gibt, abgesehen von FP und FQ, keine geradlinigen MACH-Linien mehr. Die Konstruktion der MACH-Netze in den Gebieten DFP und EFQ, erfolgt stromaufwärts, ausgehend von den Charakteristiken FP und FQ. Die Düsenwand DP bzw. EQ ergibt sich dann als Stromlinie durch den Punkt D bzw. E.

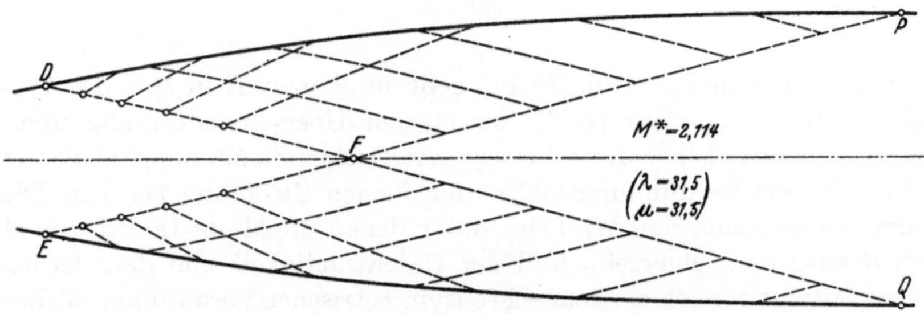

Fig. 70. Ergänzung einer achsensymmetrischen Düse auf paralleles Ausströmen

b) Austritt eines Überschall-Parallelstrahls aus einer achsensymmetrischen Düse gegen Unterdruck (Fig. 71). Die in Ziff. 16.4 behandelte Konstruktion kann jetzt auf einen achsensymmetrischen Strahl übertragen werden. In Fig. 71, die der Fig. 64 entspricht, ist für den ersten Teil des ausgetretenen Parallelstrahls das MACH-Netz dargestellt. Die MACH-Linien AC und BC sind wieder geradlinig und auf AC und BC ist wieder λ und μ konstant. Jedoch ist im Gegensatz zur ebenen Strömung im Verdünnungsfächer ACU nicht nur λ, sondern auch μ variabel und ebenso in BCV nicht nur μ, sondern auch λ variabel. Infolgedessen müssen in den Verdünnungsfächern ACU und BCV beide Scharen von MACH-Linien für die Konstruktion benützt werden, und es gibt, abgesehen von AC und BC keine geradlinigen MACH-Linien mehr. Auch in den anschließenden Bereichen AUD und BVE usf. sind λ und μ variabel, und auch dort müssen zur Konstruktion durchweg beide MACH-Linien-Scharen verwendet werden.

Bezüglich des Verdünnungsfächers ist eine besondere Überlegung erforderlich: Bei Annäherung an A geht $\Delta\eta$ und bei Annäherung an B geht $\Delta\xi$ gegen Null. Infolgedessen verschwindet bei der Berechnung von $\Delta\mu$ bzw. $\Delta\lambda$ aus den Verträglichkeitsbedingungen (17.14) bei A bzw. B die rechte

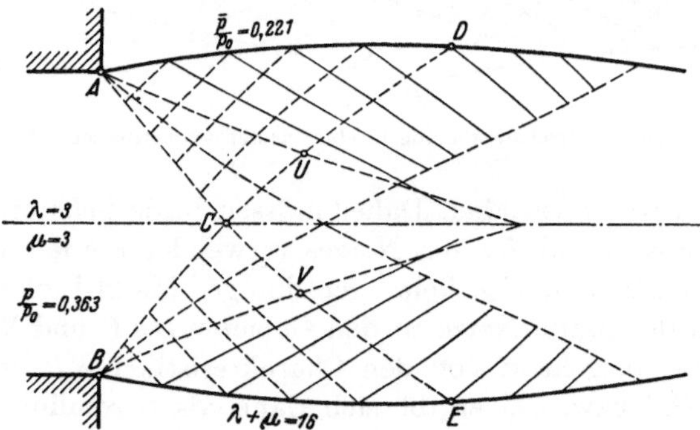

Fig. 71. Austritt eines Überschall-Parallelstrahls aus einer achsensymmetrischen Düse gegen Unterdruck

Seite, d. h. je eine der Gln. (17.14) geht in A bzw. B in eine der Verträglichkeitsbedingungen (15.3) der ebenen Überschallströmung über. Der Verdünnungsfächer der achsensymmetrischen Strömung wird also in A bzw. B vom Verdünnungsfächer der ebenen Strömung berührt. Die Beziehung zwischen den Winkeln, unter denen die MACH-Linien von A bzw. B ausgehen, einerseits und der Geschwindigkeit und dem Druck andererseits ist sonach bei dem achsensymmetrischen Verdünnungsfächer dieselbe wie beim ebenen Verdünnungsfächer (vgl. Ziff. 16.2).

17.5 Modifikation der Verträglichkeitsbedingungen der achsensymmetrischen Strömung in der Umgebung der Achse. In der Umgebung der Achse wird wegen $y \to 0$ und $\vartheta \to 0$ das letzte Glied der Verträglichkeitsbedingungen (17.10) unbestimmt. Um den Grenzwert dieses Gliedes zu finden, gehen wir auf die Gln. (17.9) zurück.

Beim Fortschreiten längs einer rechtslaufenden MACH-Linie erhalten wir aus der ersten Gl. (17.9), wenn wir w und s als Funktionen von ϑ

betrachten (was jedenfalls so lange möglich ist, als ϑ dabei monoton verläuft)

$$\frac{\cot\alpha}{w}\frac{dw}{d\vartheta}+1+\frac{\sin 2\alpha}{2\gamma(\gamma-1)}\frac{ds}{d\vartheta}-\frac{\sin\alpha\sin\vartheta}{y}\frac{d\xi}{d\vartheta}=0.$$

An der x-Achse können wir y durch $d\xi\sin\alpha$ und $\sin\vartheta$ durch $(-d\vartheta)$ ersetzen. Damit erhalten wir

$$\frac{\cot\alpha}{w}\frac{dw}{d\vartheta}+\frac{\sin 2\alpha}{2\gamma(\gamma-1)}\frac{ds}{d\vartheta}+2=0.$$

Ebenso folgt aus der zweiten Gl. (17.9) für die linkslaufenden MACH-Linien

$$\frac{\cot\alpha}{w}\frac{dw}{d\vartheta}+\frac{\sin 2\alpha}{2\gamma(\gamma-1)}\frac{ds}{d\vartheta}-2=0.$$

Beim Übergang von den Koordinaten w,ϑ zu den Koordinaten λ,μ nach Gl. (15.3), also mit

$$\frac{\cot\alpha}{w}dw=d\lambda+d\mu,\quad d\vartheta=d\lambda-d\mu,$$

kommt

$$\left.\begin{aligned}\frac{d\mu}{d\lambda}&=3+\frac{\sin 2\alpha}{2\gamma(\gamma-1)}\frac{ds}{d\lambda}\\[2mm]\frac{d\lambda}{d\mu}&=3+\frac{\sin 2\alpha}{2\gamma(\gamma-1)}\frac{ds}{d\mu}\end{aligned}\right\}\text{ für die }\left\{\begin{aligned}&\text{rechts-}\\[2mm]&\text{links-}\end{aligned}\right\}\text{laufende MACH-Linie.}\quad(17.18)$$

Diese beiden Gleichungen treten an der Achse an die Stelle der Verträglichkeitsbedingungen (17.10).

Bei numerischen Rechnungen läßt sich übrigens, wie G. SEEGMÜLLER in seiner noch nicht abgeschlossenen Dissertation gezeigt hat, das allgemeine Verfahren unter Beachtung einiger Vorsichtsmaßregeln auch in der Umgebung der Achse unverändert durchführen.

IV. Abschnitt

Verdichtungstöße in stationären Überschallströmungen. Transsonische und hypersonische stationäre Strömungen

In diesem Abschnitt ergänzen wir die Untersuchungen des vorangehenden Abschnitts, indem wir nunmehr die als Verdichtungsstöße bezeichneten Unstetigkeiten in die Betrachtung stationärer Überschallströmungen einbeziehen. Solche Unstetigkeiten treten in Überschallströmungen bei gewissen Randbedingungen auf, die bei Beschränkung auf stetige Strömungen nicht befriedigt werden können, und führen die Überschallströmung entweder wieder in eine Überschallströmung oder auch in eine Unterschallströmung über.

Zunächst werden die Grundgleichungen des Verdichtungsstoßes entwickelt. Dann werden verschiedene Beispiele von stationären Strömungen mit Verdichtungsstößen besprochen. Im letzten Paragraphen des Abschnitts wird von transsonischen Strömungen, von denen schon im III. Abschnitt gelegentlich die Rede war, sowie von hypersonischen Strömungen (= Überschallströmungen mit sehr großer MACH-Zahl) gehandelt.

§ 18. Grundgleichungen des Verdichtungsstoßes

18.1 Zustandekommen des Verdichtungsstoßes an einer konkaven Ecke. In Ziff. 16.2 (vgl. Fig. 58 und 59) haben wir festgestellt, daß ein Überschallstrom an einer konvexen Ecke durch einen Verdünnungsfächer in einen Parallelstrom mit höherer Geschwindigkeit abgelenkt

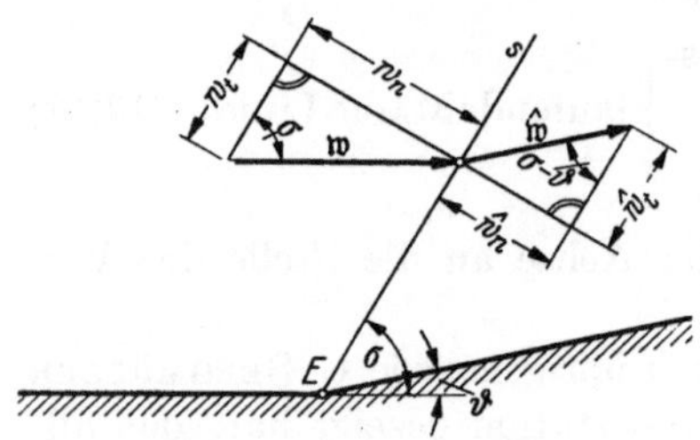

Fig. 72. Bezeichnungen beim Verdichtungsstoß

werden kann, daß aber eine analoge Ablenkung an einer konkaven Ecke durch einen Verdichtungsfächer nicht möglich ist. An die Stelle eines Verdichtungsfächers tritt ein unstetiger Übergang, ein sogenannter Verdichtungsstoß, der längs einer vom Eckpunkt E ausgehenden Halbgeraden s, die wir als Stoßfront bezeichnen wollen, erfolgt (Fig. 72). Die Strömungsgeschwindigkeit nimmt an der Stoßfront plötzlich ab, während Druck und Dichte plötzlich anwachsen. Auf solche unstetigen Zustandsänderungen hat erstmals RIEMANN[1] hingewiesen. Sie sind als eine Idealisierung von Zustandsänderungen anzusehen, die in einer sehr dünnen Schicht vor sich gehen und durch molekular-physikalische Betrachtungen näher untersucht werden könnten. Die unstetige Zustandsänderung durch den Verdichtungsstoß ist stets mit einer Entropiezunahme verbunden. Der Strömungsverlauf ist nicht wie bei isentropischen Strömungen umkehrbar, es gibt also keine Verdünnungsstöße.

Eine Ausnahme bildet das in Ziff. 15.7 besprochene hypothetische Gas mit der Schallgeschwindigkeitsformel (15.14). Bei diesem Gas sind die MACH-Netze in der Strömungsebene Rückungsnetze. Infolgedessen sind die MACH-Linien bei einer Strömung mit einseitiger Wand (vgl. Fig. 55 und 56) parallele Gerade und sowohl der Verdünnungsfächer an

---

[1] RIEMANN, B., u. H. WEBER: Die partiellen Differentialgleichungen der mathematischen Physik Bd. 2 S. 503. Braunschweig 1919.

einer konvexen Ecke (vgl. Fig. 58) als auch der Verdichtungsfächer an einer konkaven Ecke (vgl. Fig. 59) klappt in eine einzige Gerade zusammen. An dieser Geraden tritt dann eine unstetige Verdünnung bzw. Verdichtung ein.

Bei einer erstmals von JOUGUET[1] erkannten und später von RIABOUCHINSKI[2], v. KÁRMÁN[3] und PREISWERK[4] näher untersuchten Analogie zwischen der Strömung kompressibler Gase und der Wasserströmung in offenen Gerinnen („Wasseranalogie") entspricht dem Verdichtungsstoß der sogenannte Wassersprung.

Wir setzen zunächst folgende Bezeichnungen[5] fest (vgl. Fig. 72):

$$\left.\begin{array}{l} p,\ \varrho,\ T,\ \mathfrak{w},\ \dots \\ \hat{p},\ \hat{\varrho},\ \hat{T},\ \hat{\mathfrak{w}},\ \dots \end{array}\right\} = \text{Zustandswerte} \left\{\begin{array}{l} \text{vor} \\ \text{hinter} \end{array}\right. \text{der Stoßlinie } s,$$

Stoßwinkel σ = Winkel der Stoßfront gegen die Anströmrichtung, Ablenkungswinkel ϑ = Winkel von $\hat{\mathfrak{w}}$ gegen $\mathfrak{w}$,

$$\left.\begin{array}{l} w_n,\ w_t \\ \hat{w}_n,\ \hat{w}_t \end{array}\right\} = \text{Komponenten von} \left\{\begin{array}{l} \mathfrak{w} \quad \text{senkrecht bzw. parallel zur} \\ \hat{\mathfrak{w}} \qquad\quad \text{Stoßfront } s. \end{array}\right.$$

Außerdem verabreden wir, daß in den Figuren die Stoßfronten stärker als die in der stetigen Überschallströmung auftretenden MACHschen Verdichtungslinien durchgezogen werden sollen.

Wie bei der stetigen Strömung (vgl. § 1) gehen wir auch beim Verdichtungsstoß von den Erhaltungssätzen der Masse, des Impulses und der Energie aus. Wir legen dabei einen Bereich des Strömungsfeldes zugrunde, der von zwei Parallelen zur Stoßfront und zwei Stromlinien begrenzt ist (Fig. 73).

Der Erhaltungssatz der Masse liefert

$$\varrho\, w_n = \hat{\varrho}\, \hat{w}_n. \tag{18.1}$$

Aus dem Erhaltungssatz des Impulses folgt in Richtung senkrecht zur Stoßfront

$$\varrho\, w_n^2 + p = \hat{\varrho}\, \hat{w}_n^2 + \hat{p} \tag{18.2}$$

---

[1] JOUGUET, E.: J. Math. pures appl., Serie 8, Bd. 3 (1920) S. 1—63.

[2] RIABOUCHINSKI, D.: C. R. Acad. Paris, Bd. 195 (1932) S. 998—999.

[3] v. KÁRMÁN, TH.: Z. angew. Math. Mech. Bd. 18 (1938) S. 49—56.

[4] PREISWERK, E.: Diss. Eidg. T.H. Zürich 1938.

[5] Wir werden hierbei unter, ϑ, σ, w, $\hat{w}_n$, w_t, $\hat{w}_t$ insbesondere bei Ungleichungen die betreffenden Absolutbeträge verstehen. Ohne an den Resultaten etwas ändern zu müssen, kann man aber auch ϑ entgegen dem Uhrzeigersinn positiv zählen, wenn man den Tangenteneinheitsvektor der Stoßfront stets stromabwärts orientiert, dagegen den Normaleneinheitsvektor stromabwärts bei linkslaufender ($\sigma > 0$), stromaufwärts bei rechtslaufender ($\sigma < 0$) Stoßfront. Das würde also bei rechtslaufender Stoßfront z. B. $\sigma = -|\sigma|$, $w_n = -|w_n|$, usw. bedeuten. „Rechtslaufend" und „linkslaufend" ist hier im gleichen Sinn gebraucht wie bei den MACH-Linien.

und in Richtung parallel zur Stoßfront

$$\varrho\, w_n\, w_t = \hat{\varrho}\, \hat{w}_n\, \hat{w}_t. \tag{18.3}$$

Aus dem Erhaltungssatz der Energie ergibt sich

$$I + \frac{1}{2}\,(w_n^2 + w_t^2) = \hat{I} + \frac{1}{2}\,(\hat{w}_n^2 + \hat{w}_t^2). \tag{18.4}$$

Auf Grund der Gln. (18.1) und (18.3) gilt

$$w_t = \hat{w}_t. \tag{18.5}$$

Die zur Stoßfront parallele Geschwindigkeitskomponente bleibt also
beim Durchgang durch die Stoßfront ungeändert. Dies führt zu einer
einfachen geometrischen Beziehung zwischen w, $\hat{w}$, σ und ϑ (Fig. 74);
vgl. die durch Fig. 23 erläuterte ana-
loge Beziehung der linearen Theorie.

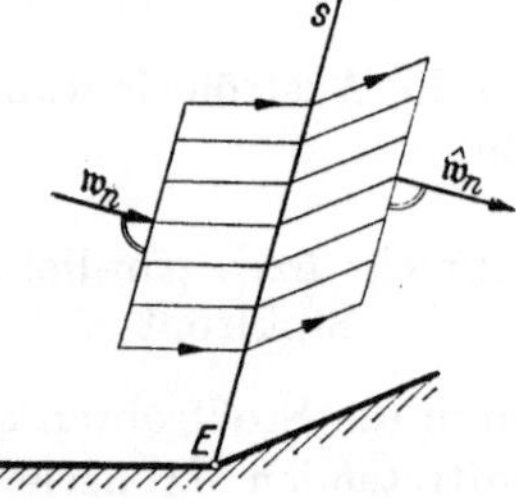

Fig. 73. Erläuterung zur Herleitung der   Fig. 74. Geometrische Beziehung zwischen w, $\hat{w}$,
        Stoßgleichungen σ und ϑ

Mit Berücksichtigung der Gl. (18.5) vereinfacht sich der Energiesatz
(18.4) zu

$$I + \frac{w_n^2}{2} = \hat{I} + \frac{\hat{w}_n^2}{2}. \tag{18.6}$$

Aus den Gln. (18.1) und (18.2) erhält man für die Änderungen

$$\Delta p = \hat{p} - p, \quad \Delta\varrho = \hat{\varrho} - \varrho, \quad \Delta w_n = \hat{w}_n - w_n,$$

beim Stoßdurchgang nach einfacher Rechnung

$$w_n^2 = \frac{\hat{\varrho}}{\varrho}\,\frac{\Delta p}{\Delta\varrho}, \quad \hat{w}_n^2 = \frac{\varrho}{\hat{\varrho}}\,\frac{\Delta p}{\Delta\varrho}, \quad w_n\,\hat{w}_n = \frac{\Delta p}{\Delta\varrho} \tag{18.7}$$

und

$$\Delta p = -\varrho\, w_n\, \Delta w_n. \tag{18.8}$$

Wird die Strömung vor und hinter dem Stoß isentropisch bis zu
einem Staupunkt fortgesetzt, so folgt aus Gl. (18.4) und (1.4)

$$I_0 = \hat{I}_0. \tag{18.9}$$

D. h.: Die Strömung bleibt beim Durchgang durch den Stoß isoenergetisch. Die in Ziff. 2.3 eingeführte Beschränkung auf isoenergetische
Strömungen kann also auch nach Einbeziehung der Verdichtungsstöße
aufrechterhalten bleiben.

Wir setzen fortan durchweg vollkommene Gase mit konstanten spezifischen Wärmen voraus. Aus Gl. (18.9) ergibt sich dann $\frac{p_0}{\varrho_0} = \frac{\hat{p}_0}{\hat{\varrho}_0}$ und $T_0 = \hat{T}_0$, d. h., auch das Verhältnis des Staudrucks zur Staudichte sowie die Stautemperatur *bleiben beim Stoßdurchgang ungeändert*, und nach Gl. (2.10) haben auch a^* und $w_{\max}$ vor und hinter dem Stoß denselben Wert. In § 20 werden wir sehen, daß der Staudruck und die Staudichte selbst beim Durchgang durch den Stoß nicht erhalten bleiben, sondern dabei stromabwärts auf kleinere Werte absinken.

18.2 Stoßverdichtung und isentropische Verdichtung. Aus dem Energiesatz (18.6) läßt sich für den Verdichtungsstoß eine Beziehung zwischen den Druck- und Dichtewerten allein herleiten. Setzt man nämlich in Gl. (18.6)

$$I = c_p\,T = \frac{c_p}{R}\,\frac{p}{\varrho} = \frac{\gamma}{\gamma-1}\,\frac{p}{\varrho}, \quad \hat{I} = \frac{\gamma}{\gamma-1}\,\frac{\hat{p}}{\hat{\varrho}}$$

und führt außerdem für w_n^2 und $\hat{w}_n^2$ die in den Gln. (18.7) angegebenen Ausdrücke ein, so erhält man nach einfachen Umformungen die HUGONIOT[1]-Gleichung

$$\frac{\hat{p}}{p} = \frac{(\gamma+1)\dfrac{\hat{\varrho}}{\varrho} - (\gamma-1)}{(\gamma+1) - (\gamma-1)\dfrac{\hat{\varrho}}{\varrho}}, \qquad \frac{\hat{\varrho}}{\varrho} = \frac{(\gamma+1)\dfrac{\hat{p}}{p} + (\gamma-1)}{(\gamma+1) + (\gamma-1)\dfrac{\hat{p}}{p}}, \qquad (18.10)$$

die sich auch in die übersichtlichere Form

$$\frac{\Delta p}{\Delta \varrho} = \gamma \cdot \frac{p + \dfrac{\Delta p}{2}}{\varrho + \dfrac{\Delta \varrho}{2}} \qquad (18.11)$$

bringen läßt. Die Diagrammdarstellung der durch die HUGONIOT-Gleichung festgelegten Funktion $p = p(\varrho)$, welche die Druck-Dichte-Beziehung beim Stoß angibt, heißt HUGONIOT-Kurve (Fig. 75). Sie ist eine gleichseitige Hyperbel mit den Asymptoten

$$\frac{\hat{\varrho}}{\varrho} = \frac{\gamma+1}{\gamma-1}, \quad \left[\frac{\hat{p}}{p} = -\frac{\gamma+1}{\gamma-1}\right]. \qquad (18.12)$$

Da nur Verdichtungen und keine Verdünnungen zugelassen werden, hat nur der in Fig. 75 dargestellte Kurvenzweig $\left(1 \leq \dfrac{\hat{\varrho}}{\varrho} \leq \dfrac{\gamma+1}{\gamma-1}\right)$ physikalische Bedeutung; aus diesem Grund ist die Gleichung der einen der beiden Asymptoten in Klammern gesetzt.

Ebenso wie bei der durch die Gl. (1.16)

$$\frac{\hat{p}}{p} = \left(\frac{\hat{\varrho}}{\varrho}\right)^{\gamma}, \quad \frac{\hat{\varrho}}{\varrho} = \left(\frac{\hat{p}}{p}\right)^{\frac{1}{\gamma}}$$

---

[1] HUGONIOT, H.: J. Ec. Polyt. Bd. 58 (1889) S. 80.

gegebenen isentropischen Verdichtung ($\hat{p}$ und $\hat{\varrho}$ bedeuten hier die Zustandswerte nach der isentropischen Verdichtung) nimmt auch bei der durch Gl. (18.10) gegebenen Stoßverdichtung der Quotient $\dfrac{\hat{\varrho}}{\varrho}$ mit $\dfrac{\hat{p}}{p}$ monoton zu. Während aber für $\dfrac{\hat{p}}{p} \to \infty$ der Dichtequotient $\dfrac{\hat{\varrho}}{\varrho}$ im isentropischen Fall unbegrenzt zunimmt, hat er beim Verdichtungsstoß nach der ersten Gleichung (18.12) den endlichen Grenzwert

$$\frac{\hat{\varrho}}{\varrho} \to \frac{\gamma + 1}{\gamma - 1} \quad \text{für} \quad \frac{\hat{p}}{p} \to \infty.$$

Durch einen Verdichtungsstoß kann also nicht eine beliebig starke Verdichtung herbeigeführt werden. Für Luft mit $\gamma = 1{,}405$ ist der Verdichtungsgrenzwert $\dfrac{\gamma + 1}{\gamma - 1} \approx 6$.

In Fig. 75 ist neben der HUGONIOT-Kurve für die Stoßverdichtungen auch die Kurve für die isentropischen Verdichtungen eingezeichnet. Wie man sieht, steigt die HUGONIOT-Kurve steiler an, d. h.: Das Verhältnis $\dfrac{p}{\varrho}$ und demnach auch die Temperatur T wachsen für gleiche Dichteänderungen beim Verdichtungsstoß schneller als bei der isentropischen Verdichtung.

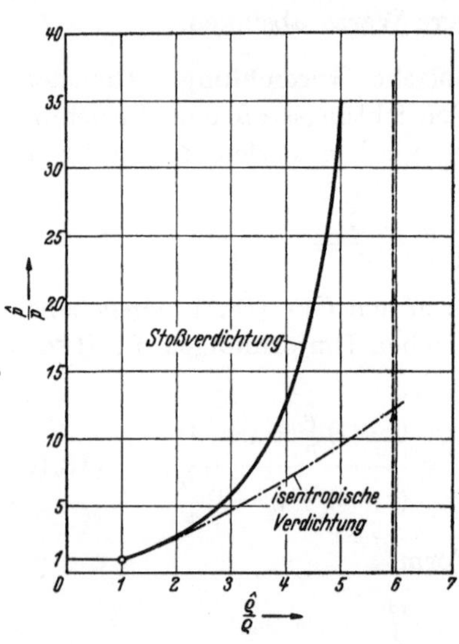

Fig. 75. Stoßverdichtung (HUGONIOT-Kurve) und isentropische Verdichtung

Ebenso wie im vorletzten Absatz von Ziff. 8.4 beziehen wir uns auf ein mit der Grundströmung fest verbundenes Koordinatensystem. In dem gegenüber diesem Koordinatensystem ruhenden Gas breitet sich die Stoßfront mit der Geschwindigkeit $-\mathfrak{w}_n$ aus, und das von der unstetigen Verdichtung erfaßte Gas strömt mit der Geschwindigkeit $\hat{\mathfrak{w}}_n - \mathfrak{w}_n$ nach. Hiernach ist w_n die Ausbreitungsgeschwindigkeit einer Stoßverdichtung, wie a nach Ziff. 8.4 die Ausbreitungsgeschwindigkeit einer isentropischen Verdichtung ist. Wegen $\dfrac{\hat{\varrho}}{\varrho} > 1$ und wegen des im Vergleich zur Kurve $\dfrac{\hat{p}}{p} = \left(\dfrac{\hat{\varrho}}{\varrho}\right)^{\gamma}$ steileren Anstiegs der HUGONIOT-Kurve (vgl. Fig. 75) folgt aus der ersten Gl. (18.7)

$$w_n^2 > \left(\frac{\Delta p}{\Delta \varrho}\right)_{Stoß} > \left(\frac{dp}{d\varrho}\right)_{isentr} = a^2, \quad \text{also} \quad w_n > a, \quad (18.13)$$

d. h.: Die Ausbreitungsgeschwindigkeit w_n einer Stoßverdichtung ist stets größer als die Ausbreitungsgeschwindigkeit a einer isentropischen Verdichtung.

Gleichwertig hiermit ist der Satz

$$\sigma > \alpha, \tag{18.14}$$

d. h.: Bei gleicher Anströmgeschwindigkeit w ist der Stoßwinkel σ stets größer als der MACH-Winkel α. Dies folgt wegen $\sin\sigma = \dfrac{w_n}{w}$ und $\sin\alpha = \dfrac{a}{w}$ sofort aus Satz (18.13).

18.3 Schwache Verdichtungsstöße. Für $\Delta p \to 0$, d. h. beim Übergang zu immer schwächeren Verdichtungsstößen, ergibt sich aus den Gln. (18.11) und (18.7)

$$\frac{\Delta p}{\Delta \varrho} \to \gamma \frac{p}{\varrho} = a^2 = \frac{dp}{d\varrho}, \quad w_n \to a, \quad \hat{w}_n \to a, \quad \text{also auch} \quad \sigma \to \alpha. \tag{18.15}$$

Die Stoßverdichtung geht also beim Grenzübergang $\Delta p \to 0$ in die isentropische Verdichtung über, hinreichend schwache Verdichtungsstöße können also durch isentropische Verdichtungen approximiert werden.

Wir untersuchen diese Approximation genauer und entwickeln zu diesem Zweck die Dichtezunahme $\dfrac{\hat{\varrho}}{\varrho}$ nach Potenzen von $\varepsilon = \dfrac{\Delta p}{p}$ einerseits für die Stoßverdichtung nach Gl. (18.10) und andererseits für die isentropische Verdichtung nach Gl. (1.16). Durch Einsetzen von $\dfrac{\hat{p}}{p} = 1 + \varepsilon$ ergibt sich hierbei

$$\frac{\hat{\varrho}}{\varrho} = 1 + \frac{1}{\gamma}\varepsilon - \frac{\gamma - 1}{2\gamma^2}\varepsilon^2 + \varepsilon^3\{\cdots\}.$$

Die angegebenen drei ersten Glieder der Potenzreihe sind für die Stoßverdichtung und die isentropische Verdichtung dieselben, das ·folgende Glied ist in beiden Fällen verschieden. Daraus folgt:

Bei gleicher Druckzunahme $\dfrac{\Delta p}{p} = \dfrac{\hat{p} - p}{p}$ ist die Differenz der isentropischen Verdichtung $\left(\dfrac{\hat{\varrho}}{\varrho}\right)_{isentr}$ und der nach Ziff. 18.2 stets kleineren Stoßverdichtung $\left(\dfrac{\hat{\varrho}}{\varrho}\right)_{Stoß}$ von der Größenordnung $\left(\dfrac{\Delta p}{p}\right)^3$, kurz

$$\left(\frac{\hat{\varrho}}{\varrho}\right)_{isentr} - \left(\frac{\hat{\varrho}}{\varrho}\right)_{Stoß} = O\left\{\left(\frac{\Delta p}{p}\right)^3\right\}. \tag{18.16}$$

Hiernach ist die Approximation eines Verdichtungsstoßes durch isentropische Verdichtungen in ziemlich weiten Grenzen praktisch brauchbar. Geometrisch kann Gl. (18.16) folgendermaßen interpretiert werden (vgl. Fig. 75):

Die HUGONIOT-Kurve (18.10) und die Kurve (1.16) für isentropische Verdichtungen haben im gemeinsamen Anfangspunkt $\dfrac{\hat{\varrho}}{\varrho} = \dfrac{\hat{p}}{p} = 1$ dieselbe Tangente und dieselbe Krümmung.

18.4 Berechnungsformeln für Verdichtungsstöße. Mit Berücksichtigung der Grundgleichungen (18.1) und (18.2) sowie der aus Fig. 74 ablesbaren Formeln

$$\sin\sigma = \frac{w_n}{w}, \quad \tan\sigma = \frac{w_n}{w_t}, \quad \tan(\sigma - \vartheta) = \frac{\hat{w}_n}{w_t}$$

bestätigt man sofort die folgenden Beziehungen[1] für den Stoßwinkel σ und den Ablenkungswinkel ϑ:

$$\Delta p = \frac{\Delta\varrho}{\varrho + \Delta\varrho}\,\varrho\,w^2\sin^2\sigma, \tag{18.17}$$

$$\frac{\varrho + \Delta\varrho}{\varrho} = \tan\sigma\,\cot(\sigma - \vartheta). \tag{18.18}$$

Aus diesen beiden Gleichungen zusammen mit der bereits vorne angegebenen Gl. (18.11) kann man zu p, ϱ, w und außerdem entweder Δp oder $\Delta\varrho$ oder ϑ die übrigen Größen berechnen. Der Verdichtungsstoß ist somit vollständig festgelegt, wenn man die Zustandsgrößen vor dem Stoß kennt und dazu noch entweder die Druckzunahme Δp oder die Dichtezunahme $\Delta\varrho$ oder den Ablenkungswinkel ϑ vorschreibt.

Bei vorgegebener MACH-Zahl $M = \dfrac{w}{a}$ der Grundströmung und vorgegebenem Stoßwinkel σ ergeben sich weiter mit der Abkürzung

$$\mu = M\sin\sigma = \frac{w_n}{a}$$

($=$MACH-Zahl der Normalkomponente der Grundströmung) bei Beachtung der Gln. (1.12) und (1.17) folgende Formeln für die Zunahme von Druck, Dichte und Temperatur beim Verdichtungsstoß[2].

$$\left.\begin{aligned}
\frac{\hat{p}}{p} &= \frac{2\gamma}{\gamma+1}\mu^2 - \frac{\gamma-1}{\gamma+1}, \\[2mm]
\frac{\hat{\varrho}}{\varrho} &= \frac{(\gamma+1)\mu^2}{(\gamma-1)\mu^2+2}, \\[2mm]
\frac{\hat{T}}{T} &= \left(\frac{\hat{a}}{a}\right)^2 = \frac{2\gamma\mu^2-(\gamma-1)}{(\gamma+1)^2}\left(\gamma-1+\frac{2}{\mu^2}\right).
\end{aligned}\right\} \tag{18.19}$$

Für die Abnahme $-\Delta w_n$ der Normalkomponente der Strömungsgeschwindigkeit gilt also wegen $\Delta w_n = \left(\dfrac{\hat{w}_n}{w_n}-1\right)a\mu = \left(\dfrac{\varrho}{\hat{\varrho}}-1\right)a\mu$

$$\frac{\Delta w_n}{a} = \frac{2}{\gamma+1}\left(\frac{1}{\mu}-\mu\right) \tag{18.20}$$

und für den Ablenkungswinkel erhält man

$$\tan(\sigma - \vartheta)\cot\sigma = \frac{(\gamma-1)\mu^2+2}{(\gamma+1)\mu^2}. \tag{18.21}$$

---

[1] v. KÁRMÁN, TH.: Voltakongreß [4] S. 249.

[2] SCHUBERT, F.: Z. angew. Math. Mech. Bd. 23 (1943) S. 129—138.

Hiernach sind $\dfrac{\hat{p}}{p}$, $\dfrac{\hat{\varrho}}{\varrho}$, $\dfrac{\hat{T}}{T}$ sowie auch $\dfrac{\Delta w_n}{a}$ und $\tan(\sigma - \vartheta) \cdot \cot \sigma$ nur von einem einzigen Parameter, nämlich der MACH-Zahl $\mu = \dfrac{w_n}{a}$, abhängig.

Zur Berechnung des Stoßwinkels σ aus den Druckwerten p, $\hat{p}$ vor und hinter dem Stoß sowie dem Staudruck p_0 vor dem Stoß dient die Gleichung

$$\sin^2\sigma = \frac{\gamma - 1}{4\,\gamma} \frac{\left[(\gamma - 1) + (\gamma + 1)\dfrac{\hat{p}}{p}\right]}{\left[\left(\dfrac{p_0}{p}\right)^{\frac{\gamma-1}{\gamma}} - 1\right]}, \tag{18.22}$$

die sich mit $w^2 = 2\,(I_0 - I)$ [vgl. Gl. (1.4)] nach Berechnung von w_n^2 aus Gl. (18.6) und (18.1) ähnlich wie die vorigen ergibt, wobei wegen Gl. (1.13) bzw. Gl. (1.16)

$$I = \frac{\gamma}{\gamma - 1}\frac{p}{\varrho}; \quad I_0 = \frac{\gamma}{\gamma - 1}\frac{p_0}{\varrho_0} = \frac{\gamma}{\gamma - 1}\frac{p}{\varrho}\left(\frac{p_0}{p}\right)^{\frac{\gamma-1}{\gamma}}.$$

Zur Berechnung der Zustandsgrößen hinter dem Stoß aus ihren Endwerten und Staupunktwerten vor dem Stoß sowie dem Stoßwinkel σ kann man sich folgender Formel bedienen:

$$\left.\begin{aligned}
\frac{\hat{p}}{p_0} &= \frac{\gamma + 1}{\gamma - 1}\left(\frac{p}{p_0}\right)^{\frac{1}{\gamma}}\left[\frac{4\,\gamma \sin^2\sigma}{(\gamma + 1)^2} - \left(\frac{\gamma - 1}{\gamma + 1}\right)^2\left(1 + \frac{4\,\gamma \sin^2\sigma}{(\gamma - 1)^2}\right)\left(\frac{p}{p_0}\right)^{\frac{\gamma-1}{\gamma}}\right], \\[2ex]
\frac{\hat{\varrho}}{\varrho_0} &= \frac{\gamma + 1}{\gamma - 1}\frac{\varrho}{\varrho_0}\cdot\frac{1 - \left(\dfrac{\varrho}{\varrho_0}\right)^{\gamma-1}}{1 + \left(\dfrac{\varrho}{\varrho_0}\right)^{\gamma-1}\cdot \cot^2\sigma}, \\[2ex]
\frac{\hat{T}}{T_0} &= \frac{1 + \dfrac{T}{T_0}\cot^2\sigma}{1 - \dfrac{T}{T_0}}\left[\frac{4\,\gamma \sin^2\sigma}{(\gamma + 1)^2} - \left(\frac{\gamma - 1}{\gamma + 1}\right)^2\left(1 + \frac{4\,\gamma \sin^2\sigma}{(\gamma - 1)^2}\right)\frac{T}{T_0}\right],
\end{aligned}\right\} \tag{18.23}$$

die aus Gl. (18.22) wegen Gl. (18.10), (1.16) und (1.12) folgen, sowie

$$w_n \hat{w}_n = a^{*\,2} - \frac{\gamma - 1}{\gamma + 1}\,w_t^2. \tag{18.24}$$

Die letzte dieser Gleichungen läßt sich mit Rücksicht auf die letzte Gl. (18.7) umformen in

$$\frac{\Delta p}{\Delta \varrho} = a^{*\,2} - \frac{\gamma - 1}{\gamma + 1}\,w_t^2. \tag{18.25}$$

Zur Herleitung der Gln. (18.17) bis (18.24) sind wie angedeutet nur elementare Rechnungen erforderlich. Wir beschränken uns auf die Herleitung der etwas mühsamer zu berechnenden Gl. (18.24):

Durch Einsetzen von

$$\frac{\gamma}{\gamma-1}\frac{p}{\varrho}=I=I_0-\frac{1}{2}(w_n^2+w_t^2),\qquad \frac{\gamma}{\gamma-1}\frac{\hat{p}}{\hat{\varrho}}=\hat{I}=I_0-\frac{1}{2}(\hat{w}_n^2+\hat{w}_t^2)$$

in den Impulssatz (18.2) ergibt sich

$$\varrho\left[w_n^2+\frac{\gamma-1}{\gamma}I_0-\frac{\gamma-1}{2\gamma}(w_n^2+w_t^2)\right]$$
$$=\hat{\varrho}\left[\hat{w}_n^2+\frac{\gamma-1}{\gamma}I_0-\frac{\gamma-1}{2\gamma}(\hat{w}_n^2+\hat{w}_t^2)\right].$$

Mit Berücksichtigung der Gln. (18.1), (18.5) und der Beziehung (2.10)

$$a^{*2}=\frac{2\gamma}{\gamma+1}\frac{p_0}{\varrho_0}=\frac{2(\gamma-1)}{\gamma+1}I_0$$

kommt dann weiter

$$\hat{w}_n\left[w_n^2+\frac{\gamma+1}{2\gamma}a^{*2}-\frac{\gamma-1}{2\gamma}(w_n^2+w_t^2)\right]$$
$$=w_n\left[\hat{w}_n^2+\frac{\gamma+1}{2\gamma}a^{*2}-\frac{\gamma-1}{2\gamma}(\hat{w}_n^2+w_t^2)\right],$$

woraus nach Division mit $\dfrac{\gamma+1}{2\gamma}(\hat{w}_n-w_n)$ die zu beweisende Gl. (18.24) folgt.

18.5 Senkrechter Verdichtungsstoß. Der bisher betrachtete allgemeine oder schiefe Verdichtungsstoß spezialisiert sich mit $\vartheta=0$ und $\sigma=\dfrac{\pi}{2}$ zum senkrechten Verdichtungsstoß. Aus diesem kann wegen $w_t=\hat{w}_t$ der schiefe Verdichtungsstoß durch Überlagerung einer zur Stoßfront parallelen Strömung erzeugt werden. Der senkrechte Verdichtungsstoß (Fig. 76) entsteht beispielsweise in der eindimensionalen Überschallströmung durch ein zylindrisches Rohr, wenn stromabwärts ein gewisser höherer Druck als stromaufwärts vorgegeben ist.

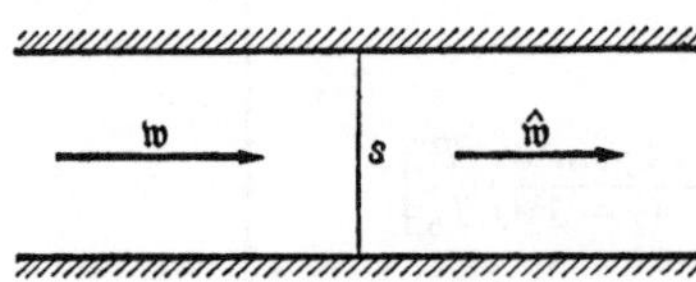

Fig. 76. Senkrechter Verdichtungsstoß

Die Grundgleichungen des senkrechten Verdichtungsstoßes ergeben sich aus den Grundgleichungen (18.1) bis (18.4) des schiefen Stoßes mit $w_t=\hat{w}_t=0$, $w_n=w$, $\hat{w}_n=\hat{w}$.

Der senkrechte Verdichtungsstoß ist durch die Zustandswerte vor dem Stoß vollständig bestimmt. Dies erkennt man z. B. sofort aus den Gln. (18.19) und (18.20), in denen jetzt μ durch die MACH-Zahl M der Strömung vor dem Stoß zu ersetzen ist. Man kann die Gln. (18.19) umformen in

$$\Delta p = \frac{2\,\varrho\,w^2}{\gamma+1}\left(1-\frac{1}{M^2}\right), \qquad \frac{\Delta p}{p} = \frac{2\gamma}{\gamma+1}(M^2-1),$$

$$\frac{\Delta\varrho}{\varrho} = \frac{M^2-1}{\frac{\gamma-1}{2}M^2+1},$$

$$\Delta T = \frac{2\gamma}{(\gamma+1)^2}\frac{w^2}{c_p}\left(1-\frac{1}{M^2}\right)\left(1+\frac{1}{\gamma\,M^2}\right). \tag{18.26}$$

Für hohe Überschallgeschwindigkeiten ($M \gg 1$) ergeben sich hieraus die Näherungsformeln.

$$\frac{\Delta p}{\varrho} \approx \frac{2w^2}{\gamma+1}, \qquad \frac{\Delta\varrho}{\varrho} \approx \frac{2}{\gamma-1}, \qquad c_p\,\Delta T \approx \frac{2\gamma}{(\gamma+1)^2}w^2. \tag{18.27}$$

Die Gln. (18.23) und (18.24) spezialisieren sich beim senkrechten Stoß $\left(\sigma = \frac{\pi}{2}\right)$ zu

$$\frac{\hat{p}}{p_0} = \frac{\gamma+1}{\gamma-1}\left(\frac{p}{p_0}\right)^{\frac{1}{\gamma}}\left[\frac{4\gamma}{(\gamma+1)^2}-\left(\frac{p}{p_0}\right)^{\frac{\gamma-1}{\gamma}}\right] = \frac{\dfrac{2\gamma}{\gamma+1}M^2-\dfrac{\gamma-1}{\gamma+1}}{\left(\dfrac{\gamma-1}{2}M^2+1\right)^{\frac{\gamma}{\gamma-1}}},$$

$$\frac{\hat{\varrho}}{\varrho_0} = \frac{\gamma+1}{\gamma-1}\frac{\varrho}{\varrho_0}\left[1-\left(\frac{\varrho}{\varrho_0}\right)^{\gamma-1}\right], \tag{18.28}$$

$$\frac{\hat{T}}{T_0} = \frac{\dfrac{4\gamma}{(\gamma+1)^2}-\dfrac{T}{T_0}}{1-\dfrac{T}{T_0}}$$

und

$$w\,\hat{w} = a^{*2}. \tag{18.29}$$

Aus Gl. (18.29) folgt wegen $w > a^*$ notwendig $\hat{w} < a^*$. Der senkrechte Stoß führt also stets von Über- zu Unterschallgeschwindigkeit. Beim schiefen Stoß dagegen, der durch Überlagerung einer zur Stoßfront parallelen Strömung $w_t = \hat{w}_t$ entsteht, kann hinter dem Stoß sowohl Unter- als auch Überschallgeschwindigkeit herrschen.

Durch den senkrechten Verdichtungsstoß erhalten die Untersuchungen in Ziff. 3.2 über eindimensionale Rohrströmungen eine wesentliche Ergänzung:

Bei hinreichend hohem Druck am Ende des Rohrs kann sich unterhalb des engsten Querschnitts ein Verdichtungsstoß ausbilden, der die Überschallströmung in eine Unterschallströmung überführt. Hierbei springt der Druck in Fig. 7 von der der Überschallströmung zugeordneten durchgezogenen oder punktierten Druckkurve in A plötzlich auf eine der strichpunktierten Druckkurven und setzt sich dann in C mit dieser Druckkurve fort. Das analoge Verhalten gilt für den Geschwindigkeitsverlauf. Auf diese Weise erhalten, wie wir bereits in Ziff. 3.2 angekündigt hatten, Teile der in Fig. 7 strichpunktierten Kurven physikalische Realität, und es werden dadurch auch zwischen (*a*) und (*b*) liegende Drucke unterhalb des engsten Querschnitts erreichbar.

In einem zylindrischen Rohr (vgl. Fig. 76) kann sich in stationärer Strömung ein Verdichtungsstoß nur dann ausbilden, wenn der am Rohrende vorgegebene Druck $\hat{p}$ mit dem Druck p und der MACH-Zahl M der Grundströmung nach den Gln. (18.26) in der Beziehung

$$\frac{\hat{p}}{p} = 1 + \frac{2\gamma}{\gamma + 1}\,(M^2 - 1)$$

steht. Ist diese Bedingung nicht erfüllt, dann wandert die Stoßfront und der Strömungsvorgang wird dadurch in dem zugrunde liegenden Bezugssystem instationär.

§ 19. Stoßpolarendiagramm

19.1 Definition und Gleichung der Stoßpolaren.
Zur Darstellung der Beziehungen zwischen den physikalischen und geometrischen Größen

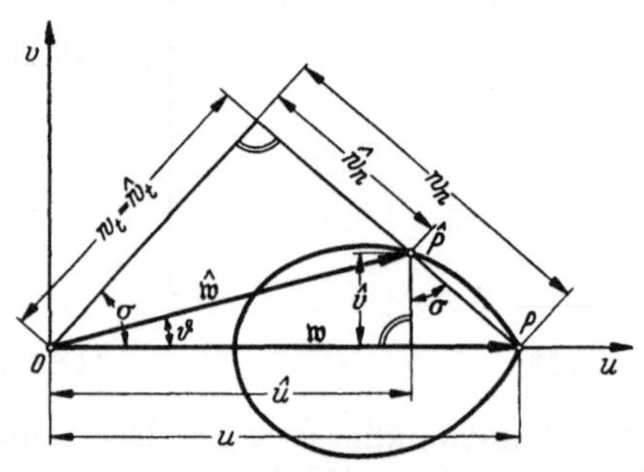

Fig. 77. Stoßpolare

beim Verdichtungsstoß kann man sich der von BUSEMANN[1] eingeführten Stoßpolaren bedienen. Die Stoßpolare ist folgendermaßen definiert (Fig. 77):

In der u, v-Hodographenebene werden zu einem festen Geschwindigkeitsvektor $\mathfrak{w} = OP$, der durch die Strömung vor der Stoßfront gegeben ist, die ∞^1 Geschwindigkeitsvektoren $\hat{\mathfrak{w}} = O\hat{P}$ aufgetragen, die hinter der Stoßfront in Abhängigkeit von dem Stoßwinkel σ als Parameter auftreten können. Der geometrische Ort der Punkte $\hat{P}$ soll als die zu $\mathfrak{w}$ gehörige Stoßpolare bezeichnet werden. Sie zeigt gemäß Fig. 77 die geometrischen Beziehungen zwischen $\mathfrak{w}$, $\hat{\mathfrak{w}}$, σ und ϑ.

Um die Gleichung der Stoßpolaren aufzustellen, legen wir den Nullpunkt des u, v-Koordinatensystems in den gemeinsamen Anfangspunkt O der Vektoren $\mathfrak{w}$ und $\hat{\mathfrak{w}}$ und die u-Achse in die Richtung von $\mathfrak{w}$. Dann hat man

$$w_t = \hat{w}_t = u\cos\sigma, \qquad w_n = u\sin\sigma,$$

$$\hat{w}_n = u\sin\sigma - \frac{\hat{v}}{\cos\sigma}, \qquad \tan\sigma = \frac{u - \hat{u}}{\hat{v}}.$$

<hr>

[1] BUSEMANN, A.: Vorträge aus dem Gebiet der Aerodynamik (herausgeg. von GILLES, HOPF u. v. KÁRMÁN). Aachen 1929 S. 162. Springer: Berlin 1930. — Vgl. auch TH. MEYER: Diss. Göttingen 1908 und ACKERET:[1], S. 331.

Durch Einsetzen in Gl. (18.24) ergibt sich

$$u^2\sin^2\sigma - u\hat{v}\tan\sigma = a^{*2} - \frac{\gamma-1}{\gamma+1}u^2\cos^2\sigma,$$

$$u^2\frac{\tan^2\sigma}{1+\tan^2\sigma} - u\hat{v}\tan\sigma = a^{*2} - \frac{\gamma-1}{\gamma+1}\frac{u^2}{1+\tan^2\sigma},$$

$$\frac{u^2(u-\hat{u})^2}{\hat{v}^2+(u-\hat{u})^2} - u(u-\hat{u}) = a^{*2} - \frac{\gamma-1}{\gamma+1}\frac{u^2\hat{v}^2}{\hat{v}^2+(u-\hat{u})^2}.$$

Nach einer einfachen Umformung erhält man

$$\hat{v}^2\left[\left(\frac{a^{*2}}{u}+\frac{2}{\gamma+1}u\right)-\hat{u}\right] = (u-\hat{u})^2\left(\hat{u}-\frac{a^{*2}}{u}\right) \tag{19.1}$$

als Gleichung der Stoßpolaren in den Koordinaten $\hat{u}$, $\hat{v}$ ihrer Punkte $\hat{P}$.
Man sieht, daß die Stoßpolare durch die Konstanten u und a^*, d. h.
durch die Strömungsgeschwindigkeit u vor dem Stoß und die beim
Stoß ungeändert bleibende kritische Geschwindigkeit a^* vollständig bestimmt ist.

19.2 Geometrische Eigenschaften der Stoßpolaren. Nach Gl. (19.1)
ist die Stoßpolare eine algebraische Kurve dritter Ordnung mit der
u-Achse als Symmetrieachse (Fig. 78). Wegen

$$\hat{v} \to \pm\infty \quad \text{für} \quad \hat{u} \to \left(\frac{a^{*2}}{u}+\frac{2}{\gamma+1}u\right) = \overline{OA}$$

hat sie im Punkt A eine vertikale Asymptote. Die beiden Schnittpunkte P, Q mit der u-Achse mit den Abszissen

$$\hat{u} = u = \overline{OP} \quad \text{und} \quad \hat{u} = \frac{a^{*2}}{u} = \overline{OQ}$$

liegen reziprok bezüglich des Kreises $w = a^*$. Dieser Kreis schneidet
demnach die Stoßpolare und zerlegt sie dadurch in zwei Teile, denen
Verdichtungsstöße mit Unter- bzw. Überschallgeschwindigkeiten $\hat{w}$ nach
dem Stoß entsprechen. Der Punkt Q kennzeichnet den zu w gehörigen
senkrechten Verdichtungsstoß.

Die Stoßpolare ist ein Teil einer als „Cartesisches Blatt" bezeichneten Kurve und läßt sich folgendermaßen punktweise konstruieren
(vgl. Fig. 78): Über den Durchmessern QA und QP schlägt man die
Kreise k_1 und k_2. Von einem beliebigen Punkt B von k_1 wird das Lot BF
auf die u-Achse gefällt und die Verbindungslinie BQ gezogen, welche
den Kreis k_2 in C schneidet. Der Schnittpunkt $\hat{P}$ von BF und CP ist
ein Punkt der Stoßpolaren; denn nach Konstruktion ist $\sphericalangle BQF = \sphericalangle P\hat{P}F$ und demnach

$$\hat{v}:\overline{FP} = \overline{QF}:\overline{FB},$$

also in Übereinstimmung mit Gl. (19.1)

$$\hat{v}^2 = \frac{\overline{FP}^2\,\overline{QF}^2}{\overline{FB}^2} = \frac{\overline{FP}^2\,\overline{QF}^2}{\overline{QF}\,\overline{FA}} = \overline{FP}^2\frac{\overline{QF}}{\overline{FA}}.$$

Der Anfangspunkt P der Stoßpolaren ist der Doppelpunkt des Cartesischen Blattes. Die Fortsetzung über P hinaus zur Asymptote hin liefert Verdünnungsstöße, hat also keine physikalische Bedeutung.

Für $\hat{P} \to P$ ergibt sich als Grenzfall des Verdichtungsstoßes die isentropische Verdichtung. Nach Gl. (18.15) geht hierbei der Stoßwinkel σ in den MACH-Winkel α über. Daher bilden die Tangenten der Stoßpolaren im Doppelpunkt P mit der u-Achse den Winkel $\frac{\pi}{2} - \alpha$ (vgl. Fig. 80) und man hat zugleich eine geometrische Bestätigung der Ungleichung (18.14), nämlich $\sigma > \alpha$.

Man kann die Beziehung $\sigma \to \alpha$ für $\hat{P} \to P$ auch folgendermaßen interpretieren: Die von P ausgehende Stoßpolare und die von P ausgehenden u, v-MACH-Linien (PRANDTL-BUSEMANNsche Epizykloiden, vgl. Fig. 47) haben in P dieselben Tangenten. Auf Grund einer Abschätzung wie (18.16) haben sie in P auch noch dieselbe Krümmung.

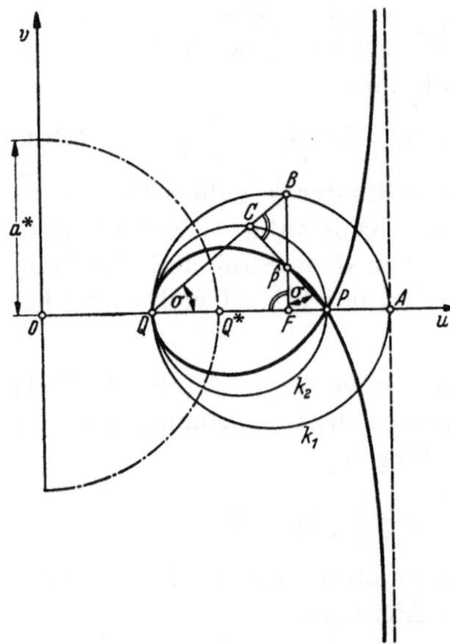

Fig. 78. Erzeugung der Stoßpolaren als Cartesisches Blatt

19.3 Aufbau des Stoßpolarendiagramms. Kritischer Ablenkungswinkel. Das Stoßpolarendiagramm (Fig. 79) besteht aus den Stoßpolaren für mehrere Punkte der u-Achse des Überschallbereichs $a^* < u \leqq w_{\max}$. Für $u = a^*$ entartet die Stoßpolare in einen Punkt Q^*, für $u = w_{\max}$ geht sie in einen Kreis über; das Cartesische Blatt zerfällt hierbei in diesen Kreis und seine Tangente im Punkt $u = w_{\max}$. Alle übrigen Stoßpolaren liegen im Innern des obengenannten Kreises und umschließen den Punkt Q^*.

Aus dem Stoßpolarendiagramm läßt sich, bei entsprechender Interpolation, zu jeder gegebenen Grundströmung $\mathfrak{w}$ und einem gegebenen Stoßwinkel σ oder Ablenkungswinkel ϑ die Strömungsgeschwindigkeit $\hat{\mathfrak{w}}$ hinter dem Stoß entnehmen. Wie man mit Hilfe der im Stoßpolarendiagramm ebenfalls eingezeichneten „Drosselkurven" (gestrichelte Linien in Fig. 79) die Druckzunahme berechnen kann, wird in Ziff. 20.2 besprochen werden.

Der sogenannte kritische Winkel ϑ_k, d. h. der Winkel der Tangente aus O an die Stoßpolare, zerlegt durch die Berührpunkte T, T' der Tangenten die Stoßpolare in die Bögen TPT' und TQT' (Fig. 80). Für

$\vartheta < \vartheta_k$ ergeben sich jeweils zwei Schnittpunkte $\hat{P}$ und $(\hat{P})$, d. h.: Die Ablenkung um den Winkel ϑ bei der in Ziff. 18.1 gestellten Aufgabe (vgl. Fig. 72) kann auf zwei verschiedene Arten erzielt werden, einmal durch einen dem Punkt $\hat{P}$ entsprechenden schwächeren und zum anderen durch einen dem Punkt $(\hat{P})$ entsprechenden stärkeren Stoß. Die erste Lösung geht mit $\hat{P} \to P$ in die ungestörte Parallelströmung, die zweite Lösung mit $\hat{P} \to Q$ in den senkrechten Verdichtungsstoß über. Wenn

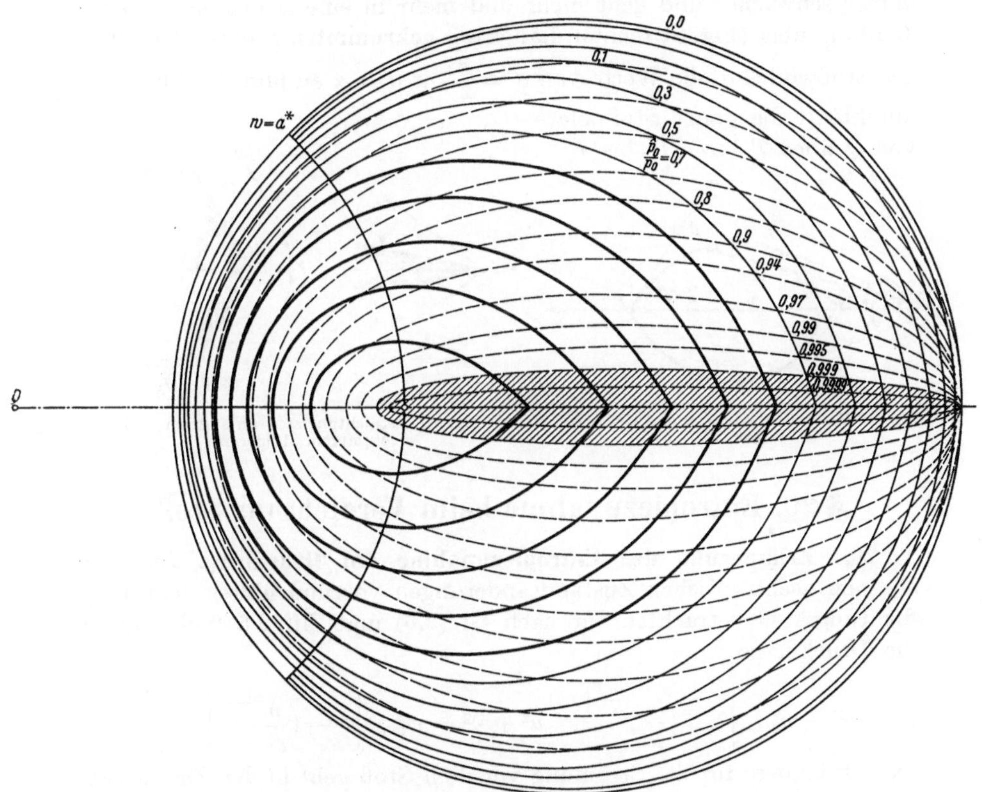

Fig. 79. Stoßpolarendiagramm für Luft ($\gamma = 1{,}405$) (nach BUSEMANN)

man die zweite Lösung nicht durch zusätzliche Randbedingungen erzwingt, stellt sich bei der Überschallströmung um einen symmetrisch angeblasenen Keil mit dem halben Öffnungswinkel $\vartheta < \vartheta_k$ die erste Lösung ein (Fig. 81 links).

Für $\vartheta = \vartheta_k$ fallen beide Lösungen zusammen und für $\vartheta > \vartheta_k$ existiert kein Schnittpunkt mit der Stoßpolaren. In diesem Fall, der bei einem hinreichend stumpfen Hindernis vorliegt, kann also die Ablenkung ϑ

nicht durch einen Verdichtungsstoß mit einer von der Ecke E ausgehenden Stoßfront („anliegende Kopfwelle") wie im Fall $\vartheta \leqq \vartheta_k$ erzwungen werden. Bei einem Keil endlicher Länge bildet sich statt dessen bereits bei einem vor dem Hindernis liegenden Punkt V ein Verdichtungsstoß mit gekrümmter Stoßfront („abgelöste Kopfwelle") aus, die in V mit zur Anströmrichtung senkrechter Tangente beginnt (senkrechter Verdichtungsstoß) und in großer Querentfernung vom Hindernis sich mehr und mehr den MACH-Richtungen nähert. Dabei wird der Stoß immer schwächer und geht mehr und mehr in eine isentropische Verdichtung über (Fig. 81 rechts). Längs der gekrümmten Stoßfront nimmt der Stoßwinkel σ alle Werte von $\sigma = \dfrac{\pi}{2}$ bis $\sigma = \alpha$ an und der Punkt $\hat{P}$ durchläuft die ganze Stoßpolare von Q über T bzw. T' bis P.

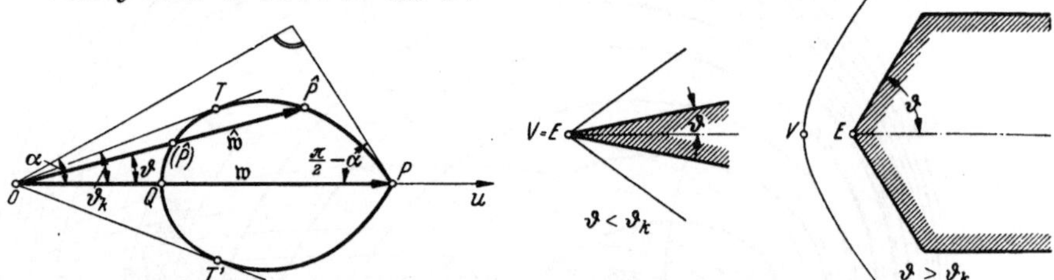

Fig. 80. MACHscher Winkel α und Kritischer Winkel ϑ_k Fig. 81. Verdichtungsstoß an spitzem und stumpfem Hindernis

§ 20. Entropiezunahme beim Verdichtungsstoß

20.1 Erläuterung der Entropiezunahme am Druckberg. Zu den stetigen, isentropischen Zustandsänderungen vor und hinter dem Verdichtungsstoß betrachten wir nach Gl. (2.6) und Ziff. 2.5 (vgl. Fig. 4) die Druckberge

$$u^2 + v^2 = w_{\max}^2\left[1 - \left(\frac{p}{p_0}\right)^{\frac{\gamma-1}{\gamma}}\right], \quad \hat{u}^2 + \hat{v}^2 = w_{\max}^2\left[1 - \left(\frac{\hat{p}}{\hat{p}_0}\right)^{\frac{\gamma-1}{\gamma}}\right]. \quad (20.1)$$

Der Druckberg für die Strömung vor dem Stoß geht in den Druckberg für die Strömung hinter dem Stoß durch affine Verzerrung parallel zur p-Achse im Verhältnis $p_0 : \hat{p}_0$ über.

Das Verzerrungsverhältnis $\hat{p}_0 : p_0$ wird in Ziff. 20.2 berechnet werden. Es steht mit der mit jedem Verdichtungsstoß verbundenen Entropiezunahme $\hat{S} - S$ in einem einfachen Zusammenhang: Aus der Entropiegleichung (1.15), angewandt auf einen Staupunkt vor und einen Staupunkt hinter dem Stoß, erhält man

$$\hat{S} - S = c_v\left\{\ln\left(\frac{\hat{T}_0}{T_0}\right) - (\gamma - 1)\ln\left(\frac{\hat{\varrho}_0}{\varrho_0}\right)\right\}$$

und mit Berücksichtigung von $T_0 = \hat{T}_0$ nach Gl. (18.9)

$$\frac{\hat{S} - S}{c_v} = (\gamma - 1)\ln\left(\frac{\varrho_0}{\hat{\varrho}_0}\right) = (\gamma - 1)\ln\left(\frac{p_0}{\hat{p}_0}\right). \qquad (20.2)$$

Da die Entropie beim Verdichtungsstoß zunimmt, folgt aus Gl. (20.2) mit $\hat{S} - S > 0$ sofort

$$\frac{\hat{p}_0}{p_0} < 1. \qquad (20.3)$$

Man nennt den Quotienten $\dfrac{\hat{p}_0}{p_0}$, den wir nach dem Vorangehenden auch als Verzerrungsverhältnis der affinen Druckberge interpretieren können, Drosselfaktor. Da er nach Gl. (20.3) stets kleiner als Eins ist, ist der Druckberg für die Strömung vor dem Stoß steiler als für die Strömung hinter dem Stoß (Fig. 82). Als praktisch wichtige Folgerung ergibt sich hieraus: Zu gleichen Strömungsgeschwindigkeiten gehören hinter dem Stoß kleinere Drucke als vor dem Stoß.

Mit Hilfe der Druckberge lassen sich die Grundgleichungen des Verdichtungsstoßes geometrisch deuten[1] (vgl. Fig. 82):

Wir legen die u-Achse parallel zur (stromabwärts rechtsverlaufenden) Stoßlinie und haben dann

$$u = w_t, \quad v = w_n.$$

Nach Gl. (18.5) ist dann $u = \hat{u}$, d. h. die den Zuständen unmittelbar vor und hinter dem Stoß entsprechenden Punkte P, $\hat{P}$ der beiden Druckberge liegen in einer zur v, p-Aufrißebene parallelen Schnittebene $u = \hat{u} =$ const. Die von dieser Ebene aus den beiden Druckbergen ausgeschnittenen Kurven sind in Fig. 82 der Deutlichkeit halber nicht oben im Aufriß eingetragen, sondern unterhalb des Grundrisses gesondert angegeben.

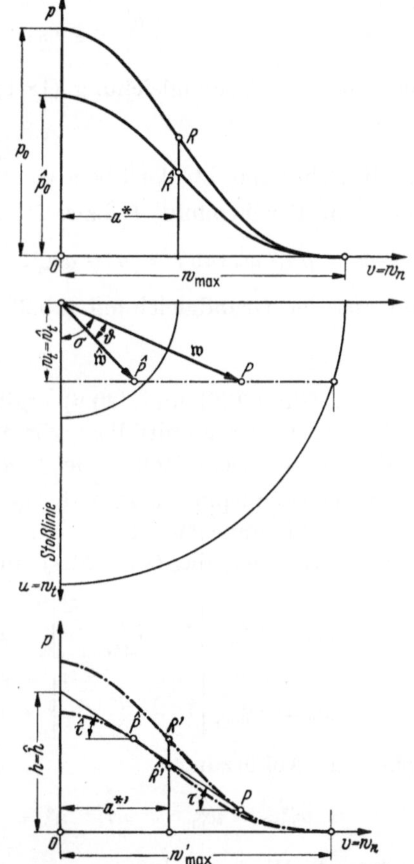

Fig. 82. Geometrische Deutung des Verdichtungsstoßes mittels der Druckberge

<hr>

[1] Vgl. Fußnote A. Busemann in Ziff. 19.1.

Die Schnittkurven genügen der BERNOULLIschen Gleichung (2.4), also

$$\frac{w_n^2}{2} + \int\limits_{p_0}^{p} \frac{dp}{\varrho} = -\frac{w_t^2}{2} = \text{const} = -\frac{\hat{w}_t^2}{2} = \frac{\hat{w}_n^2}{2} + \int\limits_{\hat{p}_0}^{\hat{p}} \frac{d\hat{p}}{\hat{\varrho}}. \qquad (20.4)$$

Hieraus folgt wie in Gl. (2.24)

$$\tan\tau = -\frac{dp}{dw_n} = \varrho\, w_n, \quad \tan\hat{\tau} = -\frac{d\hat{p}}{d\hat{w}_n} = \hat{\varrho}\, \hat{w}_n$$

und nach der Grundgleichung (18.1)

$$\tau = \hat{\tau}. \qquad (20.5)$$

Für die Schnittpunkte der Ebene $v = 0$ mit den Tangenten an die Schnittkurve im Berührpunkt P bzw. $\hat{P}$ erhält man

$$h = p + w_n \tan\tau = p + \varrho\, w_n^2, \quad \hat{h} = \hat{p} + \hat{w}_n \tan\hat{\tau} = \hat{p} + \hat{\varrho}\, \hat{w}_n^2$$

und aus der Grundgleichung (18.2)

$$h = \hat{h}. \qquad (20.6)$$

Aus den Gln. (20.5) und (20.6) ergibt sich der Satz:

Die Zustände unmittelbar vor und hinter dem Verdichtungsstoß werden in der Schnittebene $w_t = \hat{w}_t = \text{const}$ der beiden Druckberge durch die Berührpunkte P, $\hat{P}$ der gemeinsamen Tangente dargestellt.

Bei vollkommenen Gasen mit konstanten spezifischen Wärmen spezialisieren sich die Gln. (20.4) mit Hilfe der Gln. (2.6) zu

$$w_n^2 = w_{\max}^2 \left[1 - \left(\frac{p}{p_0}\right)^{\frac{\gamma-1}{\gamma}} \right] - w_t^2 = w_{\max}'^2 \left[1 - \varkappa^2 \left(\frac{p}{p_0}\right)^{\frac{\gamma-1}{\gamma}} \right],$$

$$\hat{w}_n^2 = w_{\max}^2 \left[1 - \left(\frac{\hat{p}}{\hat{p}_0}\right)^{\frac{\gamma-1}{\gamma}} \right] - w_t^2 = w_{\max}'^2 \left[1 - \varkappa^2 \left(\frac{\hat{p}}{\hat{p}_0}\right)^{\frac{\gamma-1}{\gamma}} \right],$$

wobei zur Abkürzung

$$w_{\max}'^2 = w_{\max}^2 - w_t^2, \quad \varkappa^2 = \left(\frac{w_{\max}}{w_{\max}'}\right)^2 = 1 + \left(\frac{w_t}{w_{\max}'}\right)^2 \geqq 1 \qquad (20.7)$$

gesetzt ist. Hieraus folgt:

Die Schnittkurven $w_t = \hat{w}_t = \text{const}$ der Druckberge entstehen aus deren Meridianen dadurch, daß man diese in der w_n-Richtung im Verhältnis $\varkappa : 1$ und in der p-Richtung im Verhältnis $\varkappa^{\frac{2\gamma}{\gamma-1}} : 1$ affin zusammendrückt.

Wegen dieser affinen Beziehung liegen ebenso wie die Wendepunkte R, $\hat{R}$ der Meridiane auch die Wendepunkte R', $\hat{R}'$ der Schnittkurven lotrecht übereinander (vgl. Fig. 82). Für die gemeinsame Abszisse $a^{*'}$

der Punkte R', $\hat{R}'$ hat man

$$a^{*'2} = \frac{a^{*2}}{\varkappa^2} = \frac{w_{\max}'^2}{w_{\max}^2}\, a^{*2} = \frac{w_{\max}^2 - w_t^2}{w_{\max}^2}\, a^{*2} = a^{*2} - \frac{\gamma-1}{\gamma+1}\, w_t^2. \quad (20.8)$$

Durch Gegenüberstellung mit den Gln. (18.24) und (18.25) folgt weiter

$$a^{*'2} = w_n \hat{w}_n = \frac{\varDelta p}{\varDelta \varrho}, \quad (20.9)$$

wodurch die geometrische Größe $a^{*'}$ eine physikalische Bedeutung erhält. Außerdem liefert Gl. (20.9) wegen $w_n > \hat{w}_n$ die Ungleichungen

$$w_n > a^{*'}, \quad \hat{w}_n < a^{*'},$$

der Punkt P liegt also rechts, der Punkt $\hat{P}$ links vom Wendepunkt R'.

Beim senkrechten Verdichtungsstoß ($w_t = \hat{w}_t = 0$) ist $a^{*'} = a^*$, $w_{\max}' = w_{\max}$ und die Schnittkurven $w_t = \hat{w}_t = 0$ fallen mit den Meridianen der beiden Druckberge zusammen.

20.2 Drosselfaktor und Druckberechnung. Wenn man für einen vorgegebenen Stoß etwa mit Hilfe des Stoßpolarendiagramms die Strömungsgeschwindigkeit $\hat{w}$ hinter der Stoßfront ermittelt hat, kann man mit Hilfe der Zahlentafel 1 (vgl. Ziff. 2.4) oder der Zahlentafel 2 (vgl. Ziff. 15.3) den Druck hinter dem Stoß bezogen auf den Staudruck hinter dem Stoß, also das Verhältnis $\dfrac{\hat{p}}{\hat{p}_0}$ bekommen. Die entsprechenden Werte p und p_0 vor dem Stoß sind als bekannt anzusehen. Um daraus $\hat{p}$ selbst zu finden, hat man

$$\hat{p} = \left(\frac{\hat{p}}{\hat{p}_0}\right) \cdot \left(\frac{\hat{p}_0}{p_0}\right) \cdot p_0 \quad (20.10)$$

zu bilden, man muß also noch den Drosselfaktor $\dfrac{\hat{p}_0}{p_0}$ des Verdichtungsstoßes kennen. Zugleich mit dem Drosselfaktor ist dann nach Gl. (20.2) auch die Entropiezunahme $\hat{S} - S$ beim Verdichtungsstoß bekannt.

Wir denken uns nun den Verdichtungsstoß durch die MACH-Zahl M der Grundströmung und den Stoßwinkel σ vorgegeben und versuchen aus diesen Stücken den Drosselfaktor $\dfrac{\hat{p}_0}{p_0}$ zu berechnen[1].

Zunächst folgt aus den Gln. (20.2) und (1.15)

$$(\gamma - 1)\ln\left(\frac{p_0}{\hat{p}_0}\right) = \frac{\hat{S} - S}{c_v} = \ln\left(\frac{\hat{T}}{T}\right) - (\gamma - 1)\ln\left(\frac{\hat{\varrho}}{\varrho}\right),$$

woraus man sogleich

$$\frac{\hat{p}_0}{p_0} = \left(\frac{T}{\hat{T}}\right)^{\frac{1}{\gamma-1}}\left(\frac{\hat{\varrho}}{\varrho}\right) \quad (20.11)$$

erhält. Dabei sind T, ϱ die Werte von Temperatur und Dichte unmittelbar vor und $\hat{T}$, $\hat{\varrho}$ die entsprechenden Werte unmittelbar hinter dem Stoß.

---

[1] Vgl. Fußnote F. SCHUBERT in Ziff. 18.4.

Wir formen Gl. (20.11) um in

$$\frac{\hat{p}_0}{p_0} = \left(\frac{T}{T_0}\right)^{\frac{1}{\gamma-1}} \left(\frac{T_0}{\hat{T}}\right)^{\frac{1}{\gamma-1}} \left(\frac{\hat{\varrho}}{\varrho_0}\right) \left(\frac{\varrho_0}{\varrho}\right)$$

und erhalten mit Hilfe der Gln. (18.23) und (1.16) nach elementarer Rechnung

mit

$$\frac{\hat{p}_0}{p_0} = \frac{\dfrac{\gamma+1}{\gamma-1} \left(\dfrac{p}{p_0}\right)^{\frac{1}{\gamma}} \left[1 - \left(\dfrac{p}{p_0}\right)^{\frac{\gamma-1}{\gamma}}\right]^{\frac{\gamma}{\gamma-1}}}{\left[1 + \left(\dfrac{p}{p_0}\right)^{\frac{\gamma-1}{\gamma}} \cot^2\sigma\right]^{\frac{\gamma}{\gamma-1}} \cdot K^{\frac{1}{\gamma-1}}} \left.\begin{array}{c} \\ \\ \\ \\ \\ \\ \end{array}\right\} \quad (20.12)$$

$$K = \frac{4\gamma\sin^2\sigma}{(\gamma+1)^2} - \left(\frac{\gamma-1}{\gamma+1}\right)^2 \left[1 + \frac{4\gamma\sin^2\sigma}{(\gamma-1)^2}\left(\frac{p}{p_0}\right)^{\frac{\gamma-1}{\gamma}}\right].$$

Mit dieser Gleichung kann der Drosselfaktor $\dfrac{\hat{p}_0}{p_0}$ aus den Druckwerten p, p_0 vor dem Stoß und dem Stoßwinkel σ berechnet werden.

Um hieraus $\dfrac{\hat{p}_0}{p_0}$ als Funktion von M und σ, wie wir vorher verlangt hatten, zu bekommen, ersetzen wir in Gl. (20.12) den Quotienten $\left(\dfrac{p}{p_0}\right)$ mit Hilfe der ersten Gl. (2.21) durch den entsprechenden Ausdruck in M. Nach einiger Rechnung ergibt sich dann

$$\frac{\hat{p}_0}{p_0} = \left(\frac{\gamma+1}{2}\right)^{\frac{\gamma+1}{\gamma-1}} \left(\frac{\mu^2}{1 + \dfrac{\gamma-1}{2}\mu^2}\right)^{\frac{\gamma}{\gamma-1}} \left(\frac{1}{\gamma\mu^2 - \dfrac{\gamma-1}{2}}\right)^{\frac{1}{\gamma-1}}, \quad (20.13)$$

wobei wie in den Gln. (18.19) zur Abkürzung $M\sin\sigma = \mu$ gesetzt ist. Wie Gl. (20.13) zeigt, hängt der Drosselfaktor nur von dem einen Parameter μ ab. Dies war auch aus physikalischen Gründen zu erwarten, da μ die MACH-Zahl der zur Stoßfront senkrechten Komponente der Anströmgeschwindigkeit $\mathfrak{w}$ ist.

Beim senkrechten Verdichtungsstoß $\left(\sigma = \dfrac{\pi}{2}\right)$ vereinfacht sich Gl. (20.12) zu

$$\frac{\hat{p}_0}{p_0} = \frac{\gamma+1}{\gamma-1}\left(\frac{p}{p_0}\right)^{\frac{1}{\gamma}} \frac{\left[1 - \left(\dfrac{p}{p_0}\right)^{\frac{\gamma-1}{\gamma}}\right]^{\frac{\gamma}{\gamma-1}}}{\left[\dfrac{4\gamma}{(\gamma+1)^2} - \left(\dfrac{p}{p_0}\right)^{\frac{\gamma-1}{\gamma}}\right]^{\frac{1}{\gamma-1}}} \quad \left(\sigma = \frac{\pi}{2}\right). \quad (20.14)$$

In Gl. (20.13) ist beim senkrechten Verdichtungsstoß μ durch M zu ersetzen. Geht man mit Hilfe der ersten Gl. (2.20) von M zu M^* über, so erhält man die verhältnismäßig einfache Beziehung

$$\frac{\hat{p}_0}{p_0} = M^{*\frac{2\gamma}{\gamma-1}} \left[\frac{1 - \dfrac{\gamma-1}{\gamma+1}M^{*2}}{M^{*2} - \dfrac{\gamma-1}{\gamma+1}}\right]^{\frac{1}{\gamma-1}} \quad \left(\sigma = \frac{\pi}{2}\right). \quad (20.15)$$

Wie bereits in Ziff. 19.3 angekündigt, sind im Stoßpolarendiagramm neben den Stoßpolaren auch die Drosselkurven, d. h. die Kurven konstanten Drosselfaktors $\dfrac{\hat{p}_0}{p_0}=$ const eingetragen. Sie sind nach Gl. (20.13) identisch mit den Kurven $\mu = M\sin\sigma = $ const. Man kann eine Drosselkurve $\mu = C$ punktweise konstruieren, indem man in der Schar der Stoßpolaren (Scharparameter u bzw. M) für jede Kurve dieser Schar den durch $\sin\sigma = \dfrac{C}{M}$ bestimmten Stoßwinkel σ ermittelt und dann auf den Stoßpolaren jeweils die durch diese Werte σ festgelegten Punkte $\hat{P}$ aufsucht. Die Drosselkurve $\mu = C$ ist der geometrische Ort dieser Punkte $\hat{P}$.

Ebenso wie die Stoßpolaren umschließen auch die Drosselkurven den Punkt Q^* (vgl. Fig. 79 und Fig. 78), der der kritischen Geschwindigkeit $u = a^*$ entspricht. Außerdem gehen sie alle durch den der Maximalgeschwindigkeit $u = w_{\max}$ entsprechenden Punkt.

In Ziff. 18.3 hatten wir erkannt, daß schwache Stöße bis auf Fehler von der Größenordnung $\left(\dfrac{\Delta p}{p}\right)^3$ durch isentropische Verdichtungen approximiert werden können. Dieser Sachverhalt drückt sich im Stoßpolarendiagramm dadurch aus, daß in einem verhältnismäßig großen Gebiet $\dfrac{\hat{p}_0}{p_0} \approx 1$ ist. So bleibt in dem in Fig. 79 schraffierten Gebiet $\dfrac{\hat{p}_0}{p_0} > 0{,}999$, der Staudruck sinkt also höchstens um $1^0/_{00}$.

20.3 Druckerhöhung vor einem Staupunkt in Überschallströmung. In Ziff. 19.3 war bereits von der Überschallströmung um ein stumpfes Hindernis die Rede, dessen Ablenkungswinkel ϑ größer ist als der kritische Ablenkungswinkel ϑ_k, und von der in diesem Falle sich ausbildenden „abgelösten Kopfwelle". Eine solche abgelöste Kopfwelle tritt insbesondere vor einem Staupunkt S ein (Fig. 83).

Die theoretische Untersuchung von Strömungsfeldern mit abgelöster Kopfwelle begegnet großen mathematischen Schwierigkeiten. Man

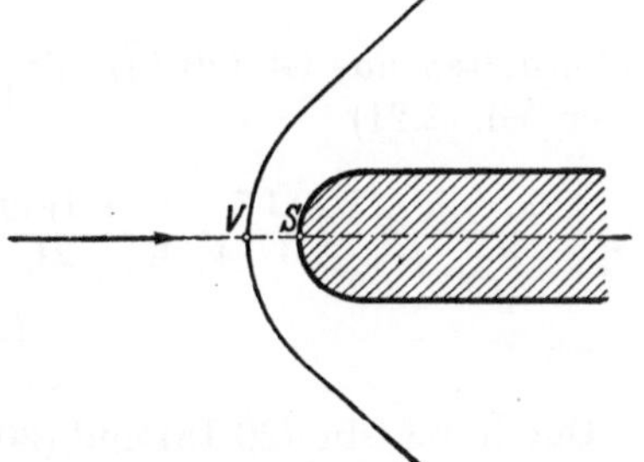

Fig. 83. Verdichtungsstoß vor einem Staupunkt

kann jedoch bei Voraussetzung einer Symmetrieachse die Druckerhöhung auf der Symmetrieachse durch die Stoßverdichtung im Punkt V der Kopfwelle und die darauffolgende isentropische Verdichtung hinter der Kopfwelle bis zum Staupunkt nach PRANDTL[1] in der folgenden einfachen Weise berechnen:

---

[1] PRANDTL, L.: [5] S. 268 und ACKERET: [1] S. 334.

Wir bezeichnen wieder mit p und $M > 1$ den Druck und die MACH-Zahl der Parallelströmung vor dem Stoß, mit $\hat{p}$ den Druck in V unmittelbar hinter dem Stoß und mit $\hat{p}_0$ den Staudruck hinter dem Stoß, der im Staupunkt S auf den umströmten Körper ausgeübt wird.

Nach Gl. (20.13) mit $\mu = M$ und der ersten Gl. (2.21) ist

$$\frac{\hat{p}_0}{p} = \frac{\hat{p}_0}{p_0}\frac{p_0}{p} = \frac{\gamma + 1}{2} M^2 \left[\frac{(\gamma + 1)^2 M^2}{4\gamma M^2 - 2(\gamma - 1)}\right]^{\frac{1}{\gamma - 1}}. \tag{20.16}$$

Der gesamte Druckanstieg

$$\hat{p}_0 - p = (\hat{p} - p) + (\hat{p}_0 - \hat{p}) = \frac{\varrho w^2}{2}(n_1 + n_2) \tag{20.17}$$

setzt sich zusammen aus dem durch die Stoßverdichtung in V hervorgerufenen Anteil $\dfrac{\varrho w^2}{2} n_1$ und dem der darauffolgenden isentropischen Verdichtung entsprechenden Anteil $\dfrac{\varrho w^2}{2} n_2$. Aus der ersten Gl. (18.26) erhält man für den Anteil der Stoßverdichtung

$$n_1 = \frac{\hat{p} - p}{\dfrac{\varrho}{2} w^2} = \frac{4}{\gamma + 1}\left(1 - \frac{1}{M^2}\right) \qquad (M > 1). \tag{20.18}$$

Für den Anteil der isentropischen Verdichtung setzen wir mit Benutzung der Gln. (1.16) und (2.6)

$$\frac{\hat{p}_0 - \hat{p}}{\dfrac{\varrho}{2} w^2} = \left(\frac{\hat{p}_0}{p_0} - \frac{\hat{p}}{p_0}\right)\left(\frac{p_0}{\dfrac{\varrho_0}{2} w^2}\right)\left(\frac{\varrho_0}{\varrho}\right) = \left(\frac{\hat{p}_0}{p_0} - \frac{\hat{p}}{p_0}\right)\frac{\gamma - 1}{\gamma}\frac{1}{\left[1 - \left(\dfrac{p}{p_0}\right)^{\frac{\gamma - 1}{\gamma}}\right]\left(\dfrac{p}{p_0}\right)^{\frac{1}{\gamma}}}$$

und erhalten aus Gl. (20.13) mit $\mu = M$, der ersten Gl. (18.28) und der ersten Gl. (2.21)

$$n_2 = \frac{\hat{p}_0 - \hat{p}}{\dfrac{\varrho}{2} w^2} = \frac{\gamma + 1}{\gamma}\left[\frac{(\gamma + 1)^2 M^2}{4\gamma M^2 - 2(\gamma - 1)}\right]^{\frac{1}{\gamma - 1}} - \frac{4\gamma M^2 - 2(\gamma - 1)}{\gamma(\gamma + 1)M^2} \left.\right\} \tag{20.19}$$
$$(M > 1).$$

Durch die Gln. (20.18) und (20.19) ist n_1 und n_2 und demnach gemäß Gl. (20.17) auch der gesamte Druckanstieg als Funktion der MACH-Zahl $M > 1$ der Grundströmung gegeben (Fig. 84).

Bei Anströmung mit Unterschallgeschwindigkeit tritt kein Verdichtungsstoß auf. Die Strömung ist isentropisch und der Staudruck im Staupunkt S ist gleich p_0. Anstelle der Gl. (20.16) tritt die erste Gl. (2.21)

$$\frac{p_0}{p} = \left[\frac{\gamma - 1}{2} M^2 + 1\right]^{\frac{\gamma}{\gamma - 1}}$$

und an Stelle der Gln. (20.18) und (20.19) hat man

$$n_1 = 0, \quad n_2 = \frac{p_0 - p}{\frac{\varrho}{2} w^2} = \frac{2}{\gamma M^2}\left[\left(\frac{\gamma - 1}{2} M^2 + 1\right)^{\frac{\gamma}{\gamma - 1}} - 1\right] \left.\right\} \quad (20.20)$$
$$(M < 1).$$

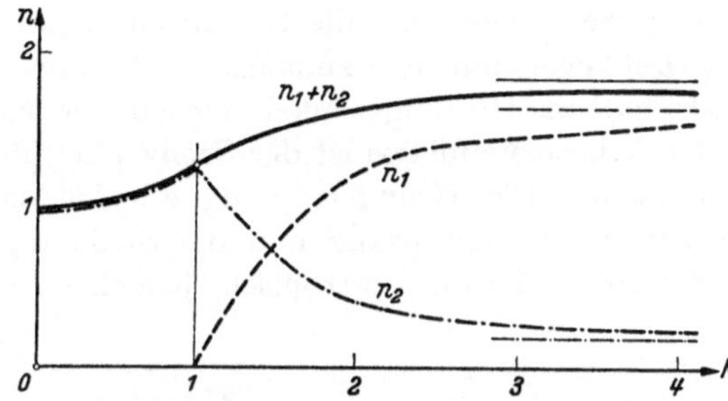

Fig. 84. Stetiger und unstetiger Anteil des Druckanstieges vor einem Staupunkt (nach L. PRANDTL)

Für $M = 1$ liefern die Gln. (20.18), (20.19) einerseits und Gl. (20.20) andererseits dieselben Werte

$$n_1 = 0, \quad n_2 = \frac{2}{\gamma}\left[\left(\frac{\gamma + 1}{2}\right)^{\frac{\gamma}{\gamma - 1}} - 1\right].$$

Die hier hergeleiteten Formeln sind von praktischer Wichtigkeit für die Druck- und Geschwindigkeitsmessung mit einem PITOT-Rohr.

§ 21. Achsensymmetrische Überschallströmung um einen Drehkegel

21.1 Gegenüberstellung der Überschallströmung an Keil und Drehkegel. Unter Vorwegnahme der im folgenden hergeleiteten Ergebnisse schicken wir zunächst eine lediglich qualitative Betrachtung voraus über den Unterschied zwischen der ebenen Überschallströmung an einem Keil und der achsensymmetrischen räumlichen Überschallströmung an einem Drehkegel[1] (Fig. 85).

Die ebene Strömung um einen nicht angestellten Keil, dessen halber Öffnungswinkel ϑ' kleiner sein soll als der kritische Winkel ϑ_k (vgl. Ziff. 19.3), enthält auf beiden Keilseiten einen Verdichtungsstoß mit geradliniger, von der Keilecke E ausgehender Stoßfront, also eine „anliegende Kopfwelle" im Sinne von Ziff. 19.3. Die Grundströmung wird

---

[1] BUSEMANN, A.: Z. angew. Math. Mech. Bd. 9 (1929) S. 496—498 und Luftf.-Forschg. Bd. 19 (1942) S. 137—144. — Vgl. außerdem M. F. BOURQUARDT: C. R. Acad. Sci., Paris Bd. 194 (1932) S. 846 und G. J. TAYLOR u. J. C. MACOLL: Proc. Roy. Soc. A Bd. 139 (1933) S. 278—311.

an der Kopfwelle um den Winkel ϑ' unstetig abgelenkt und verläuft dann weiter als reine Parallelströmung parallel zu den Keilseiten (vgl. Fig. 85 links).

Die räumliche achsensymmetrische Strömung um einen Drehkegel (vgl. Fig. 85 rechts), dessen halber Öffnungswinkel ϑ' wiederum unter einer gewissen Schranke liegen soll (vgl. Ziff. 21.4), enthält ebenfalls eine anliegende Kopfwelle. Diese hat die Gestalt eines zum umströmten Kegel koaxialen Drehkegels mit dem zunächst noch unbekannten Stoßwinkel $\sigma > \vartheta'$ als halbem Öffnungswinkel. Wegen der Kegelform der Kopfwelle und der Achsensymmetrie ist der Stoßwinkel für alle Punkte der Kopfwelle derselbe. Die Grundströmung erleidet daher für alle Stromlinien denselben Entropiesprung und die Strömung hinter dem Stoß ist infolgedessen wiederum isentropisch, jedoch ist ihre Entropie

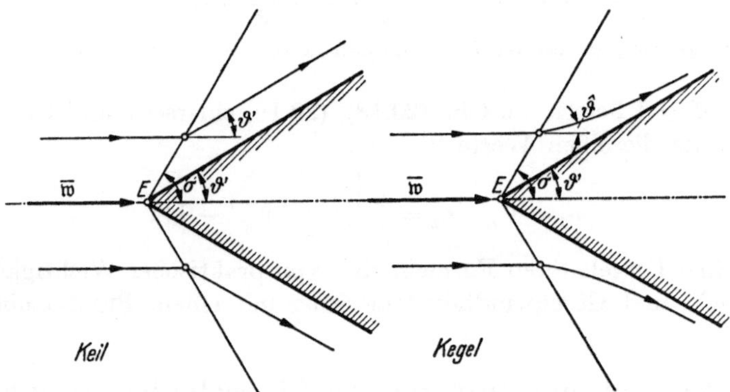

Fig. 85. Gegenüberstellung der Überschallströmung um Keil und Kegel

größer als die der Grundströmung. Auch der Ablenkungswinkel $\hat{\vartheta}$ an der Kopfwelle ist für alle Stromlinien gleich, und zwar ist $\hat{\vartheta}$ kleiner als der halbe Öffnungswinkel ϑ' des umströmten Kegels. Die Stromlinien, die an der Kopfwelle einen Knick mit dem Winkel $\hat{\vartheta}$ aufweisen, sind im weiteren Verlauf stetig gekrümmt und nähern sich dem umströmten Kegel asymptotisch. Während also beim Keil lediglich eine Stoßverdichtung an der Kopfwelle auftritt, enthält die Strömung um den Kegel zunächst ebenfalls eine Stoßverdichtung an der Kopfwelle, anschließend dann aber noch eine isentropische Verdichtung zwischen Kopfwelle und umströmtem Kegel. Das Strömungsfeld ist kegelsymmetrisch bezüglich der Kegelspitze E: Längs jeder von E ausgehenden Halbgeraden, also insbesondere auch auf der ganzen Oberfläche des umströmten Kegels, sind der Druck p und alle übrigen Zustandsgrößen des Gases sowie der Vektor $\mathfrak{w}$ der Strömungsgeschwindigkeit konstant. Die Stromlinien und ebenso auch die Mach-Linien sind ähnliche und hinsichtlich E ähnlich gelegene Kurven.

Die in Ziff. 9.4 (vgl. insbesondere Fig. 32) entwickelte linearisierte Theorie gibt für schlanke Kegel (etwa $2\,\vartheta' < 30°$) eine gute Annäherung des Strömungsverlaufs. Auch in der linearen Theorie hatten wir ein kegelsymmetrisches Strömungsfeld. Anstelle des Verdichtungsstoßkegels mit dem halben Öffnungswinkel σ trat als Kopfwelle der Mach-Kegel mit dem halben Öffnungswinkel α. Die Stromlinien schließen sich in der linearen Theorie am Mach-Kegel tangential aneinander an, die Ablenkung um den Winkel $\hat{\vartheta}$ wird also vernachlässigt. Der unstetige Druckanstieg beim Verdichtungsstoß wird aber durch eine schnellverlaufende stetige Druckänderung, die mit einer vertikalen Tangente beginnt, gut approximiert (vgl. Fig. 33 rechts).

21.2 Zurückführung der Potentialgleichung auf eine gewöhnliche Differentialgleichung. Ähnlich wie beim ebenen Verdünnungsfächer (vgl. Ziff. 16.2) läßt sich auch bei der räumlichen achsensymmetrischen isentropischen Verdichtungsströmung, von der in Ziff. 21.1 die Rede war, die Potentialgleichung auf eine gewöhnliche Differentialgleichung zurückführen. Wir führen die Untersuchung in einer Meridianebene durch und benützen die Polarkoordinaten r, ω. Mit u und v bezeichnen wir die Komponenten des Geschwindigkeitsvektors in Richtung

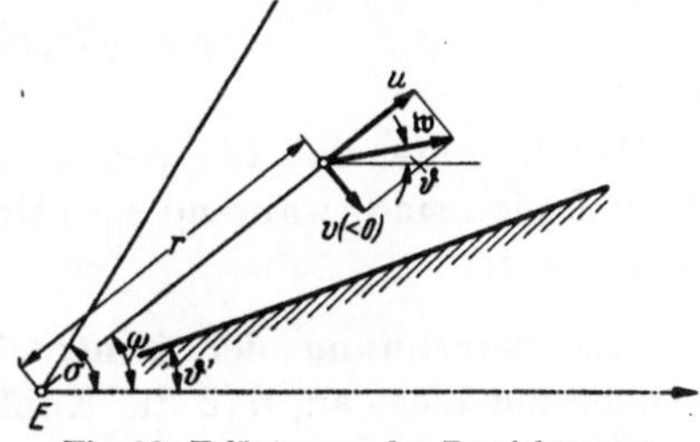

Fig. 86. Erläuterung der Bezeichnungen

des Radiusvektors und senkrecht dazu (Fig. 86)[1]. Wegen der Kegelsymmetrie sind u, v und alle Zustandsgrößen p, ϱ usf. Funktionen von ω allein.

Da eine achsensymmetrische isentropische Strömung wirbelfrei ist (vgl. Ziff. 4.1), hat man $\operatorname{rot}\mathfrak{w} = 0$, woraus in Polarkoordinaten unter Berücksichtigung von $u = u(\omega)$, $v = v(\omega)$

$$0 = \frac{1}{r}\frac{\partial u}{\partial \omega} - \frac{1}{r}\frac{\partial}{\partial r}(r\,v) = \frac{1}{r}[u'(\omega) - v], \quad \text{also} \quad v = u'(\omega) \quad (21.1)$$

folgt. Die Striche bedeuten Ableitung nach ω.

Die Kontinuitätsgleichung (2.2) $\operatorname{div}\varrho\mathfrak{w} = 0$ liefert

$$\frac{\partial}{\partial r}(\varrho\,u) + \frac{2}{r}\varrho\,u + \frac{1}{r}\frac{\partial}{\partial \omega}(\varrho\,v) + \frac{\cot\omega}{r}\varrho\,v = 0,$$

also

$$0 = 2\,\varrho\,u\sin\omega + \frac{\partial}{\partial\omega}(\varrho\,v\sin\omega) = \varrho[(2u+v')\sin\omega + v\cos\omega] + \varrho'\,v\sin\omega. \quad (21.2)$$

---

[1] Die positive Zählrichtung für u sei im Sinne des Radiusvektors gerichtet. Die positive Zählrichtung für v geht daraus durch Drehung um $\dfrac{\pi}{2}$ im Gegenzeigersinn hervor, so daß die in Fig. 86 gezeichnete Komponente $v < 0$ ist.

Mit Hilfe der BERNOULLIschen Gleichung (2.4)

$$0 = w\,dw + \frac{dp}{\varrho} = u\,du + v\,dv + a^2\frac{d\varrho}{\varrho}$$

$$= u\,du + v\,dv + \frac{\gamma-1}{2}\,[w_{\max}^2 - (u^2 + v^2)]\frac{d\varrho}{\varrho}$$

geht Gl. (21.2) über in

$$\frac{\gamma-1}{2}\,(2\,u + v\cot\omega + v')\,(w_{\max}^2 - u^2 - v^2) - v(u\,u' + v\,v') = 0,$$

woraus man durch Einsetzen von Gl. (21.1), nämlich $v = u'$, für $u(\omega)$ die gewöhnliche Differentialgleichung zweiter Ordnung erhält.

$$\left.\begin{aligned}
u''&\left[\frac{\gamma+1}{2}\,u'^2 - \frac{\gamma-1}{2}\,(w_{\max}^2 - u^2)\right] \\
&= \frac{\gamma-1}{2}\,(2\,u + u'\cot\omega)\,(w_{\max}^2 - u^2) - \gamma\,u\,u'^2 - \frac{\gamma-1}{2}\,u'^3\cot\omega.
\end{aligned}\right\} \quad (21.3)$$

Durch $u = u(\omega)$ ist dann auch das Geschwindigkeitspotential

$$\varphi = \varphi(r, \omega) = r \cdot u(\omega) \tag{21.4}$$

bestimmt.

Man beachte, daß die von E ausgehenden Halbgeraden hier keine MACH-Linien sind, während sie beim ebenen Verdünnungsfächer MACH-Linien waren.

21.3 Berechnung der isentropischen Verdichtungsströmung. Wir nehmen zunächst an, daß die Kopfwelle — d. h. der Stoßwinkel σ und der Knickwinkel $\hat{\vartheta}$ — bekannt seien. Dann sind aus den Gleichungen des Verdichtungsstoßes die Werte $\hat{u}, \hat{v}$ unmittelbar hinter der Kopfwelle festgelegt und mit diesen Werten als Anfangswerten muß die isentropische Verdichtungsströmung zwischen Kopfwelle und umströmtem Kegel berechnet werden.

Diese Berechnung kann durch numerische Integration der gewöhnlichen Differentialgleichung (21.3) erfolgen, durch die $u = u(\omega)$ und $v = u'(\omega)$ und damit das Geschwindigkeitsbild der Strömung geliefert wird. Ebenso wie bei dem ebenen Verdünnungsfächer (vgl. Ziff. 16.2) ist auch hier die Abbildung der Strömungsebene auf die Hodographenebene nicht umkehrbar eindeutig, sondern alle Punkte einer Halbgeraden $\omega = $ const durch die Kegelspitze E bilden sich in einen festen Punkt $u = u(\omega)$, $v = u'(\omega)$ ab.

Empfehlenswerter als die numerische Integration der Differentialgleichung (21.3) ist die Benützung der wegen $s = $ const sich vereinfachenden Verträglichkeitsbedingungen (17.10), nämlich

$$\left.\begin{aligned}\lambda_\xi\\ \mu_\eta\end{aligned}\right\} = \sin\alpha\,\frac{\sin\vartheta}{2\,y} \quad \text{mit} \quad y = r\sin\omega. \tag{21.5}$$

Dabei bestehen für die Längenelemente $d\xi$, $d\eta$ in Richtung der MACH-Linien die Beziehungen (Fig. 87)

$$\left.\begin{array}{r}d\xi\\[4pt]d\eta\end{array}\right\} = -\frac{y\,d\omega}{\sin\omega}\,\frac{1}{\sin(\omega-\vartheta\pm\alpha)}.$$

Hiermit gehen die Verträglichkeitsbedingungen (21.5) in ein System von zwei gewöhnlichen Differentialgleichungen erster Ordnung für $\lambda(\omega)$ und $\mu(\omega)$ über, nämlich

$$\left.\begin{array}{r}\dfrac{d\lambda}{d\omega}\\[10pt]\dfrac{d\mu}{d\omega}\end{array}\right\} = -\frac{\sin\alpha\,\sin\vartheta}{2\sin\omega\,\sin(\omega-\vartheta\pm\alpha)}. \qquad (21.6)$$

Nach Ziff. 15.2 ist hierbei $\vartheta = \lambda - \mu$ und α ist eine vorgegebene Funktion von $\lambda + \mu$ (vgl. Zahlentafel 2 in Ziff. 15.3).

Die numerische Integration des Systems (21.6) liefert ebenso wie die numerische Integration der Differentialgleichung (21.3) das Geschwindigkeitsbild der isentropischen Verdichtungsströmung, diesmal in der Form $\lambda = \lambda(\omega)$, $\mu = \mu(\omega)$.

Durch das Geschwindigkeitsbild APB der isentropischen Verdichtung (Fig. 88) mit bekannten Parameterwerten ω ist ϑ als Funktion von ω festgelegt. Überträgt man diese Winkel $\vartheta(\omega)$ auf die Halbgeraden $\omega = $ const der Meridianebene des

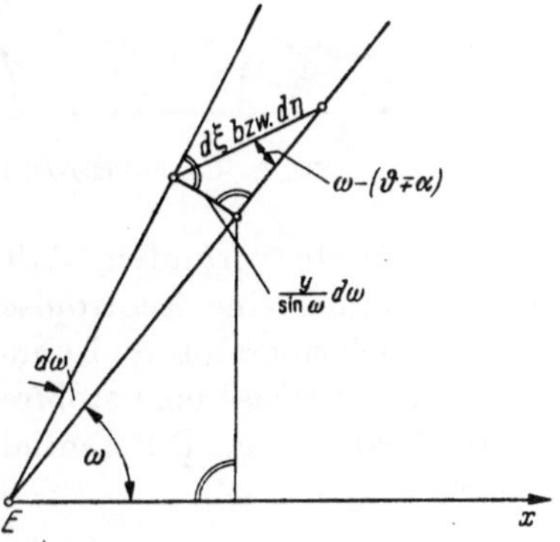

Fig. 87. Erläuterung der Bezeichnungen

Strömungsfeldes (vgl. Fig. 85 rechts), so wird die Meridianebene zwischen Kopfwelle und umströmtem Kegel mit einem Richtungsfeld überzogen und die Stromlinien sind die Integralkurven dieses Richtungsfeldes.

Da nach der Bewegungsgleichung (1.3) der Vektor $d\mathfrak{w}$ parallel zum Vektor grad p ist, also auf den Niveaulinien $p = $ const senkrecht steht, und da im vorliegenden Fall die Niveaulinien $p = $ const identisch mit den Halbgeraden $\omega = $ const sind, ergibt sich folgende einfache geometrische Beziehung zwischen dem Geschwindigkeitsbild (vgl. Fig. 88) und den zugehörigen Winkeln ω in der Strömungsebene: Die Normalen des Geschwindigkeitsbildes sind unter dem Winkel ω geneigt, also parallel zu den entsprechenden Halbgeraden $\omega = $ const in der Strömungsebene.

Die Integration der Gln. (21.6) bzw. der Gl. (21.3) beginnt im Punkt A, der dem Zustand unmittelbar hinter der Kopfwelle entspricht. Er liegt auf der Stoßpolaren (Σ), welche zu der vorgegebenen Grundströmung mit $\mathfrak{w} = \overrightarrow{OW}$ gehört, und ist auf der Stoßpolaren (Σ)

durch den vorgegebenen Stoßwinkel σ festgelegt. Die Integration ist bis zu dem Punkt B fortzusetzen, in dem die Winkel $\vartheta = \lambda - \mu$ und ω einander gleich sind, in dem also die Kurvennormale durch den Nullpunkt O der Hodographenebene hindurchgeht. Wir nennen diesen Winkel ϑ'. Das Integrationsintervall ist also $\sigma \geqq \omega \geqq \vartheta'$. Die Stromlinien haben die Halbgerade $\omega = \vartheta'$ als Asymptote. Infolgedessen ist die ermittelte Strömung eine Kegelströmung, und zwar um einen Kegel mit dem halben Öffnungswinkel ϑ'.

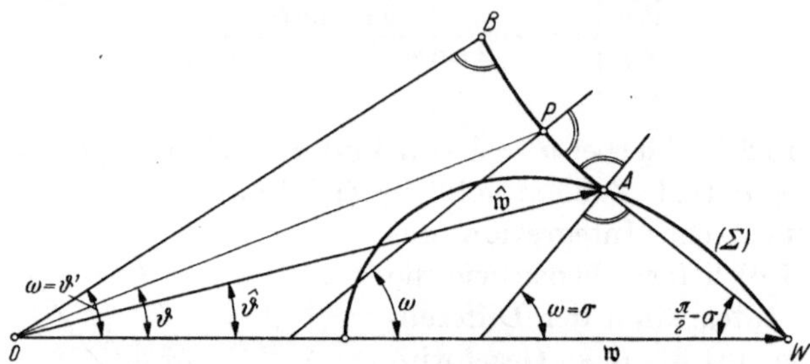

Fig. 88. Geschwindigkeitsbild der isentropischen Verdichtung

Man könnte vermuten, daß es möglich sei, an die ankommende Grundströmung eine isentropische Verdichtungsströmung stetig, d. h. ohne Verdichtungsstoß und ohne Knick in den Stromlinien anzusetzen und auf diese Weise eine stoßfreie Kegelumströmung zu erhalten. Eine nähere Analyse der Differentialgleichung (21.3) zeigt, daß dies nicht möglich ist.

21.4 Ermittlung der Kopfwelle bei vorgegebenem Kegel. In Ziff. 21.3 lösten wir die Aufgabe zu einer vorgegebenen Kopfwelle die nachfolgende isentropische Verdichtung und den zugehörigen umströmten Kegel zu ermitteln. Jetzt wenden wir uns zu der in der Praxis vorliegenden umgekehrten Aufgabe, zu einem vorgegebenen, mit bekannter Überschallgeschwindigkeit $\mathfrak{w}$ axial angeströmten Kegel die zugehörige Kopfwelle und hierauf wie in Ziff. 21.3 die nachfolgende isentropische Verdichtung zu finden. Diese Aufgabe wird durch Interpolation gelöst (Fig. 89):

Man konstruiert zu mehreren, auf der Stoßpolaren (Σ) beliebig angenommenen Anfangspunkten A die Geschwindigkeitsbilder der isentropischen Verdichtungsströmung. Ihre Endpunkte B erzeugen eine Kurve (A). Wenn die Kurve (A) und eine für Interpolationen ausreichend dichte Schar von Kurvenbögen AB zwischen (Σ) und (A) vorliegen, kann man zu einem vorgegebenen Kegel mit dem halben Öffnungswinkel ϑ' zunächst auf (A) den Punkt B aufsuchen und hierauf den zugehörigen Punkt A auf (Σ) finden. Mit A ist dann die Kopfwelle durch den Stoßwinkel σ festgelegt.

Für die praktische Durchführung der hier besprochenen Interpolationsmethode zur Ermittlung der Kegelströmungen werden umfangreiche Atlanten[1] von Diagrammen in der Art der Fig. 89 hergestellt. Außerdem werden die Ergebnisse in Zahlentafeln[2] zusammengefaßt.

Der Winkel ϑ^* der Tangente OT vom Nullpunkt der Hodographenebene an die Kurve (Λ) ist für die Kegelströmung in ähnlichem Sinne ein kritischer Winkel wie der Winkel ϑ_k der Tangente an die Stoßpolare (Σ) im Fall der Keilströmung (vgl. Ziff. 19.3). Für $\vartheta' < \vartheta^*$ er-

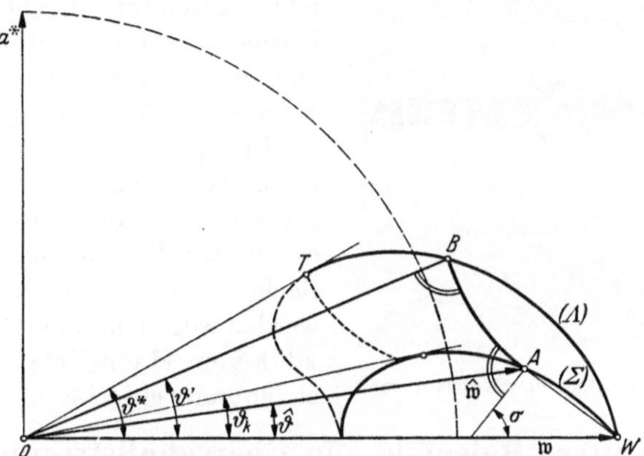

Fig. 89. Ermittlung der Kopfwelle bei vorgegebenem Kegel

geben sich zwei Schnittpunkte mit der Kurve (Λ), von denen i. allg. wieder nur der eine Punkt, nämlich der dem Punkt W näher gelegene Schnittpunkt B physikalische Bedeutung hat. Für $\vartheta' > \vartheta^*$ existiert keine Strömung der betrachteten Art. Anstelle der kegelförmigen anliegenden Kopfwelle bildet sich eine abgelöste, natürlich nicht mehr kegelförmige Kopfwelle aus.

Die Anströmung des Kegels erfolgt voraussetzungsgemäß mit Überschallgeschwindigkeit. Die isentropische Verdichtungsströmung hinter der anliegenden kegelförmigen Kopfwelle kann ihr Geschwindigkeitsbild AB entweder ganz außerhalb oder ganz innerhalb des (in Fig. 89 strichpunktierten) Kreises $w = a^*$ haben oder auch teilweise außerhalb und teilweise innerhalb dieses Kreises[3]. Die Strömung hinter der Kopfwelle kann also eine reine Überschall- oder eine reine Unterschallströmung sein oder auch eine transsonische, von Über- zu Unterschallgeschwindigkeiten führende Strömung. Strenggenommen können jedoch

[1] Siehe z. B. National Advisory Committee for Aeronautics 1953, Report 1135.

[2] KOPAL, Z.: Tables of supersonic flow around cones. Centre of Analysis. Techn. Rep. Nr. 1 (1947), Cambridge, Mass.

[3] Im Unterschallbereich kann das Geschwindigkeitsbild der isentropischen Verdichtungsströmung (vgl. Ziff. 21.3) natürlich nicht nach Gl. (21.6) gewonnen werden, da dort die λ, μ nicht definiert sind.

solche kegelsymmetrischen Strömungen mit Unterschallgeschwindigkeiten in der Umgebung des umströmten Kegels nur im idealen Grenzfall unendlich langer Kegel auftreten. Bei Kegeln endlicher Länge
wirkt die Störung an der Kegel-
basis im Unterschallbereich zurück
bis an die Kegelspitze und führt
dadurch zum Zusammenbruch des
kegelsymmetrischen Strömungsfelds. Immerhin bleibt aber das
kegelsymmetrische Strömungsfeld
eine gute Approximation in der
Umgebung der Kegelspitze.

In Fig. 90 ist eine Schlierenaufnahme einer Kegelströmung wieder-
gegeben. Die Kopfwelle ist deutlich
erkennbar. Die von der Kegeloberfläche ausgehenden MACH-Linien
werden wegen ihrer geringen Inten-
sität vom MACH-Netz der Grundströmung verdeckt.

Fig. 90. Schlierenaufnahme einer Kegelströmung

§ 22. Weitere Beispiele von Überschallströmungen mit Verdichtungsstößen

22.1 Überblick. Nach der in § 21 besprochenen Kegelströmung mit
anliegender Kopfwelle wenden wir uns nun zu weiteren Beispielen stationärer Strömungen mit Verdichtungsstößen. Zunächst werden wir ebene
Strömungen mit (ebenso wie im Fall der Kegelströmung) geradlinigen
Stoßfronten behandeln. Wir nehmen stets an, daß die Strömung als
isentropischer Parallelstrom beginnt. Trifft ein solcher Parallelstrom auf
eine geradlinige Stoßfront, so ist dort der Stoßwinkel σ und demnach
auch der Entropiesprung konstant, so daß nach dem Stoß wieder ein
isentropischer Parallelstrom vorliegt. Eine durch Aneinanderfügen solcher Strömungen gebildete Strömung ist somit gebietsweise, d. h. zwischen aufeinanderfolgenden Stoßfronten, isentropisch. Weiter werden
wir uns dann mit ebenen und achsensymmetrischen Strömungen beschäftigen, bei denen gekrümmte Stoßfronten auftreten. Wegen der
Veränderlichkeit des Stoßwinkels σ geht ein Parallelstrom an einer gekrümmten Stoßfront in eine nichtisentropische, also nicht mehr wirbelfreie Strömung über. Wir werden daher das in § 17 behandelte Charakteristikenverfahren zu verwenden haben. Vielfach wird man jedoch die
Strömung durch eine isentropische Strömung approximieren können,
da bei schwachen Stößen die Entropieschwankungen sehr gering sind
(vgl. Ziff. 18.3).

22.2 Reflexion und Überlagerung von Verdichtungsstößen. Ebene Strömungen mit geradlinigen Stoßfronten ergeben sich in einem Parallelstrom bei der Reflexion eines Verdichtungsstoßes an einer festen Wand oder einer freien Strahloberfläche sowie beim Durchkreuzen zweier gegenlaufender Verdichtungsstöße oder beim Überholtwerden eines Verdichtungsstoßes von einem nachfolgenden gleichlaufenden Stoß. In diesen Fällen setzt sich das Strömungsfeld gebietsweise aus Parallel-

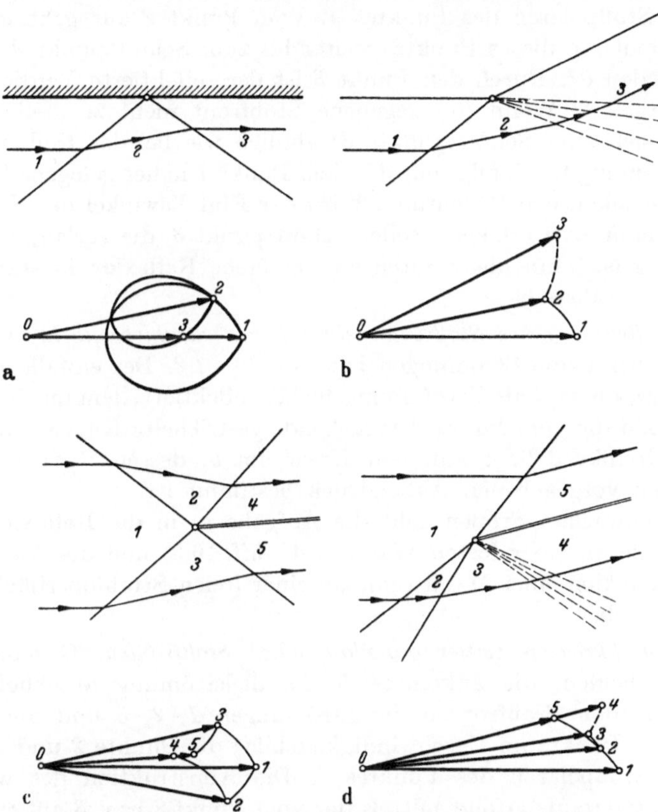

Fig. 91. Reflexion und Überlagerung von Verdichtungsstößen

strömungen und Verdünnungsfächern zusammen. Neben den Stoßfronten treten noch Unstetigkeiten anderer Art auf, nämlich sogenannte Wirbelschichten. An diesen gleiten Strömungen mit gleicher Geschwindigkeitsrichtung und gleichem Druck, jedoch verschiedener Entropie und daher auch verschiedenem Geschwindigkeitsbetrag aneinander vorbei.

Wir behandeln nun diese einzelnen Aufgaben[1] (Fig. 91). Dabei ist jeweils oben das Strömungsfeld und darunter das Geschwindigkeitsbild

---

[1] Vgl. E. Preiswerk: Diss. E. T.H. Zürich 1938.

dargestellt. Die Stoßfronten und die Stoßpolaren sind ausgezogen, die MACHschen Verdünnungslinien und die Bilder der Verdünnungsfächer in der Hodographenebene gestrichelt. Die Wirbelschichten sind durch Doppellinien angedeutet.

a) Reflexion einer Stoßfront an einer festen Wand. Gegeben sind mit der ankommenden Stoßfront die Strömungen *1,2*, denen im Geschwindigkeitsbild die gleichbezifferten Punkte *1,2* entsprechen; Punkt *2* liegt auf der Stoßpolaren des Punktes *1*. Vom Punkt *2* aus geht man auf der Stoßpolaren dieses Punktes weiter bis zum Schnittpunkt *3* mit der Halbgeraden *01*. Durch den Punkt *3* ist der reflektierte Verdichtungsstoß festgelegt. Wenn die gegebene Stoßfront nicht zu steil einfällt, ergeben sich zwei Schnittpunkte *3*; ähnlich wie bei der Keil- und der Kegelströmung hat i. allg. nur der dem Punkt *1* näher gelegene Schnittpunkt physikalische Bedeutung. Wird der Einfallswinkel der Stoßfront größer, dann existiert kein reeller Schnittpunkt *3*, die verlangte Grenzbedingung ist dann nicht durch eine einfache Reflexion in stationärer Strömung realisierbar.

b) Reflexion eines Stoßes an einer freien Strahloberfläche. Gegeben sind wie bei a) die Strömungen bzw. Punkte *1,2*. Der einfallende Verdichtungsstoß wird als Verdünnungsfächer reflektiert, dem im Geschwindigkeitsbild die vom Punkt *2* ausgehende gestrichelte Kurve entspricht. Der Endpunkt *3* liegt auf dem Kreis um *0*, dessen Radius $03 = w$ durch den vorgegebenen Außendruck bestimmt ist.

Bei schwachen Stößen geht die Aufgabe a) in die Reflexion einer MACH-Linie an einer festen Wand (vgl. Ziff. 16.3) und die Aufgabe b) in die Reflexion einer MACH-Linie an einer freien Strahloberfläche (vgl. Ziff. 16.4) über.

c) Durchkreuzen zweier gegenlaufender[1] Stoßfronten. Gegeben sind mit den beiden, die ankommende Parallelströmung abschließenden, gegenlaufenden Stoßfronten die Strömungen *1, 2, 3* und die gleichbezifferten Punkte im Geschwindigkeitsbild; die Punkte *2* und *3* liegen auf der Stoßpolaren des Punktes *1*. Die Konstruktion des weiteren Strömungsverlaufs erfolgt mittels der vom Punkt *2* bzw. *3* ausgehenden Stoßpolaren *24* und *35*. Die Endpunkte *4, 5* müssen auf derselben Halbgeraden durch *0* liegen und denselben Druck liefern. Sie werden durch Eingabeln (Iteration) bestimmt, wobei für die Druckberechnung die Drosselfaktoren gemäß Gl. (20.10) zu berücksichtigen sind. Den Punkten *4, 5* entsprechen dann zwei Parallelströmungen in den Gebieten *4, 5* mit gleichem Druck und gleicher Geschwindigkeitsrichtung, aber i. allg. verschiedenem Geschwindigkeitsbetrag. Sie gleiten längs einer Wirbel-

---

[1] „Rechtslaufend" bzw. „linkslaufend" ist hier im gleichen Sinn gemeint wie bei den MACH-Kurven.

schicht aneinander vorbei. Bei Symmetrie gegenüber der Grundströmung *1* fallen die Punkte *4* und *5* zusammen und die Wirbelschicht verschwindet daher.

d) Überlagerung gleichlaufender Stoßfronten. Gegeben sind mit den beiden gleichlaufenden Stoßfronten die Strömungen *1, 2, 3* und die gleichbezifferten Punkte im Geschwindigkeitsbild; Punkt *2* liegt auf der Stoßpolaren des Punktes *1*, Punkt *3* auf der Stoßpolaren des Punktes *2*. Die Konstruktion des weiteren Strömungsverlaufs erfolgt mittels Fortsetzung der von *1* ausgehenden Stoßpolaren über den Punkt *2* hinaus bis zu einem Punkt *5* und mittels eines Verdünnungsfächers, der von der Parallelströmung in *3* zu einer Parallelströmung in *4* führt. Die Punkte *4, 5* im Geschwindigkeitsbild müssen wie bei c) auf derselben Halbgeraden durch *0* liegen und denselben Druck liefern. Die Strö-

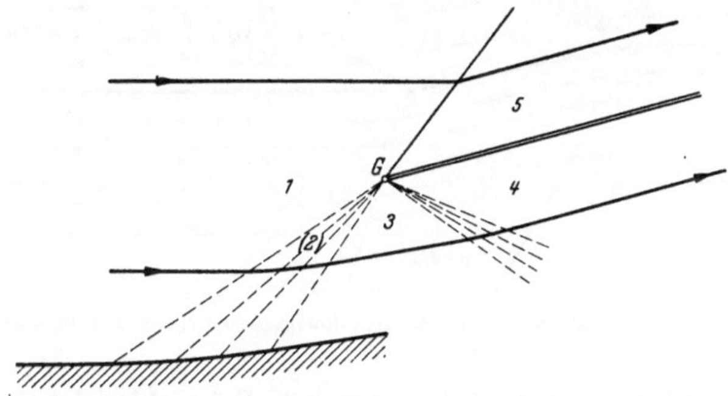

Fig. 92. Entstehung eines Verdichtungsstoßes aus einem isentropischen Verdichtungsfächer

mungen in *4* und *5* gleiten dann wieder längs einer Wirbelschicht aneinander vorüber. Bei zunehmender Mach-Zahl der Strömung *1* wird der Verdünnungsfächer immer schmaler. Schließlich tritt an seine Stelle ein Verdichtungsstoß.

Wenn der Verdichtungsstoß zwischen *2* und *3* hinreichend schwach ist, wird der Entropieunterschied und der Unterschied in der Strömungsgeschwindigkeit nach Größe und Richtung in den Gebieten *3* und *5* so gering, daß man sowohl den Verdünnungsfächer als auch die Wirbelschicht vernachlässigen und dadurch die Strömungen in den Gebieten *3, 4* und *5* durch eine gemeinsame Parallelströmung approximieren kann.

In enger Beziehung zu der Aufgabe d) steht das folgende Problem (Fig. 92): Wie in Ziff. 16.1 (vgl. Fig. 56) sei in einem Gebiet *2* eine isentropische Verdichtungsströmung mit einseitiger Wand vorgegeben. Die Wandkrümmung sei jetzt aber so abgestimmt, daß die Mach-Linien einen Verdichtungsfächer bilden, d. h. in einem Punkt *G* zusammenlaufen. Somit liegt in den Gebieten *1* und *3* eine Parallelströmung vor. Im Punkt *G* setzt dann ein Verdichtungsstoß mit geradliniger Stoßfront

ein, der wiederum zu einer Parallelströmung in einem Gebiet *5* führt.
An das Gebiet *3* ist ein Verdünnungsfächer (bzw. Verdichtungsstoß)
derart anzuschließen, daß in dem Gebiet *4* hinter dem Verdünnungsfächer und dem Gebiet *5* derselbe Druck und dieselbe Strömungsrichtung herrschen, daß also die Parallelströmungen in *4* und *5* längs
einer Wirbelschicht aneinandergleiten. Dieses in Fig. 92 dargestellte
Strömungsfeld entsteht aus dem in Fig. 91, Fall d, angegebenen dadurch,
daß die beiden dort gegebenen gleichlaufenden Verdichtungsstöße hier
durch einen isentropischen Verdichtungsfächer ersetzt werden.

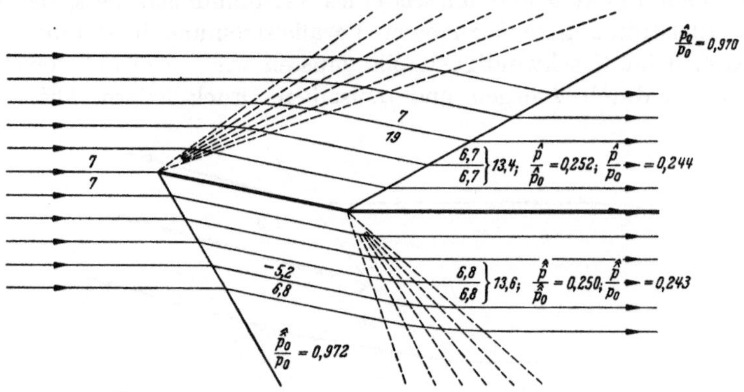

Fig. 93. Überschallströmung um ein geradliniges Profil (nach A. BUSEMANN)

Der Verdichtungsfächer ist das einfachste Beispiel für die Entstehung
eines Verdichtungsstoßes in einer isentropischen Verdichtungsströmung
mit einseitiger Wand. In dem allgemeinen, in Fig. 56 dargestellten Fall
laufen die Verdichtungslinien nicht in einem Punkt G zusammen, sondern umhüllen eine „Grenzlinie". Vor dieser Grenzlinie bildet sich dann
ein allmählich stärker werdender Verdichtungsstoß mit gekrümmter
Stoßfront aus, hinter der die Strömung nichtisentropisch weiterläuft.

22.3 Ebene Überschallströmung um Profile mit anliegender Kopfwelle. Bei der Überschallströmung um ein geradliniges Profil (Fig. 93)
sei die Grundströmung durch $\lambda = 7°$, $\mu = 7°$ gegeben. Die Ablenkung
der Grundströmung in die Richtung des Profils erfolgt auf der Oberseite durch einen isentropischen Verdünnungsfächer, der zur Parallelströmung $\lambda = 7°$, $\mu = 19°$ führt. Auf der Unterseite erfolgt die Ablenkung durch einen Verdichtungsstoß (anliegende Kopfwelle), der die

Parallelströmung $\lambda = -5{,}2°$, $\mu = 6{,}8°$ liefert $\left(\text{Drosselfaktor } \dfrac{\hat{\hat{p}}_0}{p_0} = 0{,}972\right)$.

Hinter dem Profil schließt sich eine Wirbelschicht an, die man wie
in Ziff. 22.2, Absatz c) oder d), aus den beiden Bedingungen: gleiche
Richtung des Geschwindigkeitsvektors und gleicher Druck zu beiden

Seiten der Wirbelschicht, durch Eingabeln zu bestimmen hat. Wir vereinfachen uns die Aufgabe, indem wir die Richtung der Wirbelschicht durch die Richtung der Grundströmung approximieren. Dann braucht man nicht einzugabeln, sondern kann unmittelbar oben durch einen Verdichtungsstoß und unten durch einen isentropischen Verdünnungsfächer die Strömung wieder in die Richtung der Grundströmung ablenken. Dabei ergibt sich hinter dem Verdichtungsstoß $\left(\text{Drosselfaktor}\right.$

$$\frac{\hat{p}_0}{p_0} = 0{,}970\Bigg)$$

$$\left.\begin{matrix} \lambda = 6{,}7^\circ \\ \mu = 6{,}7^\circ \end{matrix}\right\}, \quad \lambda + \mu = 13{,}4^\circ \quad \text{und hieraus} \quad \frac{\hat{p}}{\hat{p}_0} = 0{,}252,$$

also

$$\frac{\hat{p}}{p_0} = \frac{\hat{p}}{\hat{p}_0} \cdot \frac{\hat{p}_0}{p_0} = 0{,}244$$

und hinter dem Verdünnungsfächer

$$\left.\begin{matrix} \lambda = 6{,}8^\circ \\ \mu = 6{,}8^\circ \end{matrix}\right\}, \quad \lambda + \mu = 13{,}6^\circ \quad \text{und hieraus} \quad \frac{\hat{\hat{p}}}{\hat{p}_0} = 0{,}250,$$

also

$$\frac{\hat{\hat{p}}}{p_0} = \frac{\hat{\hat{p}}}{\hat{p}_0} \cdot \frac{\hat{p}_0}{p_0} = 0{,}243\,.$$

Die Ermittlung von $\frac{\hat{\hat{p}}}{\hat{p}_0}$ bzw. von $\frac{\hat{p}}{\hat{p}_0}$ aus $\lambda + \mu$ erfolgt mittels Zahlentafel 2 in Ziff. 15.3. Man sieht, daß die Forderung $\hat{\hat{p}} = \hat{p}$ zu beiden Seiten der Wirbelschicht bis auf eine Einheit in der letzten Dezimalstelle erfüllt ist. Die Summe $\lambda + \mu$ und daher auch die Geschwindigkeit ist zu beiden Seiten der Wirbelschicht ebenfalls sehr nahe gleich, die Wirbelschicht ist also sehr schwach.

Die Überschallströmung um ein gekrümmtes Profil hatten wir in Ziff. 8.5 in linearer Näherung untersucht. Wir behandeln sie jetzt im Rahmen der strengen nichtlinearen Theorie, vereinfachen das Problem jedoch folgendermaßen:

Bei einem gekrümmten Profil ist die von der Vorderkante ausgehende Stoßfront (anliegende Kopfwelle) gekrümmt und die Strömung hinter der Kopfwelle infolgedessen nichtisentropisch (vgl. Ziff. 22.1). Bei hinreichend flachen Profilen ist die Krümmung der Stoßfront so klein, daß die Entropieschwankungen hinter der Stoßfront vernachlässigt werden können, die Strömung zwischen Stoßfront und Profil also als isentropisch betrachtet werden darf. Unter dieser Voraussetzung kann man längs der linkslaufenden Stoßfront den Sprung des λ-Wertes und längs der rechtslaufenden Stoßfront den Sprung des μ-Wertes als konstant annehmen. Die Konstruktion des Strömungsfeldes wird dann sehr einfach (Fig. 94): An der Vorderkante des Profils setzt ein Verdichtungsstoß an, der aus dem durch die Profiltangente gegebenen Ablenkungswinkel mit Hilfe des Stoßpolarendiagramms ermittelt werden kann. Längs des Profils folgt dann eine Verdünnungsströmung, wie wir sie in Ziff. 16.1 unter der Bezeichnung „Strömung mit einseitiger Wand" behandelt hatten. An der Hinterkante kommt dann nochmals ein Verdichtungsstoß (Schwanzwelle), der wie beim geradlinigen Profil gefunden wird.

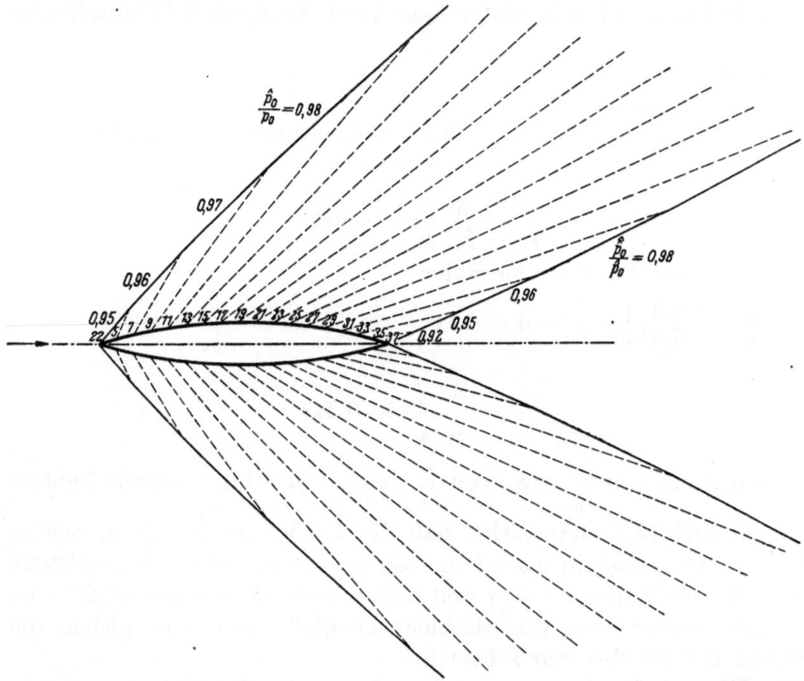

Fig. 94. Überschallströmung um ein nicht geradliniges Profil (nach A. BUSEMANN)

In Fig. 94 sind die Summen $\lambda + \mu$ nicht an den MACH-Linien der Verdünnungsströmung, sondern mit ihren Mittelwerten in den Streifen zwischen aufeinanderfolgenden MACH-Linien eingetragen. In diesen Streifen approximieren wir die Strömung als Parallelströmungen, deren Richtung jeweils durch die Sehne des Profilkurvenbogens festgelegt ist, von dem der Streifen ausgeht. Für diese Ablenkungsrichtungen werden dann aus der Stoßpolaren der Grundströmung die Stoßwinkel σ bestimmt, worauf die Kopfwelle durch einen Streckenzug mit den Winkeln σ näherungsweise ersetzt wird. Für jeden Streifen wird der Drosselfaktor $\frac{\hat{p}_0}{p_0}$ des Verdichtungsstoßes aus dem Stoßpolarendiagramm entnommen. Man kann dann kontrollieren, inwieweit der Druck längs eines Streifens konstant bleibt, inwieweit also die Annahme einer isentropischen Strömung berechtigt war. Die Konstruktion der Schwanzwelle erfolgt in analoger Weise, wobei wir wie beim geradlinigen Profil annehmen, daß die Strömung hinter der Schwanzwelle parallel zur Grundströmung ist.

Wenn die Entropieschwankungen hinter der Kopfwelle nicht mehr vernachlässigbar klein sind, wie dies bei stärker gekrümmten, dickeren Profilen der Fall ist, muß die Strömung zwischen Kopfwelle und Profil nach Ziff. 17.3 mit Hilfe des Charakteristikenverfahrens in mühsamerer Weise berechnet werden. Dabei ist die Kopfwelle mit Hilfe der Verträglichkeitsbedingungen (17.17) und (17.16) einerseits und der Grundgleichungen des Verdichtungsstoßes andererseits Punkt für Punkt zu ermitteln. Um einen sauberen Ausgangspunkt für die Berechnung zu haben, wird der vorderste Teil des Profils durch ein Tangentenstück, die Strömung in der Umgebung der Vorderkante also durch eine Keilströmung approximiert.

Man beachte, daß es bei nichtisentropischer Strömung weder einen Verdünnungsfächer noch eine „Wandströmung" wie in Fig. 94 mit lauter geradlinigen

Fig. 95. Schlierenaufnahme einer Überschallströmung um ein Profil

MACH-Linien der einen Schar gibt. Fig. 95 zeigt eine Schlierenaufnahme einer Überschallströmung um das Kreisbogenprofil, für welches in Fig. 94 die Konstruktion durchgeführt wurde. Neben der Kopf- und Schwanzwelle sind auch einige von der Oberfläche des Profils ausgehende MACH-Linien erkennbar.

22.4 Druckberechnung für Überschallprofile. Mit Hilfe der in Ziff. 22.3 angewandten nichtlinearen Theorie werden wir jetzt den in Ziff. 8.5 aufgestellten Formeln (8.8) zur linearisierten Druckberechnung an einem Überschallprofil strengere Formeln gegenüberstellen[1]. Wir beschränken uns hierbei auf die in Ziff. 22.3 bereits besprochene Vereinfachung (vgl. Fig. 94), bei der die Strömung hinter der Kopfwelle als isentropisch betrachtet wird. Dann ist auf der Oberseite des Profils $\lambda = \text{const}$, also nach Gl. (15.3) und der BERNOULLIschen Gleichung (2.4)

$$\Delta p = -\int_0^{\vartheta} \varrho \, w^2 \tan\alpha \, d\vartheta; \qquad (22.1)$$

---

[1] BUSEMANN: [4] S. 328—360.

hierbei ist ϑ wie in Gl. (8.8) im Uhrzeigersinn, also entgegengesetzt wie in Gl. (15.3), gemessen.

Durch Entwicklung der rechten Seite der Gl. (22.1) bzw. der analogen Gleichung für die Profil-Unterseite nach Potenzen von ϑ kommt nach längerer Rechnung

$$\Delta p = \bar{q}(\mp C_1 \vartheta + C_2 \vartheta^2 \mp C_3 \vartheta^3 + \cdots) \tag{22.2}$$

mit

$$\left.\begin{aligned}
C_1 &= \frac{2}{\sqrt{\bar{M}^2 - 1}} = 2\tan\bar{\alpha}, \quad C_2 = \frac{(\bar{M}^2 - 2)^2 + \gamma\,\bar{M}^4}{2\,(\bar{M}^2 - 1)^2}, \\
C_3 &= \frac{1}{6\,(\bar{M}^2 - 1)^{7/2}} \{(\gamma + 1)\bar{M}^8 + (2\gamma^2 - 7\gamma - 5)\,\bar{M}^6 + \\
&\qquad\qquad + 10(\gamma + 1)\bar{M}^4 - 12\,\bar{M}^2 + 8\}.
\end{aligned}\right\} \tag{22.3}$$

Die MACH-Zahl $\bar{M}$ und die Größe $\bar{q} = \frac{\varrho}{2}\,\bar{w}^2$ [vgl. Gl. (6.4*)] beziehen sich auf die Grundströmung. Die oberen Vorzeichen gelten für die Oberseite, die unteren Vorzeichen für die Unterseite des Profils, ebenso wie in den Gln. (8.8).

In Gl. (22.2) ist der Verdichtungsstoß der Kopfwelle noch nicht berücksichtigt. Wenn anstelle einer isentropischen Verdichtung eine Stoßverdichtung mit demselben Ablenkungswinkel tritt, ergibt sich aus den Grundgleichungen des Verdichtungsstoßes die Potenzentwicklung

$$\Delta p_{Sto\beta} = \bar{q}\,[\mp C_1 \vartheta + C_2 \vartheta^2 \mp (C_3 - D)\,\vartheta^3 + \cdots] > 0 \tag{22.4}$$

mit

$$D = \frac{\bar{M}^4}{6\,(\bar{M}^2 - 1)^{7/2}} \left\{ \frac{5 + 2\gamma - 3\gamma^2}{8}\,\bar{M}^4 + \frac{\gamma^2 - 2\gamma - 3}{2}\,\bar{M}^2 + (\gamma + 1) \right\}. \tag{22.5}$$

Die Koeffizienten C_1, C_2, C_3 sind für vollkommene Gase mit konstanten spezifischen Wärmen und $1 \leqq \gamma \leqq \frac{5}{3}$ stets positiv, D dagegen kann auch negativ werden. Die Gegenüberstellung der Gln. (22.2) und (22.4) zeigt eine Abweichung erst in den Gliedern dritter Ordnung, was nach Ziff. 18.3 („schwache" Verdichtungsstöße) zu erwarten war. Außerdem beachte man, daß bei der Rückkehr zur Ausgangsrichtung die isentropische Druckänderung Δp [vgl. Gl. (22.2)] wegen der Reversibilität der isentropischen Zustandsänderungen wieder verschwindet, in der durch den Verdichtungsstoß bewirkten Druckänderung $\Delta p_{Sto\beta}$ [vgl. Gl. (22.4)] dagegen das Glied mit dem Faktor D bestehenbleibt.

Aus den Druckformeln (22.2) und (22.4) lassen sich ähnlich wie in der linearen Theorie (vgl. Ziff. 8.6) Auftrieb und Wellenwiderstand berechnen. Die Berücksichtigung der höheren Glieder in den Potenzreihen erfordert jetzt aber eine höhere Genauigkeit auch bei der Integration der Drucke längs des Profils. Infolgedessen muß zwischen den Bogenelementen dl_o, dl_u der Profilober- bzw. -unterseite und deren Projektionen dl auf die Profilsehne sowie zwischen den Gesamtbogenlängen L_o, L_u und der Länge L der Profilsehne unterschieden werden. Wir dürfen daher die strengen Formeln (8.10) nicht durch die in Ziff. 8.6 verwendeten Näherungsformeln ersetzen.

Nach längerer Rechnung ergeben sich für Auftrieb A und Widerstand W die folgenden Potenzentwicklungen nach dem Anstellwinkel $\bar{\vartheta}$ der Profilsehne:

$$
C_a = \frac{A}{q\,L} =
\left\{
\begin{aligned}
&\left[(B_{1u} + B_{1o})\,C_1 + (B_{2u} - B_{2o})\,C_2 + \right.\\
&\left.+ (B_{3u} + B_{3o})\left(C_3 - \frac{1}{2}\,C_1\right)\right] + \left[(B_{0u} + B_{0o})\,C_1 + \right.\\
&\left.+ (B_{1u} - B_{1o})\,C_2 + 3(B_{2u} + B_{2o})\left(C_3 - \frac{1}{2}\,C_1\right)\right]\bar{\vartheta} +\\
&+ \left[3(B_{1u} + B_{1o})\left(C_3 - \frac{1}{2}\,C_1\right)\right]\bar{\vartheta}^2 +\\
&+ 2\left(C_3 - \frac{1}{2}\,C_1\right)\bar{\vartheta}^3 -\\
&- D\left[\frac{1}{2}\left(\vartheta_{vu}^3 + |\vartheta_{vu}|^3\right) + \frac{1}{2}\left(\vartheta_{vo}^3 - |\vartheta_{vo}|^3\right)\right],
\end{aligned}
\right\}
\tag{22.6}
$$

$$
C_w = \frac{W}{q\,L} =
\left\{
\begin{aligned}
&\left[(B_{2u} + B_{2o})\,C_1 + (B_{3u} - B_{3o})\,C_2 + \right.\\
&\left.+ (B_{4u} + B_{4o})\left(C_3 - \frac{1}{6}\,C_1\right)\right] + \left[2(B_{1u} + B_{1o})\,C_1 + \right.\\
&\left.+ 3(B_{2u} - B_{2o})\,C_2 + 4(B_{3u} + B_{3o})\left(C_3 - \frac{1}{6}\,C_1\right)\right]\bar{\vartheta} +\\
&+ \left[(B_{0u} + B_{0o})\,C_1 + 3(B_{1u} - B_{1o})\,C_2 + \right.\\
&\left.+ 6(B_{2u} + B_{2o})\left(C_3 - \frac{1}{6}\,C_1\right)\right]\bar{\vartheta}^2 +\\
&+ \left[4(B_{1u} + B_{1o})\left(C_3 - \frac{1}{6}\,C_1\right)\right]\bar{\vartheta}^3 +\\
&+ 2\left(C_3 - \frac{1}{6}\,C_1\right)\bar{\vartheta}^4 -\\
&- D\left[\frac{1}{2}\left(\vartheta_{vu}^3 + |\vartheta_{vu}|^3\right) + \frac{1}{2}\left(\vartheta_{vo}^3 - |\vartheta_{vo}|^3\right)\right]\bar{\vartheta}.
\end{aligned}
\right\}
\tag{22.7}
$$

Hierbei ist angenommen, wie dies vernünftigen Tragflügelprofilen entspricht, daß hinter der Kopfwelle keine Verdichtungsstöße mehr auftreten.

ϑ_{vo} und ϑ_{vu} (Fig. 96) sind die Ablenkungswinkel an der Vorderkante. Der untere Verdichtungsstoß ist nur für positives ϑ_{vu}, der obere nur für negatives ϑ_{vo} vorhanden. In den Formeln (22.6) und (22.7) ist dementsprechend

$$\frac{1}{2}(\vartheta_{vu}^3 + |\vartheta_{vu}|^3) = \begin{cases} \vartheta_{vu}^3 \\ 0 \end{cases} \quad \text{für} \quad \vartheta_{vu} \gtrless 0,$$

$$\frac{1}{2}(\vartheta_{vo}^3 - |\vartheta_{vo}|^3) = \begin{cases} 0 \\ \vartheta_{vo}^3 \end{cases} \quad \text{für} \quad \vartheta_{vo} \gtrless 0.$$

Die Größen B_{no}, B_{nu} ($n = 0, 1, 2, \ldots$) sind in Verallgemeinerung der Gln. (8.12) durch die Integrale

$$B_{no} = \frac{1}{L}\int_0^{L_o}(\vartheta_o')^n\, dl_o, \quad B_{nu} = \frac{1}{L}\int_0^{L_u}(\vartheta_u')^n\, dl_u \left(B_{oo} = \frac{L_o}{L}, \quad B_{ou} = \frac{L_u}{L}\right) \quad (22.8)$$

definiert. Sie hängen nur von der geometrischen Gestalt des Profils ab.

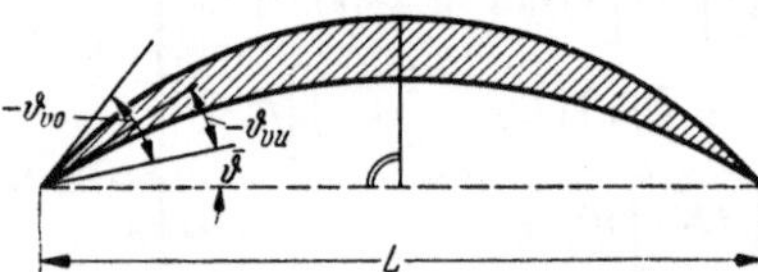

Fig. 96. Erläuterung der Bezeichnungen

Die Auftriebs- und Widerstandsformeln (8.13) der linearen Theorie ergeben sich aus den Formeln (22.6) und (22.7) durch Abbrechen mit $\bar{\vartheta}$ bei C_a und mit $\bar{\vartheta}^2$ bei C_w, wobei im Rahmen der linearen Theorie $B_{oo} = B_{ou} = 1$ zu setzen ist. Man beachte, daß im Gegensatz zur ersten Formel (8.13) der linearen Theorie der Auftriebsbeiwert C_a eines nicht geradlinigen Profils in der nichtlinearen Theorie für $\bar{\vartheta} = 0$ nicht verschwindet.

22.5 Profilpaare mit verschwindendem Wellenwiderstand. Während ein Einzelprofil sowohl in der linearen Theorie (vgl. Ziff. 8.6) wie bei der nichtlinearen Behandlung (vgl. Ziff. 22.4) einen Wellenwiderstand hervorruft, kann man Profilpaare konstruieren, für welche bei einer bestimmten Anströmgeschwindigkeit und bei Anstellwinkel $\bar{\vartheta} = 0$ der Wellenwiderstand verschwindet[1] (Fig. 97).

Solche Profilpaare liegen vor, wenn a) die Außenseiten geradlinig und parallel zu Längsachse sind, also keine Störung der Grundströmung hervorrufen, b) die Innenseiten der Profile symmetrisch zur Längs- und zur Querachse sind, so daß die MACH-Linien sich schließlich wieder gegenseitig auslöschen[2], c) die Profile an der Vorder- und Hinterkante horizontale Tangenten haben und im übrigen so schwach gekrümmt sind, daß im ganzen Strömungsverlauf keine Verdichtungsstöße auftreten. Die Grundströmung erleidet dann nur isentropische Zustandsänderungen und tritt hinter dem Profilpaar wieder ungestört aus. Die Innenseiten eines solchen Profilpaars können als Wände einer ebenen VENTURI-Düse betrachtet werden, welche einen mit Überschallgeschwindigkeit ein-

---

[1] BUSEMANN: [4] S. 328—360.

[2] Wir bezeichnen eine MACH-Linie kurz als „ausgelöscht", wenn ihre beiden gleichlaufenden Nachbarlinien denselben λ- bzw. μ-Wert haben.

tretenden Parallelstrahl bis zum engsten Querschnitt auf geringere Überschallgeschwindigkeit abbremst und hernach wieder auf die anfängliche Geschwindigkeit beschleunigt.

Natürlich lassen sich in analoger Weise Ringkörper mit verschwindendem Wellenwiderstand konstruieren. Die Außenwand eines solchen Ringkörpers ist ein Drehzylinder, die Innenwand eine drehsymmetrische VENTURI-Düse.

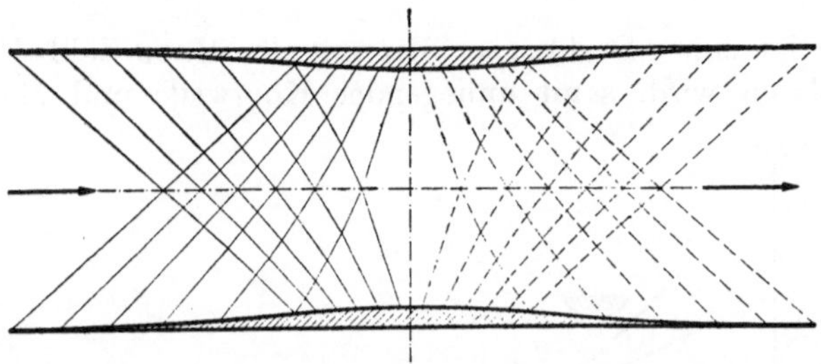

Fig. 97. Profilpaar mit verschwindendem Widerstand (nach A. BUSEMANN)

22.6 Achsensymmetrische Überschallströmung um Drehkörper mit anliegender Kopfwelle. Die achsensymmetrische Überschallströmung um einen Drehkörper mit anliegender Kopfwelle wird ähnlich berechnet, wie die Überschallströmung um ein nicht geradliniges Profil mit anliegender Kopfwelle (vgl. Ziff. 22.3). Auch hier kann man bei hinreichend schlankem Körper die Strömung hinter der Kopfwelle wieder

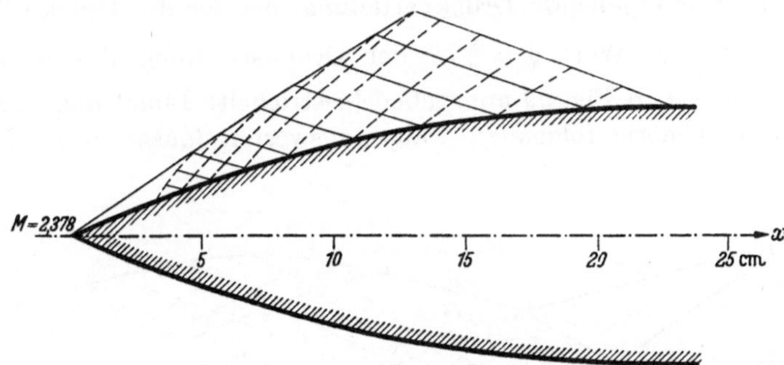

Fig. 98. Überschallströmung um einen axial angeblasenen Drehkörper

als isentropisch betrachten. Diese Idealisierung führt hier aber nicht zu einer wesentlichen Vereinfachung; denn weder bei der isentropischen noch bei der nichtisentropischen achsensymmetrischen Strömung gibt es eine „Wandströmung" wie in Fig. 94, bei der die MACH-Linien der einen Schar geradlinig sind und nur diese MACH-Linienschar in die Konstruktion eingeht. In jedem Fall muß bei der achsensymmetrischen

Strömung das MACH-Netz zusammen mit der von der Spitze des Körpers ausgehenden Stoßfront Punkt für Punkt ermittelt werden. Der vorderste Teil des Drehkörpers wird durch einen berührenden Drehkegel und die Strömung in der Umgebung der Spitze demgemäß durch eine Kegelströmung (vgl. § 21) approximiert. Dadurch ergeben sich saubere Anfangsdaten für die Anwendung des Charakteristikenverfahrens nach Ziff. 17.3, Absatz b) zur Berechnung des Strömungsfeldes hinter der Kopfwelle.

Fig. 98 zeigt einen Drehkörper, der mit der MACH-Zahl $\bar{M} = 2{,}378$ axial angeblasen wird, samt anliegender Kopfwelle und MACH-Netz;

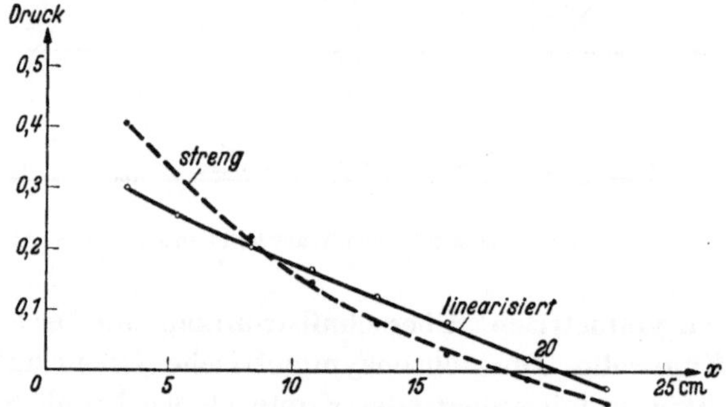

Fig. 99. Gegenüberstellung der Druckverteilung bei nichtlinearer Behandlung und in linearisierter Näherung

dieses ist unter Vernachlässigung der Entropieschwankungen berechnet. Die sich hieraus ergebende Druckverteilung, bei der die Drucke durch Division mit dem Wert $\bar{q} = \dfrac{\varrho}{2}\,\bar{w}^2$ der Grundströmung dimensionslos gemacht sind, ist in Fig. 99 angegeben (gestrichelte Linie) und den aus der linearen Theorie folgenden Näherungswerten (ausgezogene Linie) gegenübergestellt.

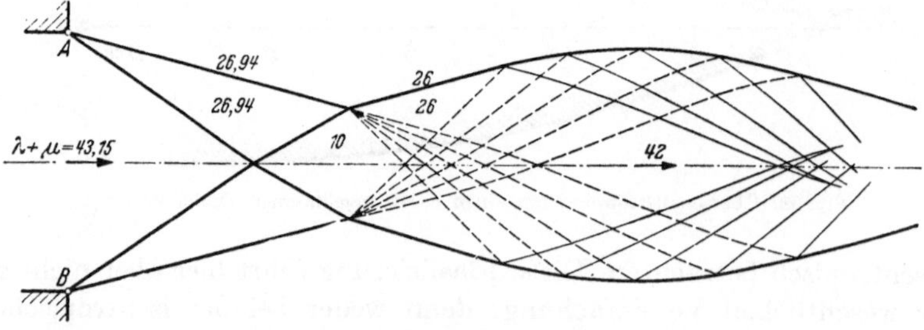

Fig. 100. Austritt eines Überschall-Parallelstrahls aus einer ebenen Düse gegen Überdruck

22.7 Austritt eines Überschall-Parallelstrahls aus einer Düse gegen Überdruck. In Ziff. 16.4 und 17.4 hatten wir den Austritt eines Parallelstrahls aus einer ebenen bzw. achsensymmetrischen räumlichen Düse gegen Unterdruck erörtert. Es handelte sich hierbei um einen durchweg isentropischen Strömungsverlauf. Wir betrachten jetzt die analoge Aufgabe bei Ausströmung gegen Überdruck und beschränken uns der Einfachheit halber auf das ebene Problem (Fig. 100).

Anstelle der in Fig. 64 von den Ecken A, B ausgehenden Verdünnungsfächer treten in Fig. 100 Stoßfronten. Sie durchkreuzen sich auf der Achse und werden dann an der Strahloberfläche als Verdünnungsfächer reflektiert [vgl. Ziff. 22.2, Aufgaben c) und b)]. Wegen der Symmetrie des Strömungsfeldes entfällt die Wirbelschicht hinter dem Durchkreuzungspunkt. Im weiteren Verlauf ergeben sich wie in Fig. 64 isentropische Verdünnungen und Verdichtungen. Die Werte der Summe $(\lambda + \mu)$ [°] sind in Fig. 100 in den Bereichen zwischen den Stoßfronten und den isentropischen Verdünnungen und Verdichtungen eingetragen.

§ 23. Transsonische und hypersonische ebene Strömungen

23.1 Nichtlineare Approximation transsonischer Strömungen. Unter transsonischen Strömungen[1] verstehen wir Strömungen, bei denen die Strömungsgeschwindigkeit w der Schallgeschwindigkeit, also der kritischen Geschwindigkeit a^* nahekommt, d.h., bei denen $|w - a^*|$ klein ist im Vergleich zu a^*. Solchen transsonischen Strömungen sind wir schon einige Male begegnet, insbesondere bei der Strömung durch LAVAL-Düsen (vgl. § 12), bei der in der Nähe des engsten Querschnitts die kritische Geschwindigkeit a^* durchschritten wird, und bei der Kegelströmung, bei der die isentropische Verdichtungsströmung hinter der Kopfwelle unter Umständen ebenfalls die kritische Geschwindigkeit a^* durchschreitet (vgl. Ziff. 21.4).

Offenbar versagt bei transsonischen Strömungen die im II. Abschnitt entwickelte lineare Theorie der Unter- und der Überschallströmungen. Denn wegen $\overline{M} \approx 1$, also $\overline{M}^2 - 1 \approx 0$ müßte in den linearen Gleichungen (6.5) bis (6.7) das erste Glied vernachlässigt werden, so daß dann die Veränderliche x in den Gleichungen überhaupt nicht mehr vorkäme. Die Phänomene der transsonischen Strömung, insbesondere das Phänomen des ,,Schalldurchgangs'', bei dem die Strömung von Unter- zu Überschallgeschwindigkeit übergeht oder umgekehrt, sind daher wesentlich nichtlineare Vorgänge.

Infolgedessen muß bei transsonischen Strömungen anstelle einer linearen Approximation eine nichtlineare Approximation der Grund-

---

[1] Eine ausgezeichnete Darstellung der mathematischen Probleme findet sich in dem Buch von LIPMAN BERS: [*12*].

gleichungen treten. Wir wollen nunmehr eine solche nichtlineare Approximation herleiten und beschränken uns fortan durchweg auf ebene isentropische Strömungen, so daß wir die Potentialgleichung (4.5)

$$(a^2 - u^2)\varphi_{xx} - 2uv\varphi_{xy} + (a^2 - v^2)\varphi_{yy} = 0$$

zur Grundlage nehmen können.

Wir gehen von einer Parallelströmung mit der kritischen Geschwindigkeit a^* als Grundströmung aus und setzen daher für das Potential der zu untersuchenden transsonischen Strömung

$$\varphi(x,\, y) = a^*[x + \varphi'(x,\, y)]. \tag{23.1}$$

Für die Komponenten der Strömungsgeschwindigkeit kommt dann

$$u = a^*(1 + \varphi'_x) = a^*(1 + u'), \quad v = a^*\varphi'_y = a^*v'. \tag{23.2}$$

Dabei sind φ'_x und φ'_y dem Betrag nach klein gegen 1 und werden daher weiterhin nur linear berücksichtigt. Dann erhält man für die lokale Schallgeschwindigkeit nach den Gln. (2.8) und (2.10) bei Einsetzen der Ausdrücke (23.2)

$$a^2 = \frac{\gamma + 1}{2}\left[a^{*2} - \frac{\gamma - 1}{\gamma + 1}(u^2 + v^2)\right] = a^{*2}[1 - (\gamma - 1)\varphi'_x], \tag{23.3}$$

womit sich die Potentialgleichung (4.5), wiederum bei Beschränkung auf die in φ'_x und φ'_y linearen Glieder, zu

$$(\gamma + 1)\varphi'_x\varphi'_{xx} + 2\varphi'_y\varphi'_{xy} - [1 - (\gamma - 1)\varphi'_x]\varphi'_{yy} = 0 \tag{23.4}$$

vereinfacht.

Wenn man nach v. KÁRMÁN[1] annimmt, daß $|\varphi'_y\varphi'_{xy}|$ und $|\varphi'_x\varphi'_{yy}|$ gegenüber $|\varphi'_{yy}|$ und $|\varphi'_x\varphi'_{xx}|$ vernachlässigt werden kann, ergibt sich schließlich

$$(\gamma + 1)\varphi'_x\varphi'_{xx} - \varphi'_{yy} = 0 \tag{23.5}$$

als transsonische, nichtlineare Näherung der Potentialgleichung (4.5). Die Gl. (23.5) ist vom gemischten Typus, nämlich elliptisch im Unterschallbereich ($\varphi'_x < 0$) und hyperbolisch im Überschallbereich ($\varphi'_x > 0$).

Wir werden Gl. (23.5) später auf andere Weise begründen (vgl. Ziff. 23.4), wollen aber trotzdem die v. KÁRMÁNsche Hypothese plausibel machen: Wir ersetzen Gl. (23.4) durch die beiden Gleichungen

$$(\gamma + 1)u'u'_x + v'(u'_y + v'_x) - [1 - (\gamma - 1)u']v'_y = 0, \quad u'_y = v'_x. \tag{23.4*}$$

Ist dann a^* von der Größenordnung 1, kurz $a^* \sim 1$, ferner $u' \sim \varepsilon$ und nehmen wir an, daß die Ableitungen nach x an den Größenordnungen nichts ändern, dann ist die erste Gl. (23.4*) verträglich mit der Annahme $v'_y \sim u'u'_x \sim \varepsilon^2$. Setzt man hierauf $v' \sim \varepsilon^k$, wobei k zunächst unbekannt ist, so ergibt sich aus $v'_y \sim \varepsilon^2$, daß die Ableitung nach y

---

[1] v. KÁRMÁN, TH.: J. Math. Phys. Bd. 26 (1947) S. 182—190.

die Größenordnung um den Faktor ε^{2-k} ändert. Dann ergibt sich aus der zweiten Gleichung (23.4*) sogleich

$$v'_x \sim \varepsilon^k \sim u'_y \sim \varepsilon \cdot \varepsilon^{2-k} = \varepsilon^{3-k},$$

also $k = 3 - k$, $k = \frac{3}{2}$. Demnach ist $v'(u'_y + v'_x) \sim \varepsilon^{3/2} \cdot \varepsilon^{3/2} = \varepsilon^3$, $u' v'_y \sim \varepsilon \cdot \varepsilon^2 = \varepsilon^3$, die von v. Kármán vernachlässigten Glieder also von der Größenordnung ε^3, während die beiden übrigen Glieder der Potentialgleichung (23.4) die Größenordnung ε^2 haben.

Um die v. Kármánsche Gleichung (23.5) streng zu rechtfertigen, müßte man für φ eine Reihenentwicklung ansetzen und zeigen, daß die Reihe konvergiert und ihr erstes Glied der Gl. (23.5) genügt. Das letztere wurde von Cole und Messiter[1] durchgeführt.

23.2 Ähnlichkeitsgesetz für ebene transsonische Strömungen. Für Profilströmungen im Unter- und Überschallbereich wurden in Ziff. 7.2 und Ziff. 8.6, vorletzter Absatz, unter der Bezeichnung „Prandtlsche Regeln" Ähnlichkeitsgesetze hergeleitet, die den Vergleich der Druckverteilung an zueinander affinen Profilen bei Veränderung der Mach-Zahl im Rahmen der linearisierten Theorie ermöglichten. Wir wollen jetzt ein entsprechendes Ähnlichkeitsgesetz für ebene transsonische Strömungen im Rahmen der auf der nichtlinearen Potentialgleichung (23.5) beruhenden Theorie entwickeln.

Gegeben sei ein hinreichend spitzes und flaches Profil, das nur eine kleine Störung der Grundströmung auslöst. $\overline{M}$ sei die Mach-Zahl der Grundströmung, $y = \eta_{1,2}(x)$ die Gleichung der Ober- bzw. Unterseite des Profils und $t = \frac{1}{L}\{\max|\eta_1(x)| + \max|\eta_2(x)|\}$ ein die Profildicke kennzeichnender dimensionsloser Parameter ($L = $ Länge des Profils).

Aus den Gln. (23.1) bis (23.3) folgen die in φ'_x und φ'_y linearen Näherungen

$$M^2 = \frac{u^2}{a^2} = \frac{1 + 2\varphi'_x}{1 - (\gamma - 1)\varphi'_x} = 1 + (\gamma + 1)\varphi'_x,$$

$$M^2 - 1 = (\gamma + 1)\varphi'_x \tag{23.6}$$

und

$$\vartheta = \tan\vartheta = \frac{v}{u} = \varphi'_y, \quad C_p = \frac{\Delta p}{\frac{\overline{\varrho}}{2}\overline{w}^2} = -2u' = -2\varphi'_x, \tag{23.7}$$

wobei sich $\overline{\varrho}, \overline{w}$ auf die Grundströmung bezieht [vgl. Gl. (6.4*)].

Wir vergleichen nun die durch $\varphi'(x, y)$ gegebene Strömung mit einer durch die Affintransformation

$$y = \lambda_y \tilde{y}, \quad \varphi' = \lambda_\varphi \tilde{\varphi}' \tag{23.8}$$

<hr>

[1] Cole, J. D., u. A. F. Messiter: Cal. Inst. of Techn., Guggenheim Aeron. Lab. OSR, Techn. Note Nr. 56-1 (1956).

aus ihr entstehenden Strömung. Durch Einsetzen in Gl. (23.5) kommt

$$\lambda_\varphi \lambda_y^2 (\gamma + 1)\tilde{\varphi}_x' \tilde{\varphi}_{xx}' - \tilde{\varphi}_{\tilde{y}\tilde{y}}' = (\tilde{\gamma} + 1)\tilde{\varphi}_x' \tilde{\varphi}_{xx}' - \tilde{\varphi}_{\tilde{y}\tilde{y}}' = 0, \qquad (23.9)$$

wenn

$$\tilde{\gamma} + 1 = \lambda_\varphi \lambda_y^2 (\gamma + 1) \qquad (23.10)$$

gesetzt wird. Hieraus ergibt sich

$$M^2 - 1 = (\gamma + 1)\varphi_x' = (\gamma + 1)\lambda_\varphi \tilde{\varphi}_x' = \frac{1}{\lambda_y^2}(\tilde{M}^2 - 1),$$

insbesondere also für die MACH-Zahlen der Grundströmung

$$\overline{M}^2 - 1 = \frac{1}{\lambda_y^2}(\overline{\tilde{M}}^2 - 1). \qquad (23.11)$$

Außerdem hat man

$$\vartheta = \varphi_y' = \frac{\lambda_\varphi}{\lambda_y}\tilde{\varphi}_{\tilde{y}}' = \frac{\lambda_\varphi}{\lambda_y}\tilde{\vartheta}.$$

Da der Dickenparameter t mit ϑ proportional ist (die Kontur besteht ja aus Stromlinien), gilt ebenso

$$t = \frac{\lambda_\varphi}{\lambda_y}\tilde{t}. \qquad (23.12)$$

Aus den Gln. (23.10) und (23.12) ergibt sich

$$\lambda_\varphi^3 = \frac{\tilde{\gamma} + 1}{\gamma + 1}\left(\frac{t}{\tilde{t}}\right)^2, \qquad \lambda_y^3 = \frac{\tilde{\gamma} + 1}{\gamma + 1}\cdot\frac{\tilde{t}}{t}, \qquad (23.13)$$

und durch Einsetzen in Gl. (23.11) folgt das v. KÁRMÁNsche Ähnlichkeitsgesetz[1] für ebene transsonische Strömungen

$$\frac{\overline{M}^2 - 1}{[t(\gamma + 1)]^{2/3}} = \frac{\overline{\tilde{M}}^2 - 1}{[\tilde{t}(\tilde{\gamma} + 1)]^{2/3}} = \text{invariant.} \qquad (23.14)$$

Die zweite Gl. (23.7) liefert für den Druckbeiwert:

$$C_p = \left(\frac{\tilde{\gamma} + 1}{\gamma + 1}\right)^{1/3}\left(\frac{t}{\tilde{t}}\right)^{2/3}\tilde{C}_p.$$

Daher ist

$$\left(\frac{\gamma + 1}{t^2}\right)^{1/3} C_p = \left(\frac{\tilde{\gamma} + 1}{\tilde{t}^2}\right)^{1/3}\tilde{C}_p$$

eine Invariante, d. h. eine Funktion F von $\dfrac{\overline{M}^2 - 1}{[t(\gamma + 1)]^{2/3}}$, also

$$C_p = \left(\frac{t^2}{\gamma + 1}\right)^{1/3}\cdot F\left\{\frac{\overline{M}^2 - 1}{[t(\gamma + 1)]^{2/3}}\right\}. \qquad (23.15)$$

Das v. KÁRMÁNsche Ähnlichkeitsgesetz gestattet ebenso wie die PRANDTLschen Regeln den Vergleich von Strömungen um affine Profile bei verschiedenen MACH-Zahlen der Grundströmung. Außerdem läßt es

---

[1] v. KÁRMÁN, TH.: J. Math Phys. Bd. 26 (1947) S. 182—190.

auch Änderungen der Konstanten γ zu, was für den Vergleich von Windkanalmessungen mit Flugvorgängen in einem anderen Medium von Bedeutung ist.

Man kann zeigen, daß das v. KÁRMÁNsche Ähnlichkeitsgesetz auch bei Einbeziehung schwacher Verdichtungsstöße gültig bleibt.

23.3 Darstellung ebener transsonischer Strömungen in der Hodographenebene. Anschließend an die Ergebnisse von § 13 transformieren wir jetzt die v. KÁRMÁNsche Potentialgleichung (23.5) in die Hodographenebene:

Die LEGENDRE-Transformation (13.7)

$$u' = \varphi'_x, \qquad v' = \varphi'_v, \qquad \Phi' = x\varphi'_x + y\varphi'_v - \varphi' \qquad \text{mit} \qquad \Phi' = \Phi'(u', v')$$

führt Gl. (23.5) sofort in die lineare Differentialgleichung vom gemischten Typus

$$(\gamma + 1)u'\Phi'_{v'v'} - \Phi'_{u'u'} = 0$$

über, aus der man mit der weiteren Substitution

$$u'' = (\gamma + 1)^{1/3} u' \tag{23.16}$$

die sogenannte TRICOMI-Gleichung

$$u''\Phi'_{v'v'} - \Phi'_{u''u''} = 0 \tag{23.17}$$

erhält.

Wichtiger für das Folgende ist die MOLENBROEK-Transformation (13.4)

$$\varphi_w = \frac{M^2 - 1}{\varrho\, w}\,\psi_\vartheta, \qquad \varphi_\vartheta = \frac{w}{\varrho}\,\psi_w \tag{13.4}$$

(wobei also nicht auf Ziff. 23.1 Bezug genommen ist).

Wir bezeichnen fortan das Geschwindigkeitspotential mit $a^*\,\varphi$ und die Stromfunktion mit $a^*\varrho^*\psi$ [vgl. auch Gl. (23.1)]. Damit tritt anstelle der Gln. (13.4)

$$\varphi_w = \frac{\varrho^*}{\varrho}\,\frac{M^2 - 1}{w}\,\psi_\vartheta, \qquad \varphi_\vartheta = \frac{\varrho^*}{\varrho}\,w\,\psi_w. \tag{23.18}$$

Außerdem führen wir ähnlich wie in Gl. (14.10) durch

$$\omega = \int\limits_{a^*}^{w} \frac{\varrho}{\varrho^*}\,\frac{dw}{w} \tag{23.19}$$

eine transformierte dimensionslose Geschwindigkeit ω ein und betrachten φ und ψ von nun an als Funktionen von ω und ϑ.

Die neue Geschwindigkeitskoordinate ω hat folgende Eigenschaften:

$$\omega \gtrless 0 \quad \text{für} \quad w \gtrless a^*, \quad \omega \to -\infty \quad \text{für} \quad w \to 0, \left.\vphantom{\frac{dw}{d\omega}}\right\}$$
$$\frac{dw}{d\omega} = a^* \quad \text{für} \quad w = a^*, \quad \omega = 0. \tag{23.20}$$

ω geht also durch Null, wenn w die kritische Geschwindigkeit durchschreitet und ist positiv im Überschallbereich, negativ im Unterschallbereich. Die Gln. (23.18) gehen über in

$$\varphi_\omega = K\psi_\vartheta, \quad \varphi_\vartheta = \psi_\omega$$
$$\text{mit} \quad K(\omega) = \left(\frac{\varrho^*}{\varrho}\right)^2 (M^2 - 1), \quad \text{also} \quad K \lessgtr 0 \quad \text{für} \quad \omega \lessgtr 0. \tag{23.21}$$

Durch Elimination von φ ergibt sich für $\psi(\omega, \vartheta)$ die lineare Differentialgleichung zweiter Ordnung vom gemischten Typus

$$K(\omega)\,\psi_{\vartheta\vartheta} - \psi_{\omega\omega} = 0. \tag{23.22}$$

23.4 Näherungen für transsonische Strömungen auf Grund approximierender Funktionen für $K(\omega)$. In Ziff. 14.3 hatten wir darauf hingewiesen, daß man Näherungen für Unterschallströmungen durch geeignete Approximationen der Druck-Dichte-Beziehung erhalten kann. Wir suchen jetzt auf diese Weise Näherungen für transsonische Strömungen zu gewinnen, gehen dabei aber nicht auf die Druck-Dichte-Beziehung zurück, sondern suchen unmittelbar für $K(\omega)$ geeignete Approximationen zu finden. Aus der großen Zahl solcher Approximationen, die bisher verwendet wurden, greifen wir zwei besonders einfache heraus.

a) Approximation nach Tricomi[1]. Die Funktion $K(\omega)$ verschwindet für $\omega = 0$, d. h. $w = a^*$. Für den transsonischen Bereich ersetzen wir daher die Kurve $K = K(\omega)$ durch ihre Tangente im Nullpunkt. Wegen

$$\frac{dK}{d\omega} = 2\frac{\varrho^*}{\varrho}(M^2 - 1)\frac{d\left(\frac{\varrho^*}{\varrho}\right)}{d\omega} + 2M\left(\frac{\varrho^*}{\varrho}\right)^2 \frac{dM}{d\omega}$$

ergibt sich für $\omega = 0$, also $M = 1$ und $\varrho = \varrho^*$ mit Hilfe der ersten Gl. (2.20)

$$\left[\frac{dK}{d\omega}\right]_{\omega=0} = 2\left[\frac{dM}{d\omega}\right]_{\omega=0} = 2a^*\left[\frac{dM}{dw}\right]_{w=a^*} = \gamma + 1 \tag{23.23}$$

und demnach für $K(\omega)$ die erstmals von F. I. Frankl vorgeschlagene Approximation

$$K(\omega) \approx (\gamma + 1)\,\omega. \tag{23.24}$$

Mit dieser Näherung geht Gl. (23.22) in

$$(\gamma + 1)\,\omega\,\psi_{\vartheta\vartheta} - \psi_{\omega\omega} = 0 \tag{23.25}$$

und nach der weiteren, zu Gl. (23.16) analogen Substitution,

$$\omega' = (\gamma + 1)^{1/3}\,\omega \tag{23.26}$$

in die Tricomi-Gleichung

$$\omega'\psi_{\vartheta\vartheta} - \psi_{\omega'\omega'} = 0 \tag{23.27}$$

über.

---

[1] Tricomi, F.: Monatsh. Math. Phys. Bd. 58 (1954) S. 160—171.

Da die TRICOMI-Gleichung eine der einfachsten und am besten erforschten Gleichungen vom gemischten Typus ist (vgl. Ziff. 23.5), ist die Approximation (23.24) für transsonische Strömungen gut brauchbar. Sie versagt jedoch bei stärkeren Abweichungen der Strömungsgeschwindigkeit von a^*, insbesondere für $w \to 0$, ist also für Profilströmungen mit Staupunkten nicht brauchbar.

b) Approximation nach Tomotika und Tamada[1]. TOMOTIKA und TAMADA approximieren die Funktion $K(\omega)$ durch

$$K(\omega) \approx c\,(e^{2k\omega} - 1),\qquad (23.28)$$

wobei c und k passend zu wählende positive Konstante sind. Auch diese Approximation erfüllt die Forderung $K \lesseqgtr 0$ für $\omega \lesseqgtr 0$. Sie ist, wie eine nähere Untersuchung zeigt, nicht nur für die Nachbarschaft der kritischen Geschwindigkeit, sondern in einem weiten Geschwindigkeitsbereich ($0 \le M \le$ etwa 1,2) brauchbar, und kann daher auch für Profilströmungen mit Staupunkten Verwendung finden. Durch die Substitutionen

$$\omega' = e^{k\omega}, \quad \vartheta' = \frac{k}{\sqrt{c}}\,\vartheta \qquad (23.29)$$

geht die Stromfunktionsgleichung (23.22)

$$c\,(e^{2k\omega} - 1)\,\psi_{\vartheta\vartheta} - \psi_{\omega\omega} = 0$$

in die Differentialgleichung

$$(1 - \omega'^2)\,\psi_{\vartheta'\vartheta'} + \omega'^2\,\psi_{\omega'\omega'} + \omega'\,\psi_{\omega'} = 0 \qquad (23.30)$$

über, welche verhältnismäßig einfache partikuläre Lösungen zuläßt.

TOMOTIKA und TAMADA haben auf diesem Wege Unterschallströmungen um Profile mit örtlichem Überschallbereich hergeleitet (vgl. Ziff. 23.6).

Die TRICOMI-Approximation (23.24) kann zu einer Begründung der v. KÁRMÁNschen Näherungsgleichung (23.5) verwendet werden: Wenn wir von den Funktionen $\varphi = \varphi(\vartheta, \omega)$, $\psi = \psi(\vartheta, \omega)$ zu den Umkehrfunktionen $\vartheta = \vartheta(\varphi, \psi)$, $\omega = \omega(\varphi, \psi)$ übergehen, ist

$$\vartheta_\varphi : \vartheta_\psi : \omega_\varphi : \omega_\psi = \psi_\omega : (-\varphi_\omega) : (-\psi_\vartheta) : \varphi_\vartheta$$

und die Gln. (23.21) liefern

$$\vartheta_\psi = (\gamma + 1)\,\omega\,\omega_\varphi, \quad \vartheta_\varphi = \omega_\psi. \qquad (23.31)$$

Nach der letzten Gl. (23.31) existiert eine Funktion $F(\varphi, \psi)$ derart, daß

$$\omega = F_\varphi, \quad \vartheta = F_\psi \qquad (23.32)$$

---

[1] TOMOTIKA, S., u. K. TAMADA: Quart. Appl. Mech. Bd. 7 (1950) S. 381—397; Bd. 8 (1951) S. 127—136; Bd. 9 (1951) S. 129—147. — Vgl. hierzu auch F. G. TRICOMI: Rend. Accad. Naz. dei Lincei (Cl. Sci. fis., mat. e nat.), Serie VIII, Bd. XXV (1958) S. 135—139.

gilt und die erste Gl. (23.31) in

$$(\gamma + 1)\, F_\varphi F_{\varphi\varphi} - F_{\psi\psi} = 0 \tag{23.33}$$

übergeht. Bei transsonischen Strömungen, die von einer Parallelströmung nur wenig abweichen, bleiben ϑ und ω dem Betrag nach klein gegen Eins. Aus den Gln. (13.2) folgt dann näherungsweise

$$x_w = \varphi_w, \quad x_\vartheta = \varphi_\vartheta, \quad y_w = \psi_w, \quad y_\vartheta = \psi_\vartheta, \text{ also } x = \varphi, \; y = \psi. \tag{23.34}$$

Dabei wurde $\cos\vartheta = 1$, $\sin\vartheta = 0$, $w = a^*$ und $\varrho = \varrho^*$ gesetzt und berücksichtigt, daß wir in Ziff. 23.3 das Potential mit $a^*\varphi$ und die Stromfunktion mit $a^*\varrho^*\psi$ bezeichnet hatten. Außerdem ergibt sich bei Berücksichtigung der aus Gl. (23.20) folgenden Näherungsbeziehung [in der Bezeichnungsweise von Gl. (23.2)]

$$\omega = \frac{w - a^*}{a^*} = u'$$

aus den Gln. (23.32) und (23.34)

$$F_\varphi = F_x = \omega = u', \quad F_\psi = F_y = \vartheta = v'.$$

Hiernach ist F mit dem in Gl. (23.1) eingeführten Störpotential φ' identisch und Gl. (23.33) geht in die v. KÁRMÁNsche Gleichung (23.5) über.

23.5 Allgemeine Sätze über Lösungen der Tricomi-Gleichung. Wir schalten hier einige mathematische Bemerkungen zur Theorie der TRICOMI-Gleichung

$$y f_{xx} - f_{yy} = 0 \tag{23.35}$$

ein, die uns im vorangehenden mehrmals begegnete. Dabei wollen wir uns auf die Mitteilung von Ergebnissen beschränken, ohne auf deren mathematische Begründung einzugehen und die jeweils erforderlichen Stetigkeits- und Differenzierbarkeitsvoraussetzungen anzugeben.

Die erstmals von TRICOMI[1] untersuchte und daher nach ihm benannte Gl. (23.35) ist eine lineare Differentialgleichung von gemischtem Typus. Sie ist hyperbolisch für $y > 0$, elliptisch für $y < 0$. Im elliptischen Bereich ($y < 0$) kann sie mit der Substitution

$$y' = \frac{2}{3}(-y)^{\frac{3}{2}}$$

auf die Normalform

$$f_{xx} + f_{y'y'} + \frac{1}{3y'} f_{y'} = 0 \quad \text{(WEINSTEIN-Gleichung)}$$

gebracht werden. Im hyperbolischen Bereich ($y > 0$) ergeben sich nach Ziff. 15.6 als Charakteristiken die NEILschen Parabeln (Fig. 101)

$$\left.\begin{array}{c}\lambda\\\mu\end{array}\right\} = x \pm \frac{2}{3} y^{\frac{3}{2}} = \text{const}. \tag{23.36}$$

---

[1] TRICOMI, F.: Rend., Atti Acc. Naz. dei Lincei, Reihe 5, Bd. 14 (1923) S. 134 bis 247.

Durch Transformation auf die Veränderlichen λ, μ nimmt Gl. (23.35) die Normalform an

$$f_{\lambda\mu} + \frac{1}{6\,(\mu - \lambda)}\,(f_\lambda - f_\mu) = 0 \quad \text{(DARBOUX-Gleichung)}. \quad (23.37)$$

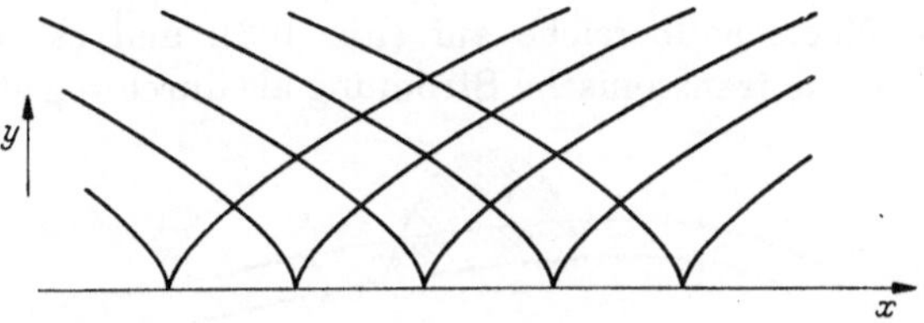

Fig. 101. Charakteristiken der TRICOMI-Gleichung im hyperbolischen Bereich

Folgende Randwertprobleme sind sachgemäß gestellt und haben eindeutige Lösungen (Fig. 102):

a) Tricomi-Problem[1]. In dem von einer Kurve k_0 des elliptischen Bereichs und zwei Charakteristiken c_1, c_2 des hyperbolischen Bereichs begrenzten Gebiet ist die Lösung eindeutig bestimmt, wenn die Rand-

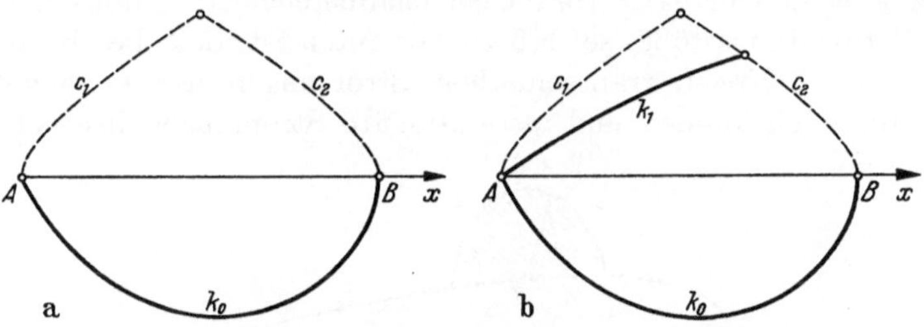

Fig. 102. Randwertprobleme von TRICOMI (a) und FRANKL (b)

werte auf der Kurve k_0 und einer der beiden Charakteristiken c_1 oder c_2 vorgeschrieben werden.

b) Frankl-Problem[2]. Es unterscheidet sich vom TRICOMI-Problem dadurch, daß im hyperbolischen Bereich die Randwerte nicht auf einer der beiden Charakteristiken c_1, c_2, sondern auf einer Kurve k_1 innerhalb des von c_1 und c_2 eingeschlossenen Dreiecks vorgegeben werden. Die Kurve k_1 geht von A aus und wird von den Charakteristiken der Schar, welcher c_1 angehört, jeweils in höchstens einem Punkt getroffen.

23.6 Transsonische Strömungen um Profile. Das Existenz- und Eindeutigkeitsproblem der ebenen isentropischen Strömung um ein vorgegebenes Profil bei vorgegebener Grundströmung ist mathematisch

---

[1] TRICOMI, F.: Rend., Atti Acc. Naz. dei Lincei, Reihe 5, Bd. 14 (1923) S. 134 bis 247.

[2] FRANKL, F. I.: Akad. Nauk SSSR Bd. 9 (1945) S. 121—143.

vollständig gelöst, sofern die MACH-Zahl der Grundströmung unter einem gewissen kritischen Wert $M_k < 1$ bleibt. Die MACH-Zahl bleibt dann im ganzen Strömungsfeld unterhalb Eins, es handelt sich also um eine reine Unterschallströmung.

Wird die MACH-Zahl der Grundströmung erhöht, so treten schließlich am Profil Überschallbereiche auf (Fig. 103), und es entsteht die Frage, ob eine solche transsonische Strömung als durchweg stetige, isen-

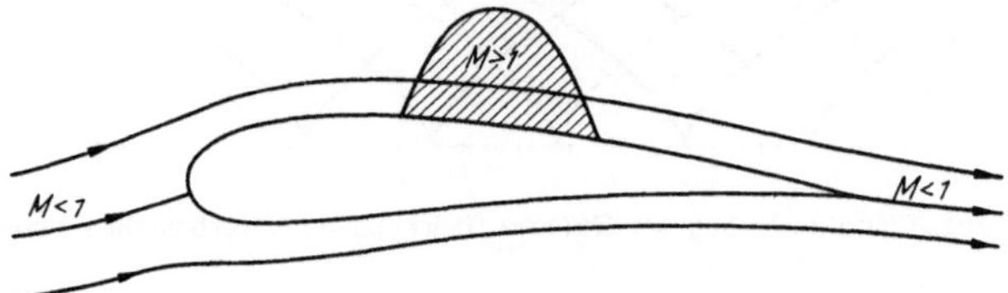

Fig. 103. Unterschallströmung um ein Profil mit Überschallbereich

tropische Strömung möglich ist. Diese Frage ist insofern zu bejahen, als es gelungen ist, Beispiele solcher Strömungen anzugeben [vgl. Ziff. 23.4, Absatz b)]. Die Experimente in Windkanälen liefern jedoch durchweg beim Übergang vom Überschallbereich zur Unterschallströmung Verdichtungsstöße, so daß zu vermuten ist, daß die theoretisch gefundenen stoßfreien transsonischen Strömungen nur in singulären Fällen auftreten können und als stationäre Strömungen instabil sind.

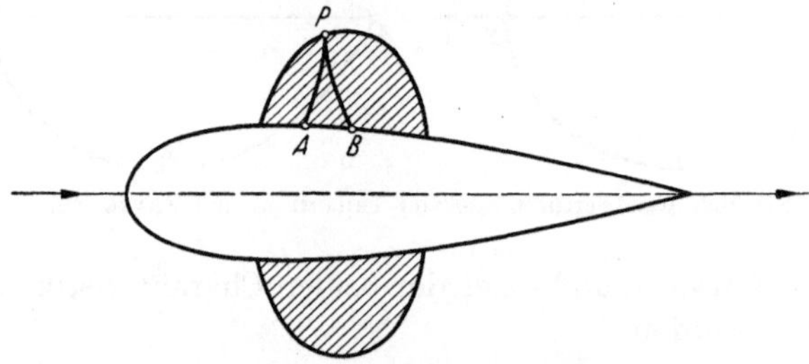

Fig. 104. Erläuterung zum Nichtexistenzsatz

Eine vollständige mathematische Klärung dieses Problems steht noch aus. Mit Hilfe der in Ziff. 23.5 kurz skizzierten Theorie der TRICOMI-Gleichung ist es jedoch gelungen, folgenden allgemeinen „Nichtexistenz-Satz" zu beweisen (Fig. 104):

Vorgegeben sei ein Profil und eine durchweg stetige, isentropische Unterschallströmung um dieses Profil mit einem dem Profil anliegenden (in Fig. 104 schraffierten) Überschallbereich. Wir nehmen an, daß das Profil symmetrisch ist und mit Anstellwinkel Null angeströmt wird, so daß wir fortan nur die obere Halbebene zu betrachten brauchen. Wir wählen auf der Randkurve des Überschallbereichs einen nicht auf dem

Profil gelegenen Punkt P und gehen von P auf den MACH-Linien bis zu den Profilpunkten A, B. Wenn dann das Profil längs AB einer kleinen „Änderung" unterworfen wird, existiert unter Beibehaltung der MACH-Zahl der Grundströmung keine durchweg stetige, isentropische Umströmung des Profils mehr.

Wir müssen uns hier auf referierende Bemerkungen beschränken, um den diesem Buch gesetzten mathematischen Rahmen nicht zu überschreiten. Der mathematisch interessierte Leser findet eine weitergehende Darstellung der hier vorliegenden Problematik und ausführliche Literaturangaben in dem schon in Ziff. 23.1 zitierten Buch von LIPMAN BERS [12].

Noch weniger als die transsonischen Unterschallströmungen sind die transsonischen Überschallströmungen, d.h. die Überschallströmungen um Profile mit abgelöster Kopfwelle (vgl. Ziff. 19.3, Schlußabsatz und Fig. 81 rechts), bisher einer befriedigenden mathematischen Behandlung zugänglich. Neuerdings hat GARABEDIAN[1] unter Beschränkung auf analytische Funktionen zu einer vorgegebenen Kurve als Stoßfront einer abgelösten Kopfwelle die Strömung hinter der Kopfwelle durch ein Differenzenverfahren numerisch durchgerechnet und dabei das hinter der Kopfwelle sich ergebende Profil des zu umströmenden Körpers gefunden. Das Differenzenverfahren ist im Unterschallbereich, in dem das Problem vom elliptischen Tyus ist, eine Übertragung des Charakteristikenverfahrens von der reellen x, y-Ebene und der reellen u, v-Ebene auf die Zahlenebenen der komplexen Variablen x, y, u, v.

23.7 Hypersonische ebene Strömungen. Ebenso wie bei den transsonischen Strömungen ($M \approx 1$) versagt die lineare Theorie auch bei den hypersonischen Strömungen ($M \gg 1$). Das Studium der hypersonischen Strömungen ist deswegen auch von erheblicher praktischer Bedeutung, weil es gut brauchbare asymptotische Grenzwerte schon für MACH-Zahlen mittlerer Größe liefert. So ergibt sich für $\gamma = 1{,}405$ beispielsweise aus Gl. (2.20), daß die Strömungsgeschwindigkeit w sich von der Maximalgeschwindigkeit $w_{\max}$ schon bei $M = 5$ um weniger als 10% und bei $M = 10$ nur noch um 2,5% unterscheidet (Fig. 105).

Wir beschränken uns auch hier auf ebene Strömungen und untersuchen zunächst nach TSIEN[2] isentropische hypersonische Strömungen um hinreichend spitze und flache Profile.

Ähnlich wie in Ziff. 23.1 setzen wir

$$\left.\begin{aligned}\varphi(x, y) &= \overline{w}\,[x + \varphi'(x, y)],\\ u = \overline{w}\,(1 + \varphi'_x) &= \overline{w}\,(1 + u'), \quad v = \overline{w}\,\varphi'_y = \overline{w}\,v'.\end{aligned}\right\} \quad (23.38)$$

[1] GARABEDIAN, P.: J. Math. Phys. Bd. 36 (1957) S. 192—205; ferner J. Aeron. Sci. Bd. 25 (1958) S. 109—118. – Ein weiteres Verfahren wurde beschrieben von M. D. VAN DYKE: J. Aero/Sp. Sci. Bd. 25 (1958) S. 485—496.

[2] TSIEN, H. S.: J. Math. Phys. Bd. 26 (1947) S. 182—190.

Hiermit geht die Potentialgleichung (4.5), zunächst ohne irgendeine Vernachlässigung, über in

$$[a^2 - \overline{w}^2 (1 + \varphi_x')^2]\, \varphi_{xx}' - 2\,\overline{w}^2 (1 + \varphi_x')\, \varphi_y'\varphi_{xy}' + (a^2 - \overline{w}^2\varphi_y'^2)\, \varphi_{yy}' = 0.$$

$$(23.39)$$

Das Geschwindigkeitsbild einer hypersonischen Profilströmung liegt in einem Streifen $w_{max} - u < \varepsilon^2\,\overline{w}$ am Rande des Überschallbereichs

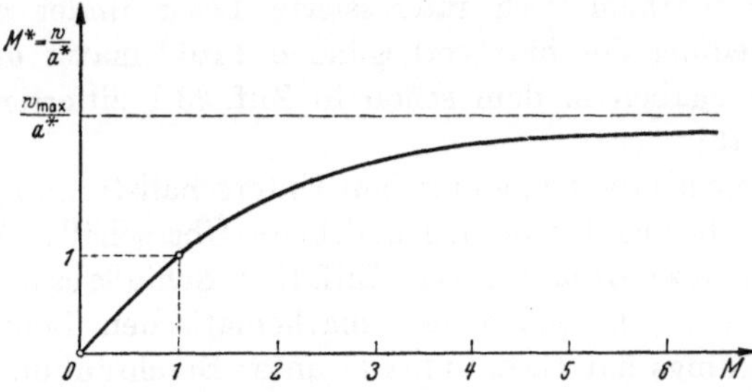

Fig. 105. Abweichung der Strömungsgeschwindigkeit w von der Maximalgeschwindigkeit w_{max}
($\gamma = 1{,}405$)

(Fig. 106). v' kann in diesem Streifen Werte von der Größenordnung ε annehmen. Infolgedessen berücksichtigen wir weiterhin φ_x' nur in der ersten, φ_y' dagegen auch noch in der zweiten Ordnung. Für die Schallgeschwindigkeit gilt dann

$$\left. \begin{aligned} a^2 &= \overline{a}^2 - \frac{\gamma - 1}{2}\,\overline{w}^2\,[-1 + (1 + \varphi_x')^2 + \varphi_y'^2] \\ &= \overline{a}^2 - (\gamma - 1)\,\overline{w}^2\varphi_x' - \frac{\gamma - 1}{2}\,\overline{w}^2\varphi_y'^2. \end{aligned} \right\}$$

$$(23.40)$$

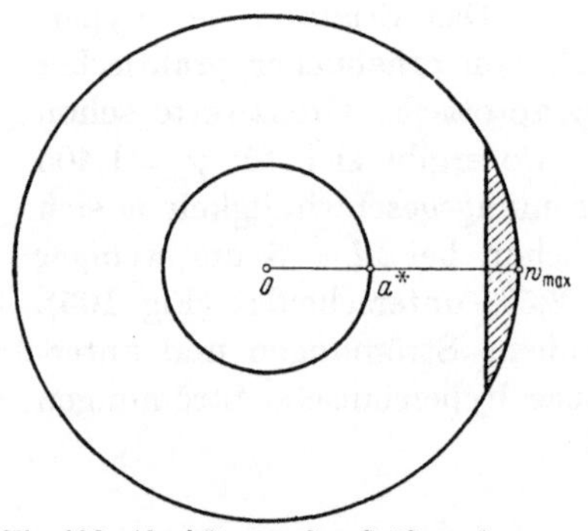

Fig. 106. Abschätzung der Größenordnungen
im hypersonischen Bereich

Da im hypersonischen Bereich der MACH-Winkel wegen $\sin\alpha = \frac{1}{M} \approx 0$ sehr klein ist, klingt die Störung der Grundströmung quer zur Anströmrichtung sehr rasch ab. Es ist daher plausibel vorauszusetzen, daß die Ableitung $\frac{\partial}{\partial y}$ die Größenordnung jeweils um Eins erniedrigt. Hiermit kommen wir zu folgenden Annahmen über die Größenordnungen:

$$\varphi_x' = u' \sim \varepsilon^2, \quad \varphi_y' = v' \sim \varepsilon, \quad \varphi_{xx}' \sim \varepsilon^2, \quad \varphi_{xy}' \sim \varepsilon, \quad \varphi_{yy} \sim 1,$$

$$a^2 \sim \varepsilon^2, \quad \frac{1}{M^2} \sim \varepsilon^2.$$

Bei Beschränkung auf die Größenordnung ε^2 geht dann Gl. (23.39) nach

Einsetzen von Gl. (23.40) über in

$$\varphi'_{xx} + 2\varphi'_v\,\varphi'_{xv} - \left[\frac{1}{\overline{M}^2} - (\gamma - 1)\,\varphi'_x - \frac{\gamma + 1}{2}\,\varphi'^2_v\right]\varphi'_{vv} = 0\,. \qquad (23.41)$$

Dies ist die der v. Kármánschen Gleichung (23.5) der transsonischen Strömung entsprechende nichtlineare Tsiensche Näherungsgleichung der hypersonischen Strömung.

Ebenso wie in Ziff. 23.2 leiten wir nun ein Ähnlichkeitsgesetz her. Durch die Transformation (23.8) erhält man aus Gl. (23.41)

$$\tilde{\varphi}'_{xx} + 2\frac{\lambda_\varphi}{\lambda^2_y}\,\tilde{\varphi}'_{\tilde v}\,\tilde{\varphi}'_{x\tilde v} - \left[\frac{1}{\overline{M}^2} - (\gamma - 1)\lambda_\varphi\tilde{\varphi}'_x - \frac{\gamma + 1}{2}\frac{\lambda^2_\varphi}{\lambda^2_y}\,\tilde{\varphi}'^2_{\tilde v}\right]\frac{1}{\lambda^2_y}\,\tilde{\varphi}'_{\tilde v\,\tilde v} = 0\,.$$

Mit dem Ansatz

$$\tilde{\overline{M}} = \lambda_y\,\overline{M} \quad \text{und} \quad \lambda_\varphi = \lambda^2_y \qquad (23.42)$$

geht diese Gleichung wieder in Gl. (23.41), aber mit $\tilde{\varphi}'$ und $\tilde{y}$ statt φ' und y über. Aus

$$\vartheta = \varphi'_v = \frac{\lambda_\varphi}{\lambda_v}\,\tilde{\varphi}'_{\tilde v} = \lambda_y\tilde{\vartheta}$$

folgt analog zu Gl. (23.12) für den Dickenparameter

$$t = \lambda_y\tilde{t}\,. \qquad (23.43)$$

Die Gln. (23.42) und (23.43) liefern dann sofort das Tsiensche Ähnlichkeitsgesetz

$$\overline{M}t = \tilde{\overline{M}}\,\tilde{t} = \text{invariant} \qquad (23.44)$$

und für den Druckbeiwert C_p ergibt sich

$$C_p = -2\varphi'_x = \lambda_q\tilde{C}_p = \lambda^2_y\,\tilde{C}_p = \left(\frac{t}{\tilde{t}}\right)^2\tilde{C}_p\,,$$

also

$$\frac{1}{t^2}\,C_p = \frac{1}{\tilde{t}^2}\,\tilde{C}_p = F(\overline{M}t)\,,$$

und mithin

$$C_p = t^2\cdot F(\overline{M}t)\,. \qquad (23.45)$$

Man beachte, daß hierbei auf Grund unserer Voraussetzungen über die Größenordnung die hypersonische Strömung nicht nur durch $\overline{M}\gg 1$, sondern auch durch die zusätzliche Forderung $\overline{M}t \sim 1$ definiert wird. Je größer die Mach-Zahl $\overline{M}$ wird, um so kleiner muß t, um so flacher also das Profil sein.

Die bisherigen Überlegungen sind noch insofern unvollständig, als sie sich nur auf isentropische Strömungen beziehen, im hypersonischen Bereich jedoch der Einfluß des Verdichtungsstoßes auch bei schlanken

und spitzen Profilen wesentlich ist. HAYES[1], GOLDSWORTHY[2] und andere
haben jedoch gezeigt, daß das TSIENsche Ähnlichkeitsgesetz auch für
Verdichtungsstöße und für die nichtisentropische Strömung hinter dem
Verdichtungsstoß gültig bleibt.

Wir beschränken uns darauf, einige einfache asymptotische Beziehungen für Verdichtungsstöße in hypersonischen Strömungen herzuleiten und das TSIENsche Ähnlichkeitsgesetz in einem einfachen Fall,
nämlich der Strömung um einen Keil, zu verifizieren[3].

Die Strömungsgeschwindigkeit habe vor dem Stoß die Kompo-
nenten $\overline{w}$ und 0, hinter dem Stoß habe sie die Komponenten $\overline{w}(1 + u')$
und $\overline{w}\,v'$. Druck und Dichte sollen vor dem Stoß die Werte $\overline{p}$ und $\overline{\varrho}$,
hinter dem Stoß $\overline{p} + p'$ und $\overline{\varrho} + \varrho'$ haben. Dann lauten die Grundgleichungen des Verdichtungsstoßes bzw. die Gln. (18.5), (18.1), (18.2)
und (18.6)

$$\left.\begin{aligned}
\overline{w}\cos\sigma &= \overline{w}\,(1 + u')\cos\sigma + \overline{w}v'\sin\sigma\,, \\
\overline{\varrho}\,\overline{w}\sin\sigma &= (\overline{\varrho} + \varrho')\,\overline{w}\,[(1 + u')\sin\sigma - v'\cos\sigma]\,, \\
\overline{\varrho}\,\overline{w}^2\sin^2\sigma + \overline{p} &= (\overline{\varrho} + \varrho')\,\overline{w}^2[(1 + u')\sin\sigma - v'\cos\sigma]^2 + (\overline{p} + p')\,, \\
\frac{\overline{w}^2}{2}\sin^2\sigma + \frac{\gamma}{\gamma - 1}\cdot\frac{\overline{p}}{\overline{\varrho}} &= \frac{1}{2}\,\overline{w}^2\,[(1 + u')\sin\sigma - v'\cos\sigma]^2 + \frac{\gamma}{\gamma - 1}\cdot\frac{\overline{p} + p'}{\overline{\varrho} + \varrho'}\,.
\end{aligned}\right\} \quad (23.46)$$

Nach Elimination von $(\overline{\varrho} + \varrho')$ und v' mit Hilfe der ersten beiden
Gln. (23.46) aus der dritten hat man

$$u' = -\frac{p'}{\overline{\varrho}\,\overline{w}^2}\,.$$

Damit liefert die vierte Gl. (23.46) unter Beachtung der Gl. (1.17)

$$u' = -\frac{2}{\gamma + 1}\left(\sin^2\sigma - \frac{1}{M^2}\right).$$

Schließlich hat man (vgl. Ziff. 18.1, Fig. 74) wegen Gl. (18.5) und der
ersten Gl. (23.46)

$$\frac{\sin\vartheta\,\sin\sigma}{\cos(\sigma - \vartheta)} = \frac{\left(\dfrac{\overline{w}\,v'}{\hat{w}}\right)\left(\dfrac{w_n}{\overline{w}}\right)}{\left(\dfrac{\hat{w}_t}{\hat{w}}\right)} = v'\,\frac{w_n}{w_t} = v'\tan\sigma = -u'\,,$$

so daß schließlich (noch ohne Vernachlässigungen) folgt

$$\left.\begin{aligned}
\frac{\gamma + 1}{2}\,\frac{\sin\vartheta\,\sin\sigma}{\cos(\sigma - \vartheta)} &= \sin^2\sigma - \frac{1}{M^2}\,, \\
p' &= \overline{\varrho}\,\overline{w}^2\,\frac{2}{\gamma + 1}\left(\sin^2\sigma - \frac{1}{M^2}\right).
\end{aligned}\right\} \quad (23.47)$$

---

[1] HAYES, W. D.: Quart. Appl. Math. Bd. 5 (1947) S. 105—106. – Vgl. auch
das Buch von W. D. HAYES - R. F. PROBSTEIN: Hypersonic Flow Theory,
New York, London (1959), S. 30ff.

[2] GOLDSWORTHY, F. A.: Quart. J. Mech. Appl. Math. Bd. 5 (1952) S. 54—63.

[3] Vgl. das Buch von SEARS: [9], Abschn. A, 6.

ϑ ist wie in § 18 der Ablenkungswinkel durch den Stoß. Vgl. auch die Gln. (18.27).

Im hypersonischen Bereich folgen aus den Gln. (23.47) mit $\vartheta \ll 1$ und $\sigma \ll 1$, also $\sin\vartheta \approx \vartheta$, $\sin\sigma \approx \sigma$ und $\cos(\sigma - \vartheta) \approx 1$, die asymptotischen Näherungen

$$\left.\begin{aligned}\sigma &= \frac{\gamma+1}{4}\,\vartheta + \sqrt{\left(\frac{\gamma+1}{4}\right)^2 \vartheta^2 + \frac{1}{\overline{M}^2}}\,, \\[2mm] C_p &= \frac{p'}{\frac{\varrho}{2}\,\overline{w}^2} = \frac{4}{\gamma+1}\left(\sigma^2 - \frac{1}{\overline{M}^2}\right).\end{aligned}\right\} \qquad (23.48)$$

Wenn man bei festgehaltenem $\vartheta \ll 1$ die MACH-Zahl $\overline{M}$ gegen ∞ gehen läßt, erhält man hieraus

$$\frac{\sigma}{\vartheta} \to \frac{\gamma+1}{2} \quad \text{und} \quad C_p \to (\gamma+1)\,\vartheta^2 \quad \text{für} \quad \overline{M} \to \infty\,. \qquad (23.49)$$

Wenn man dagegen gemäß der oben gegebenen Definition der hypersonischen Strömung ($\overline{M}t \sim 1$) den Ablenkungswinkel ϑ und $\dfrac{1}{\overline{M}}$ in der gleichen Größenordnung gegen Null gehen läßt, ergibt sich

$$\left.\begin{aligned}\frac{\sigma}{\vartheta} &= \frac{\gamma+1}{4}\left\{1 + \sqrt{1 + \left(\frac{4}{\gamma+1}\right)^2 \frac{1}{(\overline{M}\,\vartheta)^2}}\right\}, \\[2mm] C_p &= \vartheta^2 \left\{\frac{\gamma+1}{2} + \sqrt{\left(\frac{\gamma+1}{2}\right)^2 + \frac{4}{(\overline{M}\,\vartheta)^2}}\right\}.\end{aligned}\right\} \qquad (23.50)$$

Durch die hier abgeleiteten asymptotischen Formeln ist die hypersonische Strömung um einen zur Grundströmung symmetrischen Keil mit dem Öffnungswinkel $2\,\vartheta$ vollständig bestimmt. Die zweite Gl. (23.50) verifiziert für dieses Beispiel das TSIENsche Ähnlichkeitsgesetz, indem sie für C_p einen Ausdruck von der Form (23.45) mit der speziellen Funktion

$$F(\overline{M}\,\vartheta) = \frac{\gamma+1}{2} + \sqrt{\left(\frac{\gamma+1}{2}\right)^2 + \frac{4}{(\overline{M}\,\vartheta)^2}}$$

liefert. Die erste Gl. (23.50) zeigt, daß auch $\dfrac{\sigma}{\vartheta}$ eine Funktion der Invarianten $\overline{M}\,\vartheta$ ist.

Die unter der Voraussetzung $\overline{M} \to \infty$ bei festbleibendem ϑ gewonnenen Gln. (23.49) liefern für $\dfrac{\sigma}{\vartheta}$ und C_p asymptotische Werte, die naturgemäß nicht mehr von $\overline{M}$ abhängen[1].

---

[1] Vgl. das Buch von OSWATITSCH: [7] Abschn. VIII, S. 21.

V. Abschnitt

Räumliche, nicht achsensymmetrische stationäre Strömungen

Bisher wurden, abgesehen von der linearisierten Strömung um schräg gestellte schlanke Körper, fast durchweg nur ebene sowie achsensymmetrische räumliche Strömungen behandelt. Der vorliegende Abschnitt hat allgemeinere räumliche Strömungen zum Gegenstand und beschränkt sich überwiegend auf den Überschallbereich. Zuerst werden lineare Methoden für die Strömung um einen Tragflügel endlicher Spannweite entwickelt, und zwar zunächst ein Singularitätenverfahren, das den Verfahren von v. KÁRMÁN, TSIEN und FERRARI (vgl. Ziff. 7.7 und § 9) für Drehkörper analog ist, und hierauf ein auf BUSEMANN zurückgehendes Verfahren für Strömungen mit Kegelsymmetrie und Linearkombinationen solcher Strömungen. Schließlich wird ein halblineares Charakteristikenverfahren erörtert, welches Nachbarlösungen nichtlinearer räumlicher achsensymmetrischer Strömungen zu berechnen gestattet. Als Anwendungsbeispiel wird die Strömung um einen Drehkegel unter kleinem Anstellwinkel und mit anliegender kegelförmiger Kopfwelle besprochen.

§ 24. Singularitätenverfahren für die linearisierte Strömung um einen Tragflügel endlicher Breite

24.1 Problemstellung. Für die linearisierte Strömung um einen spitzen und schlanken Drehkörper haben wir in Ziff. 7.7 bei Unterschallgeschwindigkeiten und in § 9 bei Überschallgeschwindigkeiten Singularitätenverteilungen längs der x-Achse (Körperachse) benützt. Jetzt wollen wir die linearisierte Strömung um einen flachen Tragflügel endlicher Breite (Fig. 107) untersuchen und verwenden hierfür in analoger Weise zweidimensionale Singularitätenverteilungen in einem Gebiet der x, y-Ebene, welche zur Grundströmung parallel ist und in deren Umgebung der Tragflügel liegt.

Wegen der Linearisierung läßt sich die Aufgabe stets in zwei Teilaufgaben aufspalten, nämlich a) die Ermittlung der Strömung um einen zur x, y-Ebene symmetrischen Tragflügel mit vorgegebener Dickenverteilung (Widerstandsproblem), und b) die Ermittlung der Strömung um die ebene oder gewölbte Mittelfläche des nicht oder unter einem kleinen Winkel angestellten Tragflügels (Auftriebsproblem). Die so erhaltenen Zusatzströmungen a) und b) sind dann zu überlagern bzw. ihre Potentiale zu addieren.

Wir werden im folgenden das Widerstandsproblem in der angegebenen Fassung behandeln. Das Auftriebsproblem werden wir uns jedoch dadurch vereinfachen, daß wir nicht die geometrische Gestalt der Tragflügel-Mittelfläche, sondern die Auftriebsverteilung vorgeben und die geometrische Gestalt zu dieser Auftriebsverteilung berechnen.

Im Rahmen der linearen Theorie können die Randbedingungen von den Punkten der Oberfläche bzw. Mittelfläche des Tragflügels in die Grundrißpunkte in der x, y-Ebene verlagert werden.

In Ziff. 24.2 wird das Problem für Unterschallströmungen, in den folgenden Ziffern für Überschallströmungen behandelt. Beim Überschallproblem sind zwei Fälle zu unterscheiden, je nachdem der Tragflügel nur Überschallkanten besitzt oder nicht. Eine Kante heißt dabei Über-

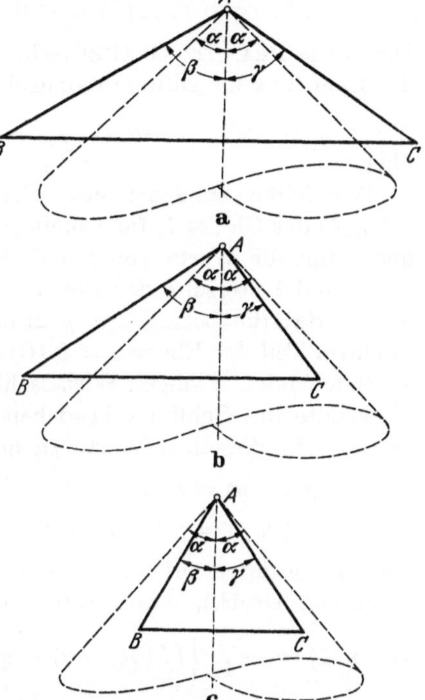

Fig. 108 a—c. Dreiecksflügel mit (a) 2 Überschallkanten, (b) 1 Überschallkante, (c) keiner Überschallkante

Fig. 107. Tragflügel endlicher Breite

schallkante, wenn alle ihre Tangenten außerhalb der von den Punkten der Kante stromabwärts laufenden MACH-Kegel liegen (Fig. 108).

Im ersten Fall, d. h. wenn nur Überschallkanten vorliegen, besteht zwischen den Strömungsfeldern oberhalb und unterhalb des Tragflügels ($z > 0$ bzw. $z < 0$) keine Wechselwirkung und die beiden Strömungsfelder können getrennt behandelt werden. Im zweiten Fall, d. h. wenn nicht alle Kanten Überschallkanten sind, besteht eine Wechselwirkung zwischen den beiden Strömungsfeldern, und diese lassen sich nur dann getrennt berechnen, wenn sie zueinander symmetrisch sind, also beim

Widerstandsproblem. Der Einfachheit halber setzen wir voraus, daß beim Überschallproblem fortan immer nur Überschallkanten auftreten. Wir können uns dann durchweg auf einen der beiden Halbräume $z \geqq 0$ bzw. $z \leqq 0$ beschränken.

24.2 Unterschallströmung um einen Tragflügel. Das Geschwindigkeitspotential $\varphi(x, y, z)$ genügt im Rahmen der linearen Theorie der linearen Differentialgleichung (6.5) in der Form

$$\beta^2 \varphi_{xx} + \varphi_{yy} + \varphi_{zz} = 0 \quad \text{mit} \quad \beta^2 = 1 - \overline{M}^2 > 0 . \tag{24.1}$$

Durch die PRANDTL-GLAUERTsche Affintransformation (7.1) geht sie in die LAPLACEsche Differentialgleichung

$$\Delta \varphi \equiv \varphi_{xx} + \varphi_{yy} + \varphi_{zz} = 0$$

über.

Wir leiten zunächst eine Formel zur Darstellung einer Lösung $f(\xi, \eta, \zeta)$ der Gl. (24.1) für beliebige Punkte ξ, η, ζ des oberen Halbraums her, wenn die Werte von f und der Normalableitungen von f auf der Ober- und Unterseite der Ebene $z = 0$ vorgegeben sind. Dabei nehmen wir an, daß die Lösung $f(x, y, z)$ im ganzen Raum existiert, der jedoch in einem Teil der Ebene $z = 0$ (Grundriß des Tragflügels und einer sich anschließenden etwaigen Wirbelschicht) geschlitzt ist. Auf der Ober- und Unterseite des Schlitzes brauchen dann f und die Normalableitungen von f nicht dieselben Werte zu haben. Sind

$$p_o(x, y) = f(x, y, +0), \quad p_u(x, y) = f(x, y, -0), \left. \atop q_o(x, y) = f_z(x, y, +0), \quad q_u(x, y) = f_z(x, y, -0) \right\} \tag{24.2}$$

die Anfangsdaten auf $z = \pm 0$ (der Buchstabe p kennzeichnet hier also nicht den Druck), dann lautet die Darstellungsformel

$$f(\xi, \eta, \zeta) = -\frac{1}{4\pi}\left\{\iint [q_o(x, y) - q_u(x, y)] \cdot \frac{dx\,dy}{\sqrt{\beta^2 (x - \xi)^2 + (y - \eta)^2 + \zeta^2}}\right.$$
$$\left. + \iint [p_o(x, y) - p_u(x, y)] \frac{\partial}{\partial \zeta}\left(\frac{1}{\sqrt{\beta^2 (x - \xi)^2 + (y - \eta)^2 + \zeta^2}}\right) dx\,dy\right\},$$
$$\tag{24.3}$$

wobei über die ganze Ebene $z = 0$ zu integrieren ist.

Wir leiten diese Formel zunächst für die LAPLACEsche Differentialgleichung, also für $\beta^2 = 1$, her und gehen dabei aus von der GREENschen Formel der Potentialtheorie

$$\iiint_K (f \Delta \Omega - \Omega \Delta f)\, dx\,dy\,dz = -\iint_O \left(f \frac{d\Omega}{dn} - \Omega \frac{df}{dn}\right) d\sigma . \tag{24.4}$$

Dabei sind f und Ω irgend zwei Lösungen der Gl. (24.1) in einem Raumgebiet K mit der Oberfläche O. Die Normale n auf dem Flächenelement $d\sigma$ von O ist nach innen orientiert. Als Gebiet K nehmen wir nun eine Halbkugel $x^2 + y^2 + z^2 \leqq R^2$ des oberen Halbraums, aus der eine kleine, in ihr enthaltene Kugel um den Punkt ξ, η, ζ und mit dem Radius ε herausgeschnitten ist (Fig. 109). Als Lösung Ω nehmen wir die „Elementarlösung"

$$\Omega = \frac{1}{\sqrt{(x-\xi)^2 + (y-\eta)^2 + (z-\zeta)^2}}, \qquad (24.5)$$

welche als Potential einer Quellströmung mit dem Punkt ξ, η, ζ als Quellpunkt aufgefaßt werden kann. Das Raumintegral über K verschwindet, da in K überall $\Delta f = \Delta \Omega = 0$ ist. Die Oberfläche O setzt sich zusammen aus der Basiskreisfläche O_1 und der Oberfläche O_2 der Halbkugel sowie der Oberfläche O_3 der Kugel um ξ, η, ζ mit dem Radius ε. Für $R \to \infty$ verschwindet das Oberflächenintegral über O_2 und der

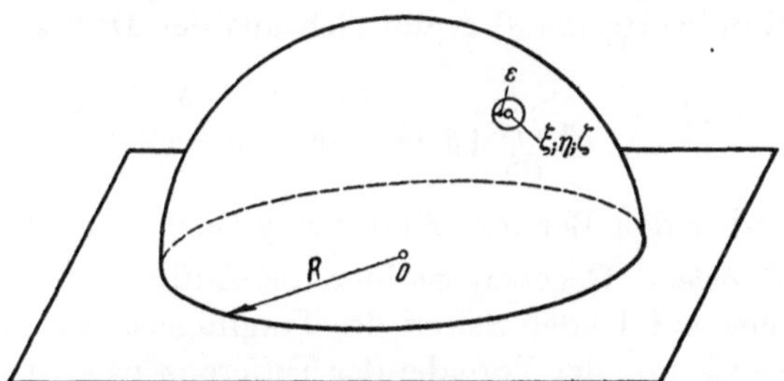

Fig. 109. Erläuterung zur GREENschen Formel im Unterschall

Basiskreis O_1 entartet in die gesamte Ebene $z = 0$. Für $\varepsilon \to 0$ hat das Oberflächenintegral über O_3 den Grenzwert $-4\pi f(\xi, \eta, \zeta)$. Somit erhält man aus der GREENschen Formel (24.4) für $R \to \infty$ und $\varepsilon \to 0$

$$4\pi f(\xi, \eta, \zeta) + \left\{ \iint q_o(x, y) \frac{dx\,dy}{\sqrt{(x-\xi)^2 + (y-\eta)^2 + \zeta^2}} + \right.$$
$$\left. + \iint p_o(x, y) \frac{\partial}{\partial \zeta}\left(\frac{1}{\sqrt{(x-\xi)^2 + (y-\eta)^2 + \zeta^2}}\right) dx\,dy \right\} = 0. \qquad (24.6)$$

Hält man den Punkt ξ, η, ζ des oberen Halbraums fest und nimmt als Gebiet K die Halbkugel $x^2 + y^2 + z^2 \leqq R^2$ des unteren Halbraums, dann liefert die GREENsche Formel (24.4) für $R \to \infty$

$$\iint q_u(x, y) \frac{dx\,dy}{\sqrt{(x-\xi)^2 + (y-\eta)^2 + \zeta^2}} +$$
$$+ \iint p_u(x, y) \frac{\partial}{\partial \zeta}\left(\frac{1}{\sqrt{(x-\xi)^2 + (y-\eta)^2 + \zeta^2}}\right) dx\,dy = 0. \qquad (24.7)$$

Durch Subtraktion der Gl. (24.7) von der Gl. (24.6) folgt die zu beweisende Darstellungsformel (24.3) mit $\beta^2 = 1$. Macht man dann die PRANDTL-GLAUERTsche Affintransformation rückgängig, so hat man lediglich noch $(x-\xi)^2$ durch $\beta^2 (x-\xi)^2$ zu ersetzen.

Mit Hilfe der Darstellungsformel (24.3) sind wir nunmehr imstande, die beiden in Ziff. 24.1 gestellten Probleme zu lösen:

a) Widerstandsproblem. Gegeben ist hier ein zur x, y-Ebene symmetrischer Tragflügel und die Strömung ist zur x, y-Ebene symmetrisch. Wir nehmen für f das Strömungspotential φ und haben dann auf der x, y-Ebene folgende Randbedingungen:

$$p_o - p_u = \varphi_o - \varphi_u = 0 \qquad \text{in der ganzen } x, y\text{-Ebene},$$
$$q_o - q_u = w_o - w_u = \begin{cases} \chi(x, y) \text{ auf der Tragflügelprojektion } (F) \\ 0 \qquad \text{sonst in der } x, y\text{-Ebene}. \end{cases} \tag{24.8}$$

w_o und w_u sind die z-Komponenten des Geschwindigkeitsvektors und diese sind in (F) bis auf Größen zweiter Ordnung durch die vorgegebene Geometrie des Tragflügels und die Grundströmung bestimmt. Durch Einsetzen der Randwerte (24.8) ergibt sich aus der Darstellungsformel (24.3)

$$\varphi(\xi, \eta, \zeta) = -\frac{1}{4\pi} \iint\limits_{(F)} \frac{\chi(x, y)\, dx\, dy}{\sqrt{\beta^2(x-\xi)^2 + (y-\eta)^2 + \zeta^2}}, \tag{24.9}$$

wobei jetzt nur über den Bereich (F) der x, y-Ebene zu integrieren ist.

b) Auftriebsproblem. Gegeben ist hier die Auftriebsverteilung, also die Druckdifferenz auf beiden Seiten des Tragflügels, was im Rahmen der linearen Theorie mit der Vorgabe der Differenz $u_o - u_u = \chi(x, y)$ der x-Komponenten des Geschwindigkeitsvektors gleichbedeutend ist. Die Strömung ist hier zur x, y-Ebene nicht symmetrisch, aber da beim Auftriebsproblem der Tragflügel durch die Mittelfläche ersetzt wird und auch die etwaige Wirbelschicht unendlich dünn ist, gilt auf der ganzen x, y-Ebene bis auf Größen zweiter Ordnung $w_o - w_u = 0$. Infolge der Wirbelfreiheit ist dann auch

$$\frac{\partial}{\partial z}(u_o - u_u) = \frac{\partial}{\partial x}(w_o - w_u) = 0$$

auf der ganzen x, y-Ebene erfüllt.

Wir wenden nun die Darstellungsformel (24.3) nicht auf das Geschwindigkeitspotential φ, sondern auf die Geschwindigkeitskomponente u an, die ebenfalls der Gl. (24.1) genügen muß. Mit $f = u(\xi, \eta, \zeta)$ treten dann anstelle der Gln. (24.8) die Randbedingungen

$$p_o - p_u = u_o - u_u = \begin{cases} \chi(x, y) \text{ auf } (F) \\ 0 \text{ sonst in der } x, y\text{-Ebene}, \end{cases}$$
$$q_o - q_u = \frac{\partial}{\partial z}(u_o - u_u) = \frac{\partial}{\partial x}(w_o - w_u) = 0 \text{ in der ganzen } x, y\text{-Ebene}.$$

$$\tag{24.10}$$

Dabei ist berücksichtigt, daß mit dem Druck auch die Geschwindigkeitskomponente u außerhalb von (F), und zwar auch auf der Wirbelschicht, stetig bleiben muß. Mit den Randbedingungen (24.10) geht die Darstellungsformel (24.3) über in

$$u\,(\xi, \eta, \zeta) = -\frac{1}{4\pi} \iint\limits_{(F)} \chi\,(x,\,y)\,\frac{\partial}{\partial \zeta}\left(\frac{1}{\sqrt{\beta^2\,(x-\xi)^2 + (y-\eta)^2 + \zeta^2}}\right) dx\,dy\,. \qquad (24.11)$$

Durch die Gln. (24.9) und (24.11) sind die beiden Aufgaben im Prinzip gelöst. Bei a) ist die Druckverteilung am Tragflügel gesucht. Man muß daher aus Gl. (24.9) noch $u = \dfrac{\partial \varphi}{\partial \xi}$ bilden und mit $\zeta \to 0$ zur Grenze übergehen. Bei b) ist die Geometrie des Tragflügels gesucht. Man muß daher aus Gl. (24.11), welche zunächst $u = \dfrac{\partial \varphi}{\partial \xi}$ liefert, die den örtlichen Anstellwinkel bestimmende Geschwindigkeitskomponente $w = \dfrac{\partial \varphi}{\partial \zeta}$ berechnen und dabei wiederum mit $\zeta \to 0$ zur Grenze übergehen.

24.3 Überschallströmung um einen Tragflügel. Das Geschwindigkeitspotential genügt hier der linearen Differentialgleichung (6.5) in der Form

$$\mathsf{B}^2\,\varphi_{xx} - \varphi_{yy} - \varphi_{zz} = 0, \quad \text{mit} \quad \mathsf{B}^2 = \overline{M}^2 - 1 > 0\,. \qquad (24.12)$$

Anstelle der Darstellungsformel (24.3) für die Differentialgleichung (24.1) gilt für die Differentialgleichung (24.12) die Darstellungsformel

$$f(\xi, \eta, \zeta) = -\frac{1}{2\pi}\left\{\iint\limits_{(B)} [q_o(x,\,y) - q_u\,(x,\,y)]\,\frac{dx\,dy}{\sqrt{\mathsf{B}^2\,(x-\xi)^2 - (y-\eta)^2 - \zeta^2}} + \right.$$

$$\left. + \frac{\partial}{\partial \zeta}\iint\limits_{(B)} [p_o(x,\,y) - p_u(x,\,y)]\,\frac{dx\,dy}{\sqrt{\mathsf{B}^2\,(x-\xi)^2 - (y-\eta)^2 - \zeta^2}}\right\}.$$

$$\qquad (24.13)$$

Da im Überschallbereich keine Rückwirkung stromaufwärts stattfindet, sind die Integrale nur über den Bereich der x, y-Ebene zu erstrecken, der von dem rückwärtigen MACH-Kegel des Aufpunktes ξ, η, ζ ausgeschnitten wird (Fig. 110). Da wir in Ziff. 24.1 Überschallkanten vorausgesetzt haben, bleibt vor der Vorderkante des Tragflügels die Parallelströmung ungestört. Wenn wir also unter f das Potential oder eine Geschwindigkeitskomponente der sich der Grundströmung überlagernden Störströmung verstehen, verschwinden die Randwerte p, q vor dem Flügel. Infolgedessen, reduziert sich der Integrationsbereich auf das Gebiet (B), das von dem vom Punkt ξ, η, ζ rückwärts laufenden MACH-Kegel aus dem Tragflügelgrundriß ausgeschnitten wird. Da wir nur am Strömungsverlauf am Tragflügel und nicht an der etwaigen Wirbelschicht interessiert sind, beschränken wir uns auf solche Aufpunkte ξ, η, ζ, für welche der rückwärtige MACH-Kegel aus der x, y-Ebene nur einen Teil des Tragflügelgrundrisses und ein davor liegendes Gebiet ausschneidet (vgl. Fig. 110).

Die Herleitung der Darstellungsformel (24.13) erfordert einige Vertrautheit mit der Theorie der Anfangswertprobleme bei linearen partiellen Differentialgleichungen vom hyperbolischen Typus[1] und mit drei unabhängigen Veränderlichen x, y, z. Während in Formel (24.3) über die ganze x, y-Ebene integriert wird, ist in Formel (24.13) der Integrationsbereich (B) vom Aufpunkte ξ, η, ζ abhängig. Aus diesem Grunde kann die Ableitung $\frac{\partial}{\partial \zeta}$ in Formel (24.13) nicht ohne weiteres unter das Integral genommen werden. Die Ableitung des Integranden nach ζ würde zu einem divergenten Integral führen.

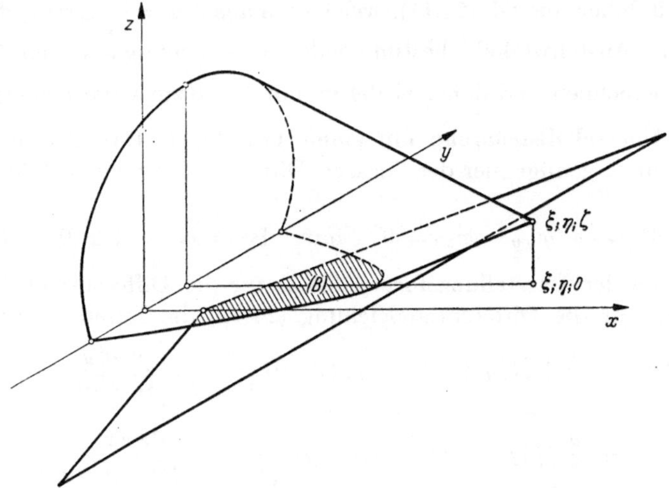

Fig. 110. Integrationsbereich bei der Darstellungsformel (24.13)

Die Anwendung der Darstellungsformel (24.13) auf die beiden Tragflügelaufgaben a) und b) verläuft formal analog wie in Ziff. 24.2 bei Unterschallgeschwindigkeiten. Anstelle der Elementarlösung (24.5), die im Punkt ξ, η, ζ eine Singularität hat, tritt jetzt die Elementarlösung

$$\Omega = \frac{1}{\sqrt{\mathsf{B}^2\,(x - \xi)^2 - (y - \eta)^2 - (z - \zeta)^2}}, \qquad (24.14)$$

die nicht nur im Punkt ξ, η, ζ, sondern auf der ganzen Oberfläche des vom Punkt ξ, η, ζ rückwärts laufenden MACH-Kegels singulär ist. Für das Rechnen mit den bei den Überschallproblemen auftretenden Integralen ergeben sich daher erheblich größere Schwierigkeiten als in Ziff. 24.2. Man bedient sich dabei zweckmäßig des Distributionskalküls von L. SCHWARTZ bzw. des HADAMARDschen Kalküls der „parties finies"[1].

---

[1] Vgl. z. B. R. SAUER: [15] § 45; ferner M. HEASLET u. H. LOMAX: N.A.C.A. Techn. Note Nr. 1515 (1948) sowie DORFNER: [11] Kap. II.

§ 25. Linearisierte kegelsymmetrische Überschallströmung

25.1 Kennzeichnung des Verfahrens. Wir wenden uns jetzt zu einer speziellen Klasse räumlicher Überschallströmungen, nämlich den kegelsymmetrischen. Bei diesen existiert ein Symmetriezentrum A derart, daß auf jeder von A ausgehenden Halbgeraden der Strömungsvektor $\mathfrak{w}$ und alle Zustandsgrößen des Gases wie Druck, Dichte usw. konstant sind. Beispiele solcher kegelsymmetrischen Strömungsfelder haben wir in der linearen Theorie in Ziff. 9.4 (linearisierte Überschallströmung um einen schlanken Drehkegel) und in der nichtlinearisierten Theorie in § 21 (Überschallströmung um einen nicht angestellten Drehkegel mit anliegender, kegelförmiger Kopfwelle) bereits kennengelernt. Der umströmte Körper braucht jedoch keineswegs ein Drehkegel zu sein, sondern kann ein beliebiger „Kegel" (= Körper mit Kegelsymmetrie, wie er durch Projektion einer beliebigen Basiskurve entsteht) sein, z. B. ein Dreiecksflügel (vgl. Fig. 111 und 115).

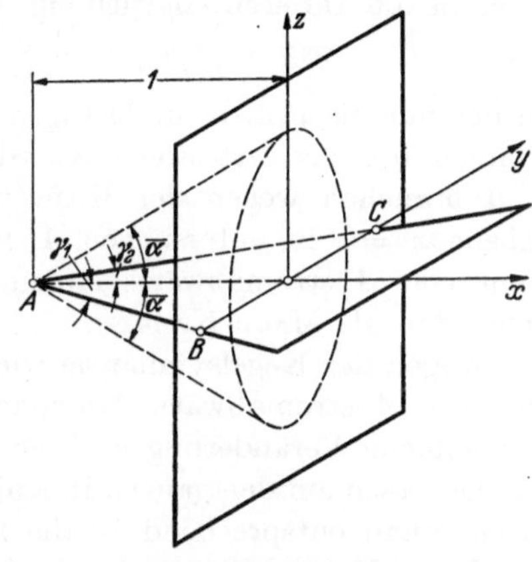

Fig. 111. Kegelsymmetrische Strömung um einen Dreiecksflügel

Im folgenden beschränken wir uns auf linearisierte kegelsymmetrische Überschallströmungen. Für diese hat BUSEMANN[1] ein elegantes Verfahren angegeben. Wegen der Beschränkung auf Kegelsymmetrie ist es dem Singularitätenverfahren von Ziff. 24.3 zwar an Allgemeinheit unterlegen, trotzdem aber durch lineare Superposition von Einzellösungen (vgl. Ziff. 25.6) für ziemlich allgemeine Tragflügelformen verwendbar.

Das Symmetriezentrum A der kegelsymmetrischen Strömung werde in den Punkt $x = -1$ der x-Achse gelegt, und die Grundströmung ($\overline{M} > 1$) sei wieder parallel zur x-Achse gerichtet (Fig. 111). Die Komponenten w_1', w_2', w_3' der sich der Grundströmung überlagernden Zusatzgeschwindigkeit hängen dann wegen der Kegelsymmetrie lediglich von den Verhältnissen

$$\eta = \frac{y}{x+1}, \qquad \zeta = \frac{z}{x+1} \tag{25.1}$$

ab. Das Geschwindigkeitspotential der Zusatzströmung hat infolgedessen die Form

$$\varphi' = (x+1) \cdot f(\eta, \zeta). \tag{25.2}$$

---

[1] BUSEMANN, A.: Akad. Luftf.-Forschg. 7B (1943) S. 105—120.

Für die Geschwindigkeitskomponenten folgt hieraus

$$\left.\begin{aligned}
w_1' &= \varphi_x' = f - \eta f_\eta - \zeta f_\zeta, \\
w_2' &= \varphi_v' = f_\eta, \\
w_3' &= \varphi_z' = f_\zeta.
\end{aligned}\right\} \tag{25.3}$$

Nach Einsetzen von

$$\varphi_{xx}' = \frac{1}{x+1}(\eta^2 f_{\eta\eta} + 2\eta\zeta f_{\eta\zeta} + \zeta^2 f_{\zeta\zeta}), \quad \varphi_{vv}' = \frac{1}{x+1} f_{\eta\eta}, \quad \varphi_{zz}' = \frac{1}{x+1} f_{\zeta\zeta}$$

geht die lineare Potentialgleichung (24.12) mit $\mathsf{B}^2 = \overline{M}^2 - 1 = \cot^2\overline{\alpha}$ über in die Differentialgleichung

$$(\tan^2\overline{\alpha} - \eta^2) f_{\eta\eta} - 2\eta\zeta f_{\eta\zeta} + (\tan^2\overline{\alpha} - \zeta^2) f_{\zeta\zeta} = 0, \tag{25.4}$$

in der nur die beiden unabhängigen Veränderlichen η, ζ auftreten. Wir können η, ζ als cartesische Koordinaten in der Ebene $x = 0$ deuten und brauchen wegen der Kegelsymmetrie die Strömung nur in der Ebene $x = 0$ zu untersuchen. Den Schnittkreis der Ebene $x = 0$ mit dem von A stromabwärts laufenden Mach-Kegel bezeichnen wir im folgenden als Mach-Kreis.

Wegen der Kegelsymmetrie wirkt sich eine in einem Innenpunkt P des von A stromabwärts laufenden Mach-Kegels (vgl. Fig. 111) vorgenommene Veränderung sogleich auf die ganze Halbgerade AP und infolgedessen auf den ganzen Innenbereich des Mach-Kegels aus. Diesem Sachverhalt entsprechend ist die Differentialgleichung (25.4) innerhalb des Mach-Kreises ($\eta^2 + \zeta^2 < \tan^2\overline{\alpha}$) vom elliptischen und außerhalb ($\eta^2 + \zeta^2 > \tan^2\overline{\alpha}$) vom hyperbolischen Typus im Sinne der in Ziff. 8.8 eingeführten Definition.

25.2 Explizite Darstellung der kegelsymmetrischen Überschallströmungen. Wie Busemann bemerkt hat, kann man die Lösungen der Differentialgleichung (25.4) sowohl im hyperbolischen als auch im elliptischen Bereich explizit angeben. Der Grund hierfür ist die Tatsache, daß die Charakteristiken der Gl. (25.4) geradlinig sind und infolgedessen die in Ziff. 15.7 erörterten einfachen Beziehungen bestehen. In der Tat ist die Differentialgleichung (25.4) bis auf veränderte Bezeichnungen identisch mit der durch Einsetzen von Gl. (15.14)

$$a^2 = w^2 - \overline{a}^{*2}$$

vereinfachten Potentialgleichung (13.11)

$$(\overline{a}^{*2} - u^2)\Phi_{uu} - 2uv\,\Phi_{uv} + (\overline{a}^{*2} - v^2)\Phi_{vv} = 0.$$

a) Hyperbolischer Bereich $\eta^2 + \zeta^2 > \tan^2\overline{\alpha}$. Nach Gl. (8.15) ergibt sich aus der Potentialgleichung (25.4) für die Charakteristiken

$$(\tan^2\overline{\alpha} - \eta^2)\,d\zeta^2 + 2\eta\zeta\,d\zeta\,d\eta + (\tan^2\overline{\alpha} - \zeta^2)\,d\eta^2 = 0,$$

also

$$\eta = \zeta\eta' \pm \tan\overline{\alpha}\,\sqrt{1 + \eta'^2},$$

wobei der Strich hier Differentiation nach ζ bedeutet. Dies ist eine CLAIRAUTsche Differentialgleichung. Ihre Integralkurven

$$\eta = C\zeta \pm \tan\bar{\alpha}\,\sqrt{1 + C^2}$$

sind die Tangenten des MACH-Kreises $\eta^2 + \zeta^2 = \tan^2\bar{\alpha}$. Wir bezeichnen die Charakteristiken, die als Halbgeraden von ihrem Berührpunkt mit dem MACH-Kreis ausgehen und dort gegen den Radius um $\pm\dfrac{\pi}{2}$ geneigt sind, mit $\lambda = \mathrm{const}$ bzw. $\mu = \mathrm{const}$ und können dann setzen

$$\eta\cos\lambda + \zeta\sin\lambda = \tan\bar{\alpha}, \quad \eta\cos\mu + \zeta\sin\mu = \tan\bar{\alpha}. \tag{25.5}$$

λ bzw. μ ist der Winkel der Normalen zu der betreffenden Charakteristik mit der η-Achse; durch jeden Punkt η, ζ außerhalb des Kreises $\eta^2 + \zeta^2 = \tan^2\bar{\alpha}$ geht eine λ- und eine μ-Charakteristik.

Die Gln. (25.3) können als LEGENDRE-Transformation (vgl. Ziff. 13.3) gedeutet werden, wobei w_2', w_3' anstelle von η, ζ als unabhängige Veränderliche eingeführt werden und anstelle der Funktion $f(\eta, \zeta)$ die Funktion $w_1'(w_2', w_3')$ tritt. Zwischen den Netzen der Charakteristiken in der η, ζ-Ebene und der w_2', w_3'-Ebene besteht nach Ziff. 15.6 eine orthogonal-reziproke Beziehung. Da das Charakteristiken-Netz in der η, ζ-Ebene aus Geraden besteht, muß nach Ziff. 15.7, Absatz a), das orthogonal-reziproke Netz ein Rückungsnetz sein. Infolgedessen können wir für die Charakteristiken in der w_2', w_3'-Ebene den Ansatz machen

$$\left.\begin{aligned}
w_2' &= \int\{\mathfrak{L}(\lambda)\cos\lambda\,d\lambda + \mathfrak{M}(\mu)\cos\mu\,d\mu\}, \\
w_3' &= \int\{\mathfrak{L}(\lambda)\sin\lambda\,d\lambda + \mathfrak{M}(\mu)\sin\mu\,d\mu\},
\end{aligned}\right\} \tag{25.6}$$

wobei $\mathfrak{L}(\lambda)$, $\mathfrak{M}(\mu)$ willkürliche Funktionen sind. Denn in der Tat bestehen dann die für die orthogonal-reziproke Zuordnung kennzeichnenden Beziehungen (15.13),

$$\left(\frac{d\eta}{d\zeta}\right)_{\lambda=\mathrm{const}} = -\tan\lambda = -\left(\frac{dw_3'}{dw_2'}\right)_{\mu=\mathrm{const}},$$

$$\left(\frac{d\eta}{d\zeta}\right)_{\mu=\mathrm{const}} = -\tan\mu = -\left(\frac{dw_3'}{dw_2'}\right)_{\lambda=\mathrm{const}}.$$

Die aus den Gln. (25.3) folgende Beziehung

$$dw_1' = -\eta\,dw_2' - \zeta\,dw_3'$$

liefert mit Berücksichtigung der Gln. (25.5) und (25.6) dann noch

$$w_1' = -\tan\bar{\alpha}\int\{\mathfrak{L}(\lambda)\,d\lambda + \mathfrak{M}(\mu)\,d\mu\}. \tag{25.7}$$

Durch die Gln. (25.5) bis (25.7) sind alle Lösungen der Differentialgleichung (25.4) im hyperbolischen Bereich explizit gegeben mit den beiden zunächst willkürlichen, jeweils durch Anfangs- und Randbedingungen festzulegenden Funktionen $\mathfrak{L}(\lambda)$, $\mathfrak{M}(\mu)$.

b) Elliptischer Bereich $\eta^2 + \zeta^2 < \tan^2 \bar\alpha$. Die Lösung im elliptischen Bereich ergibt sich aus der Lösung im hyperbolischen Bereich formal durch Übergang zu komplexen Veränderlichen und analytischen Funktionen einer komplexen Veränderlichen.

λ, μ und ebenso $\mathfrak{L}, \mathfrak{M}$ sollen jetzt konjugiert komplexe Größen sein. Anstelle von λ, μ führen wir dann eine komplexe unabhängige Veränderliche τ und anstelle der Funktionen $\mathfrak{L}, \mathfrak{M}$ eine analytische Funktion $\mathsf{T}(\tau)$ ein, indem wir setzen

$$e^{i\lambda} = \tau, \quad e^{-i\mu} = \tilde\tau, \quad 2\int \mathfrak{L}\,d\lambda = \mathsf{T}(\tau), \quad 2\int \mathfrak{M}\,d\mu = \tilde{\mathsf{T}}(\tilde\tau). \qquad (25.8)$$

Hiermit erhält man aus den Gln. (25.5)

$$(\eta - i\zeta)\,\tau + (\eta + i\zeta)\frac{1}{\tau} = 2\tan\bar\alpha. \qquad (25.9)$$

Nach Einführung der Polarkoordinaten r, ω in der η, ζ-Ebene und R, ω^* in der τ-Ebene durch den Ansatz

$$\eta + i\zeta = re^{i\omega}, \quad \tau = Re^{i\omega^*}$$

folgt aus Gl. (25.9)

$$\omega^* = \omega, \quad r\left(R + \frac{1}{R}\right) = 2\tan\bar\alpha, \quad R = \frac{1}{r}\left(\tan\bar\alpha - \sqrt{\tan^2\bar\alpha - r^2}\right). \qquad (25.10)$$

Durch diese Gleichungen werden die Punkte der η, ζ-Ebene unter Erhaltung des Winkels $\omega = \omega^*$ auf die τ-Ebene derart abgebildet, daß die Fläche des Mach-Kreises $0 \le r \le \tan\bar\alpha$ der η, ζ-Ebene in die Fläche des Einheitskreises $0 \le R \le 1$ der τ-Ebene übergeht.

Aus den Gln. (25.6) und (25.7) ergeben sich mit Hilfe der Gln. (25.8) die von Stewart[1] benützten Beziehungen

$$\left.\begin{aligned}
w_2' &= \Re\{W_2(\tau)\} \quad \text{mit} \quad W_2(\tau) = \frac{1}{2}\int \frac{d\mathsf{T}}{d\tau}\cdot\frac{\tau^2+1}{\tau}\,d\tau, \\
w_3' &= \Re\{W_3(\tau)\} \quad \text{mit} \quad W_3(\tau) = -\frac{i}{2}\int \frac{d\mathsf{T}}{d\tau}\cdot\frac{\tau^2-1}{\tau}\,d\tau, \\
w_1' &= \Re\{W_1(\tau)\} \quad \text{mit} \quad W_1(\tau) = -\tan\bar\alpha\cdot\mathsf{T}(\tau),
\end{aligned}\right\} \qquad (25.11)$$

wobei $\Re$ den Realteil kennzeichnet.

Durch die Gln. (25.11) sind alle Lösungen der Differentialgleichung (25.4) im elliptischen Bereich explizit gegeben mit der zunächst willkürlichen, jeweils durch Randbedingungen festzulegenden analytischen Funktion $\mathsf{T}(\tau)$.

Bei der Ermittlung einer kegelsymmetrischen Strömung um einen vorgegebenen kegelsymmetrischen Körper geht man von den Grundgleichungen (25.6) und (25.7) sowie (25.11) aus und hat dann die in diesen Gleichungen vorkommenden willkürlichen Funktionen in folgender Weise festzulegen:

---

[1] Stewart, H. I.: Quart. Appl. Math. Bd. 4 (1946) S. 246—254.

Zunächst bestimmt man aus den Anfangs- und Randbedingungen für das hyperbolische Problem im Außenbereich des MACH-Kreises die Funktionen $\mathfrak{L}(\lambda)$ und $\mathfrak{M}(\mu)$ und gewinnt dadurch die Randwerte der Strömung auf dem MACH-Kreis. Mit Hilfe dieser Randwerte und etwaiger weiterer im Innern des MACH-Kreises zu befriedigender Randbedingungen ist dann die Lösung des elliptischen Problems im Innern des MACH-Kreises und dadurch die Funktion $\mathsf{T}(\tau)$ bestimmt. Es ist zweckmäßig, statt der Funktion $\mathsf{T}(\tau)$ die Funktionen $W_1(\tau)$, $W_2(\tau)$, $W_3(\tau)$ der Gln. (25.11) unmittelbar zu benützen. Man löst das elliptische Randwertproblem zuerst für diejenige der drei analytischen Funktionen $W_k(\tau)$, für welche man die einfachsten Randbedingungen hat, und berechnet hiernach die beiden übrigen Funktionen auf Grund der Beziehungen

$$\left.\begin{aligned}
-2\tau \tan\bar{\alpha}\,\frac{dW_2}{d\tau} &= (\tau^2 + 1)\frac{dW_1}{d\tau}, \\
-2i\tau \tan\bar{\alpha}\,\frac{dW_3}{d\tau} &= (\tau^2 - 1)\frac{dW_1}{d\tau},
\end{aligned}\right\} \tag{25.12}$$

die sich unmittelbar aus den Gln. (25.11) ergeben.

Wir erläutern das Verfahren im folgenden an einigen Beispielen.

25.3 Überschallströmung um einen nicht angestellten Drehkegel. Hier bleibt die Grundströmung bis an den MACH-Kreis $r = \tan\bar{\alpha}$ der η, ζ-Ebene bzw. bis an den Einheitskreis $|\tau| = R = 1$ der komplexen

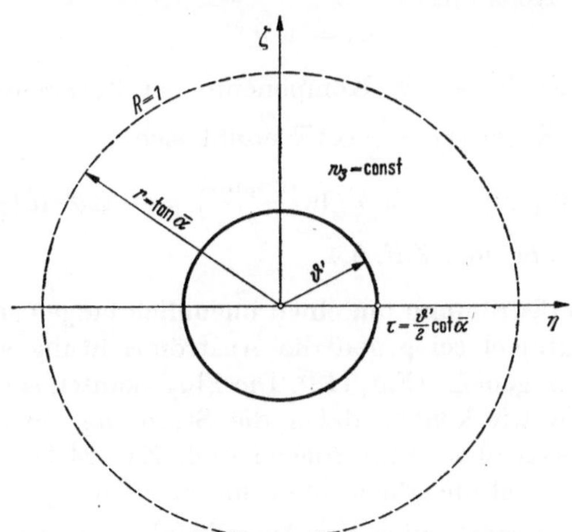

Fig. 112. Randbedingungen für den Drehkegel

τ-Ebene ungestört. Das hyperbolische Anfangswertproblem ist also trivial und als Randbedingungen für das elliptische Problem hat man (Fig. 112):

$$\left.\begin{array}{l} w_1' = \Re\{W_1\} = 0 \\ w_2' = \Re\{W_2\} = 0 \end{array}\right\} \quad \text{am Mach-Kreis} \quad r = \tan\bar{\alpha}, \quad |\tau| = R = 1 \quad (25.13)$$

und

$$\left.\begin{array}{l} w_1' = \Re\{W_1\} = \text{const} \neq 0 \quad \text{am umströmten Kegel } r = \vartheta', \\ \qquad\qquad\qquad |\tau| = R = \dfrac{\vartheta'}{2}\cot\bar{\alpha}, \\ w_2' = \Re\{W_2\} = \overline{w}\,\vartheta' \qquad \text{im Punkt } \tau = \dfrac{\vartheta'}{2}\cot\bar{\alpha} \text{ des um-} \\ \qquad\qquad\qquad\qquad\qquad\quad \text{strömten Kegels.} \end{array}\right\} \quad (25.14)$$

Infolgedessen können wir auf Grund der ersten Gl. (25.13) und der ersten Gl. (25.14)

$$W_1(\tau) = C_1 \ln\tau \quad (C_1 \text{ reelle Konstante})$$

setzen und erhalten dann nach der ersten Gl. (25.12)

$$W_2(\tau) = -\frac{C_1}{2}\cot\bar{\alpha}\left(\tau - \frac{1}{\tau}\right) + C_2.$$

Nach der zweiten Gl. (25.13), angewandt auf den Punkt $\tau = 1$, folgt $\Re\{C_2\} = 0$ und hierauf nach der zweiten Gl. (25.14), die für den Punkt $\tau = \dfrac{\vartheta'}{2}\cot\bar{\alpha}$ gilt,

$$\overline{w}\,\vartheta' = w_2' = \Re\{W_2(\tau)\} = -\frac{C_1}{2}\cot\bar{\alpha}\left(\frac{\vartheta'}{2}\cot\bar{\alpha} - \frac{2}{\vartheta'}\tan\bar{\alpha}\right) \approx \frac{C_1}{\vartheta'}.$$

Dadurch ist die Konstante

$$C_1 = \overline{w}\,\vartheta'^2$$

festgelegt und für die axiale Komponente der Zusatzgeschwindigkeit am umströmten Kegel $|\tau| = \dfrac{\vartheta'}{2}\cot\bar{\alpha}$ ergibt sich

$$w_1' = \Re\{W_1(\tau)\} = -\overline{w}\,\vartheta'^2 \ln\left(\frac{2\tan\bar{\alpha}}{\vartheta'}\right) = -\overline{w}\,\vartheta'^2 \ln\left(\frac{2}{\mathsf{B}\,\vartheta'}\right) \quad (25.15)$$

in Übereinstimmung mit Ziff. 9.4.

25.4 Überschallströmung um einen unendlich langen schiefen Tragflügel. Der Tragflügel sei gegen die Anströmrichtung seitlich unter dem Winkel $\gamma > \bar{\alpha}$ geneigt (Fig. 113). Die Flügelkanten sind dann Überschallkanten, und wir können daher die Strömung auf der Oberseite des Flügels für sich allein untersuchen (vgl. Ziff. 24.1).

Der Tragflügel soll unendlich dünn und ebenflächig sein und in den Schnittebenen $y = \text{const}$ unter dem Anstellwinkel $\overline{\vartheta}$ angeströmt werden. Wir können den Tragflügel als Grenzfall des in Fig. 111 dargestellten tragenden Dreiecks ABC betrachten, indem wir dort $\gamma_1 + \gamma_2 = \pi$ setzen. Die Schnittpunkte B und C der von A ausgehenden Geraden mit der y, z-Ebene fallen dann zusammen und das hyperbolische Anfangswertproblem ist für das in Fig. 114 schraffierte, von den charakteristischen Geraden g und h begrenzte Gebiet zu lösen (g und h begrenzen ja den Einflußbereich der von der Tragflügelvorderkante ausgehenden Störungen).

In diesem Gebiet ist die Komponente $w_3' = \overline{w}\,\overline{\vartheta}$ konstant und durch $\overline{w}$ und $\overline{\vartheta}$ festgelegt. Die ebenfalls konstanten Komponenten w_1' und w_2' ergeben sich folgendermaßen: Beim Überschreiten der Charakteristik g längs einer Charakteristik der andern Schar bleibt μ konstant, so daß die Gln. (25.6) und (25.7) die kleinen Zusatzgeschwindigkeiten

$$w_3' = \mathfrak{L}\sin\lambda\,\varDelta\lambda,$$
$$w_2' = \mathfrak{L}\cos\lambda\,\varDelta\lambda,$$
$$w_1' = -\tan\overline{\alpha}\,\mathfrak{L}\,\varDelta\lambda$$

liefern. Wegen $w_3' = \overline{w}\,\overline{\vartheta}$ folgt hieraus

$$w_3' = \overline{w}\,\overline{\vartheta},$$
$$w_2' = \cot\lambda\,\overline{w}\,\overline{\vartheta}, \qquad (25.16)$$
$$w_1' = -\frac{\tan\overline{\alpha}}{\sin\lambda}\,\overline{w}\,\overline{\vartheta}.$$

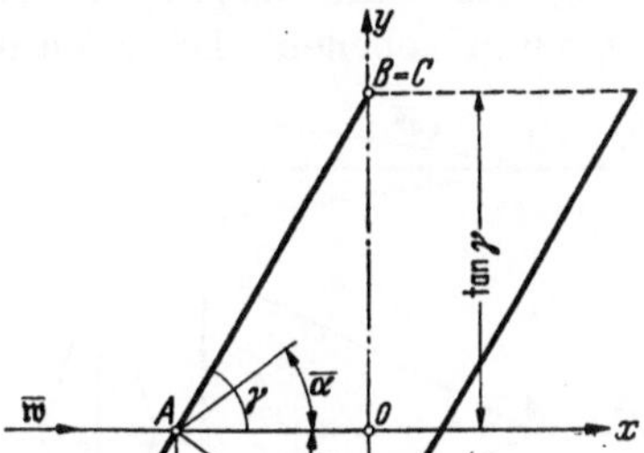

Fig. 113. Schiefer Tragflügel mit Überschallkanten

Der Parameter λ ist gleich dem Normalenwinkel der Charakteristiken [vgl. Gl. (25.5) und Fig. 114]. Er ist daher mit $\overline{\alpha}$ und γ (vgl. Fig. 113 und 114) durch

$$\tan\gamma\cos\lambda = \tan\overline{\alpha} \qquad (25.17)$$

verknüpft.

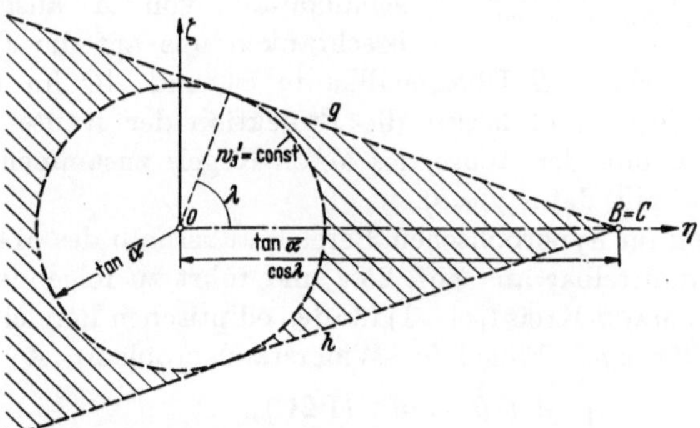

Fig. 114. Randbedingungen für den schiefen Tragflügel

Das elliptische Randwertproblem wird hier trivial; denn wegen der konstanten Randwerte auf dem Mach-Kreis sind w_1', w_2', w_3' auch im Innern des Mach-Kreises konstant.

25.5 Überschallströmung um Dreiecksflügel. Wie in § 24 unterscheiden wir

a) das Widerstandsproblem für den nicht angestellten „keilförmigen" ($\overline{\vartheta}$ = halber Keilwinkel), zur Mittelebene ABC symmetrischen Dreiecksflügel (Fig. 115a),

b) das Auftriebsproblem für den unter dem Winkel $\overline{\vartheta} \neq 0$ angestellten „ebenen" Dreiecksflügel (Fig. 115b).

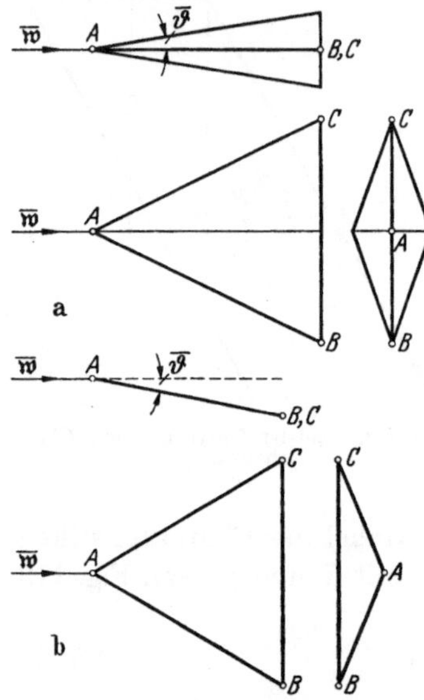

Fig. 115. Keilförmiger Dreiecksflügel (a) (Widerstandsproblem) und ebener Dreiecksflügel (b) (Auftriebsproblem)

Während in § 24 das Auftriebsproblem dadurch vereinfacht wurde, daß wir die Auftriebsverteilung vorgaben und die Geometrie des Tragflügels als gesucht betrachteten, wird hier ebenso wie beim Widerstandsproblem auch beim Auftriebsproblem die Geometrie des Tragflügels gegeben und die Druckverteilung gesucht.

In Fig. 115 sind die Dreiecksflügel im Aufriß, Grundriß und Seitenriß dargestellt. Die zur Aufrißebene (x, z-Ebene) parallelen Schnittkurven bilden sowohl beim keilförmigen wie beim ebenen Flügel mit der Grundströmung den Winkel $\overline{\vartheta}$.

Bei jedem der beiden Probleme a) und b) sind drei Unterfälle zu unterscheiden, je nachdem 2, 1 oder 0 Überschallkanten von A ausgehen. Wir beschränken uns auf die Behandlung des Falles, in dem AB Überschallkante ist und AC im Innern des MACH-Kegels liegt, und lassen die Projektion der Kante AC in der Grundrißebene mit der Achse des MACH-Kegels zusammenfallen. Für die Kante AC gilt dann $\gamma = 0$.

Die Lösung im hyperbolischen Bereich außerhalb des MACH-Kreises ergibt sich unmittelbar aus Ziff. 25.4 und führt zu folgenden Randbedingungen am MACH-Kreis ($|\tau| = 1$) für den elliptischen Bereich (Fig. 116):

Beim keilförmigen Flügel (a: Widerstandsproblem) ist

$$\Re\{W_3\} = \begin{cases} +\overline{w}\,\overline{\vartheta} & \text{auf} \quad (\text{I } 2\text{C}), \\ 0 & \text{auf} \quad (\text{I } 1\text{C}) \text{ und } (\text{II } 1\text{C}), \\ -\overline{w}\,\overline{\vartheta} & \text{auf} \quad (\text{II } 3\text{C}); \end{cases}$$

$$\Re\{W_1\} = \begin{cases} 0 & \text{auf} \quad (\text{I } 1 \text{ II}), \\ -\dfrac{\tan\overline{\alpha}}{\sin\lambda}\overline{w}\,\overline{\vartheta} & \text{auf} \quad (\text{I } 2) \text{ und } (\text{II } 3). \end{cases} \qquad (25.18)$$

Beim ebenen Flügel (b: Auftriebsproblem) ist

$$\Re\{W_3\} = \begin{cases} 0 & \text{auf} \quad (\text{I }1\text{ II}), \\ -\,\overline{w}\,\overline{\vartheta} & \text{auf} \quad (\text{I }2\text{C}) \text{ und } (\text{II }3\text{C}); \end{cases}$$

$$\Re\{W_1\} = \begin{cases} +\dfrac{\tan\overline{\alpha}}{\sin\lambda}\,\overline{w}\,\overline{\vartheta} & \text{auf} \quad (\text{I }2), \\ 0 & \text{auf} \quad (\text{I }1\text{ II}), \\ -\dfrac{\tan\overline{\alpha}}{\sin\lambda}\,\overline{w}\,\overline{\vartheta} & \text{auf} \quad (\text{II }3). \end{cases} \qquad (25.19)$$

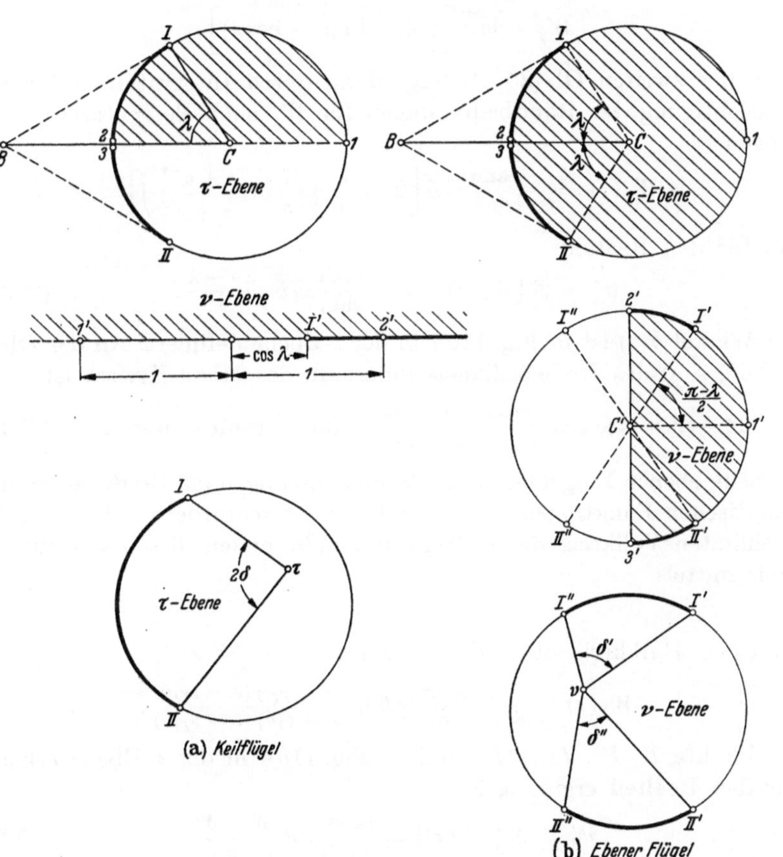

Fig. 116. Randbedingungen für den Dreiecksflügel mit einer Überschallkante

Der Winkel λ ist durch den Winkel $\gamma = \sphericalangle\,(AB/x\text{-Achse})$ nach Gl. (25.17) durch

$$\cos\lambda = \tan\overline{\alpha}\cdot\cot\gamma$$

gegeben.

Beim keilförmigen Flügel legen die Randbedingungen (25.18) die gesuchten analytischen Funktionen in dem in Fig. 116a schraffierten Halbkreis der τ-Ebene fest. Das Resultat für den nichtschraffierten Halbkreis folgt dann hieraus durch Spiegelung. Wir bilden diesen Halbkreis mittels

$$\nu = -\frac{1}{2}\left(\tau + \frac{1}{\tau}\right)$$

auf die obere Halbebene ab und erfüllen dort die Randbedingungen für W_3 durch die Funktion

$$W_3 = \overline{w}\,\overline{\vartheta}\left[1 + \frac{i}{\pi}\ln(\nu - \cos\lambda)\right].$$

Nach der zweiten Gl. (25.12) folgt dann durch Integration unter Berücksichtigung der Randbedingungen für W_1 nach elementaren Rechnungen

$$W_1(\tau) = -\frac{\tan\overline{\alpha}}{\sin\lambda}\,\overline{w}\,\overline{\vartheta}\left[2 - \frac{\lambda}{\pi} + \frac{i}{\pi}\ln\left(\frac{\tau + e^{-i\lambda}}{\tau + e^{i\lambda}}\right)\right]$$

und für den Realteil

$$w_1' = \Re\{W_1(\tau)\} = -\frac{\tan\overline{\alpha}}{\sin\lambda}\,\overline{w}\,\overline{\vartheta}\cdot\frac{2\delta - \lambda}{\pi}. \tag{25.20}$$

Der Winkel $\delta(\tau)$ ist in Fig. 116a in der τ-Ebene definiert. An der Oberfläche $\zeta \approx 0$ des Dreiecksflügels innerhalb des MACH-Kreises ist

$$2\delta - \lambda = \mathrm{arc}\cos\left(\frac{\cos\lambda + \eta\cot\overline{\alpha}}{1 + \eta\cot\overline{\alpha}\cos\lambda}\right) \quad \text{für} \quad -\tan\overline{\alpha} < \eta < 0. \tag{25.21}$$

Beim ebenen Flügel legen die Randbedingungen (25.19) die gesuchten analytischen Funktionen in dem in Fig. 116b schraffierten, längs (2C3) geschlitzten Vollkreis der τ-Ebene fest. Wir bilden diesen geschlitzten Kreis mittels

$$\nu^2 = \tau$$

auf einen Halbkreis ab und erhalten

$$W_1(\tau) = -\frac{i}{\pi}\frac{\tan\overline{\alpha}}{\sin\lambda}\,\overline{w}\,\overline{\vartheta}\ln\frac{(\nu - \nu_{I'})\,(\nu - \nu_{II'})}{(\nu - \nu_{I''})\,(\nu - \nu_{II''})}.$$

Die Punkte I', I'', II', II'' sind in Fig. 116b in der ν-Ebene erklärt. Für den Realteil ergibt sich

$$w_1' = \Re\{W_1(\tau)\} = \frac{\tan\overline{\alpha}}{\sin\lambda}\,\overline{w}\,\overline{\vartheta}\cdot\frac{\delta' - \delta''}{\pi}. \tag{25.22}$$

Die Winkel δ', δ'' sind in Fig. 116b in der ν-Ebene definiert. An der Oberfläche des Dreiecksflügels innerhalb des MACH-Kreises ist

$$\delta' - \delta'' = \mathrm{arc}\cos\left(\frac{2 - \cos\lambda + \dfrac{1}{\eta}\tan\overline{\alpha}}{\dfrac{1}{\eta}\tan\overline{\alpha} + \cos\lambda}\right) \quad \text{für} \quad -\tan\overline{\alpha} < \eta < 0. \tag{25.23}$$

25.6 Überlagerung kegelsymmetrischer Strömungen und homogene Strömungen. Wie bereits in Ziff. 25.1 erwähnt, kann man durch Überlagerung linearisierter kegelsymmetrischer Überschallströmungen allgemeinere Strömungsfelder erzeugen. So gelingt es insbesondere, durch Überlagerung oder auch Zusammenstückelung der in Ziff. 25.5 behandelten Strömungen um Dreiecksflügel Strömungen um allgemeinere Flügelformen (Rechteck, Doppeltrapez, Pfeilflügel) zu erzeugen. Als Beispiel ist in Fig. 117 ein Trapezflügel dargestellt. Die Strömung wird zusammengesetzt durch stetiges Aneinanderfügen der Kegelströmungen (innerhalb der jeweiligen Abhängigkeitsbereiche) um den Dreiecksflügel BAC mit dem Symmetriezentrum A und den beiden Überschallkanten BA und CA und den Strömungen um die Dreiecksflügel DBA und ECA mit den Symmetriezentren B und C und je einer Überschallkante, nämlich wieder BA bzw. CA. Die Druckverteilung längs der Schnitte (1), (2), (3) ist qualitativ angegeben. Dabei wurde auf dem Schnitt (3) in denjenigen Gebieten, die zugleich innerhalb von je zwei der von A, B, C ausgehenden MACH-Kegel liegen, jeweils zwischen den Werten für die betreffenden Dreiecksflügel in geeigneter Weise interpoliert.

Eine ausführlichere Darstellung der Theorie der kegelsymmetrischen Überschallströmungen und der Überlagerung solcher Strömungen, wobei insbesondere die auftretenden Singularitäten näher untersucht werden, findet sich in dem in Ziff. 24.3 zitierten Buch von DORFNER [11]. Dort ist auch die Theorie der homogenen Überschallströmungen[1] behandelt. Diese sind eine Verallgemeinerung der kegelsymmetrischen Überschallströmungen in folgendem Sinn: Während bei den kegelsymmetrischen Strömungen die Geschwindigkeitskomponenten w_1', w_2', w_3' nur von den Verhältnissen $\dfrac{y}{x+1}$, $\dfrac{z}{x+1}$ der Koordinaten $x+1$, y, z abhängen (vgl. Ziff. 25.1), also homogene Funktionen nullten Grades dieser Veränderlichen sind, werden in der Theorie der homogenen Überschallströmungen homogene Funktionen beliebigen Grades n ($n = 0, 1, 2, \ldots$) zugelassen. Man kann auf diese Weise z. B. den rollenden Dreiecksflügel behandeln.

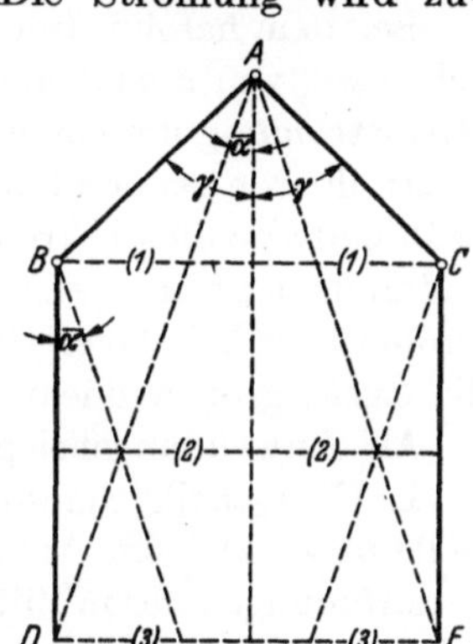

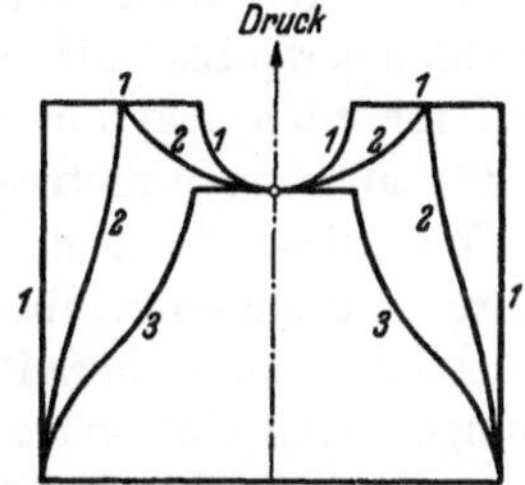

Fig. 117. Doppeltrapezflügel mit Druckverteilung

---

[1] GERMAIN, P.: O.N.E.R.A. Publ. Nr. 34 (1949). — LOMAX, H., u. M. A. HEASLET: N.A.C.A. Techn. Note Nr. 2497 (1951). — HAYES, W. D., R. C. ROBERTS u. N. HAASER: N.A.C.A. Techn. Note Nr. 2667 (1952).

§ 26. Halblineare Verfahren

26.1 Nachbarströmungen nichtlinearer Strömungen. Bei den im II. Abschnitt und in den §§ 24, 25 behandelten linearen Verfahren wurde der ungestörten Parallelströmung als Grundströmung eine schwache Störströmung überlagert. Diese Störströmung wurde linearisiert, indem die Zusatzgrößen nur in der ersten Größenordnung berücksichtigt wurden.

Bei den halblinearen Verfahren, zu denen wir uns jetzt wenden, gehen wir von irgendeiner Strömung, z. B. der nichtlinearisierten Überschallströmung um einen Drehkörper, als Grundströmung aus und überlagern ihr wie bei den linearen Verfahren eine linearisierte Störströmung. Während also die linearen Verfahren „Nachbarströmungen" der Parallelströmungen liefern, erhält man bei den halblinearen Verfahren Nachbarströmungen beliebiger Strömungen. In beiden Fällen ergeben sich für die Zusatzgrößen lineare Differentialgleichungen.

Als Anwendungsbeispiele für halblineare Verfahren seien genannt:

1. Überschallströmung um einen Drehkörper mit anliegender Kopfwelle unter kleinem Anstellwinkel[1] (= nichtachsensymmetrische Nachbarströmungen der in Ziff. 22.6 behandelten achsensymmetrischen Überschallströmung).

2. Überschallströmung in der Umgebung einer nichtkegelförmigen Drehkörperspitze mit anliegender Kopfwelle (= achsensymmetrische und nichtachsensymmetrische Nachbarströmungen der in § 21 behandelten achsensymmetrischen Kegelströmung).

Wie diese Beispiele zeigen, kann man mit Hilfe halblinearer Verfahren aus achsensymmetrischen Strömungen allgemeinere dreidimensionale Strömungen herleiten. Man kann aber auch aus stationären Strömungen nichtstationäre gewinnen und hiermit z. B. das Problem langsam schwingender Tragflügel oder langsam pendelnder Drehkörper behandeln.

Wir werden uns darauf beschränken, die halblinearen Verfahren am Beispiel der Überschallströmung um einen Drehkegel unter kleinem Anstellwinkel und mit anliegender Kopfwelle zu erläutern[2]. In Ziff. 9.4 hatten wir diese Aufgabe im Rahmen der linearen Theorie behandelt und mußten dabei sowohl den Anstellwinkel als auch den Kegelöffnungswinkel als klein voraussetzen. Beim halblinearen Verfahren braucht nur der Anstellwinkel als klein vorausgesetzt werden; der Kegelöffnungswinkel ist nur durch die Forderung einer anliegenden Kopfwelle (vgl. Ziff. 21.4) beschränkt.

---

[1] SAUER, R.: Luftf.-Forschg. Bd. 19 (1942) S. 148—152.

[2] Vgl. hierzu Z. KOPAL: Tables of supersonic flow around yawing cones. Centre of Analysis Techn. Rep. Nr. 3 (1947), Cambridge, Mass. — In dem späteren Techn. Rep. Nr. 5 (1949) ist das Problem in höherer als linearer Näherung untersucht.

26.2 Differentialgleichungen der Überschallströmung um einen Drehkegel unter kleinem Anstellwinkel und mit anliegender Kopfwelle. Wir setzen voraus, daß die Kopfwelle ebenso wie bei axialer Anströmung kegelförmig ist und daß die Strömung zwischen Kopfwelle und umströmtem Kegel zwar nicht mehr achsensymmetrisch, wohl aber noch kegelsymmetrisch ist. Daß diese Forderungen erfüllbar sind, wird sich nachträglich bestätigen. Da der Stoßwinkel nicht mehr wie im achsensymmetrischen Fall für alle Mantellinien der Kopfwelle gleich ist, ergibt sich hinter der Kopfwelle eine nichtisentropische Strömung.

Wir führen räumliche Polarkoordinaten r, ω, η (Fig. 118) mit der Kegelspitze als Ursprung ein. Wegen der Kegelsymmetrie hängen dann die Geschwindigkeitskomponenten w_1, w_2, w_3 und alle Zustandsgrößen p, ϱ usw. nur von den Veränderlichen ω, η, nicht aber von r ab. Die Gln. (2.17) und (2.18) der stationären

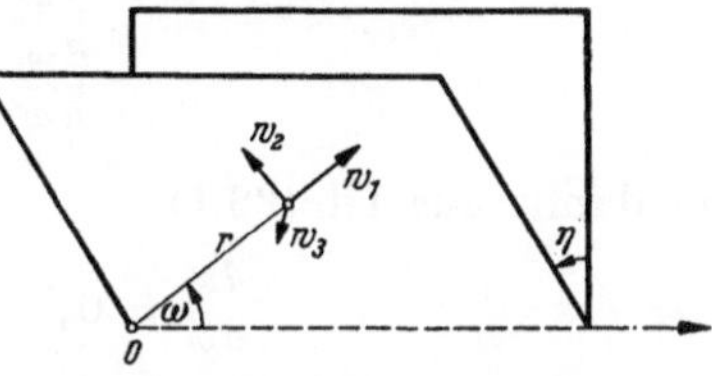

Fig. 118. Räumliche Polarkoordinaten

nichtisentropischen dreidimensionalen Strömung gehen bei Transformation auf räumliche Polarkoordinaten und unter Berücksichtigung der Kegelsymmetrie sowie der Gln. (1.17) und (17.2) nach elementarer Rechnung über in

$$w_1\left(\frac{\partial w_1}{\partial \omega} - w_2\right) - w_3\left(\frac{1}{\sin\omega}\frac{\partial w_2}{\partial \eta} - \frac{\partial w_3}{\partial \omega}\right) + \frac{a^2}{\gamma(\gamma-1)}\frac{\partial s}{\partial \omega} + w_3^2\cot\omega = 0, \quad (26.1)$$

$$w_2\left(\frac{\partial w_1}{\partial \omega} - w_2\right) + w_3\left(\frac{1}{\sin\omega}\frac{\partial w_1}{\partial \eta} - w_3\right) = 0, \quad (26.2)$$

$$w_1\frac{\partial w_1}{\partial \eta} + w_2\frac{\partial w_2}{\partial \eta} - \sin\omega\cdot w_2\frac{\partial w_3}{\partial \omega} + \frac{a^2}{\gamma(\gamma-1)}\frac{\partial s}{\partial \eta} - $$
$$- w_3(w_1\sin\omega + w_2\cos\omega) = 0, \quad (26.3)$$

$$\left.\begin{aligned} (a^2 - w_2^2)\left(\frac{\partial w_2}{\partial \omega} + w_1\right) - w_1 w_2\left(\frac{\partial w_1}{\partial \omega} - w_2\right) + a^2(w_1 + w_2\cot\omega) \\ - \frac{w_3}{\sin\omega}\left(w_1\frac{\partial w_1}{\partial \eta} + w_2\frac{\partial w_2}{\partial \eta}\right) - w_2 w_3\frac{\partial w_3}{\partial \omega} + \frac{1}{\sin\omega}(a^2 - w_3^2)\frac{\partial w_3}{\partial \eta} = 0. \end{aligned}\right\} \quad (26.4)$$

Als Grundströmung nehmen wir die nach § 21 ermittelte achsensymmetrische Kegelströmung. Sie sei durch $\hat{w}_1(\omega)$, $\hat{w}_2(\omega)$ und $\hat{w}_3 \equiv 0$ und $\hat{s} = \text{const}$ gegeben. Die bei einem kleinen Anstellwinkel $\overline{\vartheta}$ hinzukommenden Zusatzgrößen sind Funktionen von ω, η und hängen natürlich außerdem von $\overline{\vartheta}$ ab. Wir setzen sie proportional zu $\overline{\vartheta}$ und trennen die Veränderlichen ω, η durch den Ansatz

$$\left.\begin{aligned} w_1 &= \hat{w}_1(\omega) + \overline{\vartheta}\cos\eta\cdot w_1'(\omega), \\ w_2 &= \hat{w}_2(\omega) + \overline{\vartheta}\cos\eta\cdot w_2'(\omega), \\ w_3 &= \phantom{\hat{w}_2(\omega) +} \overline{\vartheta}\sin\eta\cdot w_3'(\omega), \\ s &= \hat{s} + \overline{\vartheta}\cos\eta\cdot s'(\omega). \end{aligned}\right\} \quad (26.5)$$

Dieser Ansatz kann zu einer formalen FOURIER-Entwicklung bezüglich η erweitert werden, wir beschränken uns aber auf den hier angegebenen durch die ersten Glieder einer solchen FOURIER-Entwicklung dargestellten Ansatz.

Nach Einsetzen der Gln. (26.5) in die Gln. (26.1) bis (26.4) liefern die von $\overline{\vartheta}$ freien Glieder von neuem die in Ziff. 21.2 gefundenen Differentialgleichungen für die Geschwindigkeitskomponenten $u = \hat{w}_1(\omega)$ und $v = \hat{w}_2(\omega)$ der achsensymmetrischen Kegelströmung. Aus den in $\overline{\vartheta}$ linearen Gliedern dagegen erhält man lineare Differentialgleichungen für die Zusatzglieder $w_1'(\omega)$, $w_2'(\omega)$, $w_3'(\omega)$ und $s'(\omega)$. Aus Gl. (26.2) folgt

$$\frac{dw_1'}{d\omega} - w_2' = 0, \tag{26.6}$$

und damit aus Gl. (26.1)

$$\frac{ds'}{d\omega} = 0, \quad \text{also} \quad s' = \text{const}. \tag{26.7}$$

Ebenso wie $\hat{w}_1$, $\hat{w}_2$ nach Gl. (21.4) sind daher auch w_1 und w_2 aus einem Potential ableitbar, nämlich

$$\varphi = r\left[\hat{w}_1(\omega) + \overline{\vartheta}\cos\eta \cdot f(\omega)\right],$$

woraus dann

$$w_1 = \frac{\partial\varphi}{\partial r} = \hat{w}_1(\omega) + \overline{\vartheta}\cos\eta \cdot f(\omega),$$

$$w_2 = \frac{1}{r}\frac{\partial\varphi}{\partial\omega} = \frac{d\hat{w}_1}{d\omega} + \overline{\vartheta}\cos\eta \cdot \frac{df}{d\omega}$$

mit

$$w_1'(\omega) = f(\omega), \quad w_2'(\omega) = \frac{df}{d\omega} \tag{26.8}$$

folgt. Die Gln. (26.3) und (26.4) liefern dann für $f(\omega)$ und $w_3'(\omega)$

$$\left.\begin{aligned} &[\hat{a}^2(\omega) - \hat{w}_2^2(\omega)]\frac{d^2f}{d\omega^2} + P(\omega)\frac{df}{d\omega} + Q(\omega)f + \frac{\hat{a}^2}{\sin\omega}w_3' = 0, \\ &\hat{w}_2(\omega)\frac{dw_3'}{d\omega} + [\hat{w}_1(\omega) + \hat{w}_2(\omega)\cot\omega]w_3' + \\ &\quad + \frac{1}{\sin\omega}\left[\hat{w}_1(\omega)f + \hat{w}_2(\omega)\frac{df}{d\omega}\right] + \frac{\hat{a}^2(\omega)}{\gamma(\gamma-1)}\frac{s'}{\sin\omega} = 0. \end{aligned}\right\} \tag{26.9}$$

Dies sind zwei simultane lineare Differentialgleichungen für $f(\omega)$ und $w_3'(\omega)$.

$\hat{a}(\omega)$ ist die Schallgeschwindigkeit in der achsensymmetrischen Kegelströmung, also

$$\hat{a}^2 = \frac{\gamma-1}{2}\left[w_{\max}^2 - \hat{w}_1^2(\omega) - \hat{w}_2^2(\omega)\right];$$

$P(\omega)$ und $Q(\omega)$ sind Abkürzungen für

$$\left.\begin{aligned}
P &= \hat{a}^2 \cot\omega + \frac{\hat{w}_1 + \hat{w}_2 \cot\omega}{\hat{a}^2 - \hat{w}_2^2}\, \hat{w}_2\, [2\hat{a}^2 + (\gamma - 1)\,\hat{w}_2^2], \\
Q &= 2\hat{a}^2 - \hat{w}_2^2 + (\gamma - 1)\,\hat{w}_1\,\hat{w}_2^2 \frac{\hat{w}_1 + \hat{w}_2 \cot\omega}{\hat{a}^2 - \hat{w}_2^2}.
\end{aligned}\right\} \qquad (26.10)$$

Nach Ermittlung der achsensymmetrischen Kegelströmung $\hat{w}_1(\omega)$ $\hat{w}_2(\omega)$ nach § 21 verläuft die Berechnung der linearen Zusatzströmung für einen kleinen Anstellwinkel $\overline{\vartheta}$ folgendermaßen:

s' ist nach Gl. (26.7) eine Konstante. $f(\omega)$ und $w_3'(\omega)$ ergeben sich hierauf als Lösungen der beiden linearen gewöhnlichen Differentialgleichungen (26.9), wobei drei weitere Integrationskonstanten hinzukommen. w_1' und w_2' sind nach den Gln. (26.8) durch $f(\omega)$ festgelegt. Die zunächst unbestimmt gebliebenen vier Konstanten lassen sich aus den Randbedingungen an der Kopfwelle festlegen, wie in Ziff. 26.3 gezeigt wird.

26.3 Erfüllung der Randbedingungen. Wir treffen folgende Voraussetzungen (Fig. 119): Beim Übergang von der achsensymmetrischen zur schiefen Kegelströmung soll die Kopfwelle ihre Gestalt (= Drehkegel mit dem Stoßwinkel σ als halbem Öffnungswinkel) nicht ändern, sondern lediglich um einen kleinen Winkel δ verdreht werden. Diese Voraussetzung ebenso wie der Ansatz (26.5) rechtfertigen sich nachträglich dadurch, daß die aus den Verdichtungsstoßgleichungen folgenden Randbedingungen an der Kopfwelle sowie die Bedingung tangentialer Strömung am Kegel (halber Öffnungswinkel $\varkappa$) sich im Rahmen der linearen Näherung befriedigen lassen.

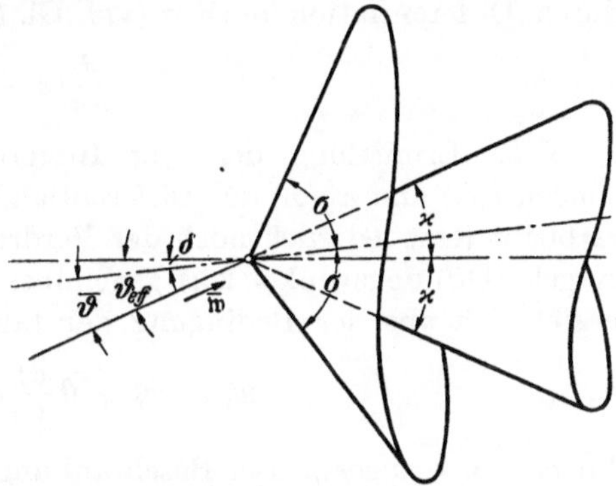

Fig. 119. Kegel mit Kopfwelle bei kleinem Anstellwinkel

Wir gehen aus von dem (um δ verdrehten) Kopfwellenkegel der achsensymmetrischen Strömung und beziehen den Anstellwinkel $\overline{\vartheta}$ auf die Achse dieses Kegels. Die ungestörte Parallelströmung vor der Kopfwelle und die Strömung unmittelbar hinter der Kopfwelle sind gegeben durch

$$\left.\begin{aligned}
\overline{w}_1 &= \overline{w}\,(\ \ \cos\sigma + \overline{\vartheta}\sin\sigma\cos\eta), & w_1 &= \hat{w}_1(\sigma) + \overline{\vartheta}\cos\eta\, f(\sigma), \\
\overline{w}_2 &= \overline{w}\,(-\sin\sigma + \overline{\vartheta}\cos\sigma\cos\eta), & w_2 &= \hat{w}_2(\sigma) + \overline{\vartheta}\cos\eta\left(\frac{df}{d\omega}\right)_{\omega=\sigma}, \\
\overline{w}_3 &= \qquad\qquad -\overline{\vartheta}\,\overline{w}\sin\eta, & w_3 &= \qquad\qquad \overline{\vartheta}\sin\eta\, w_3'(\sigma),
\end{aligned}\right\} \quad (26.11)$$

$$\text{wobei } \hat{w}_2 = \frac{d\hat{w}_1}{d\omega}.$$

Die Grundgleichungen (18.5) und (18.24) des Verdichtungsstoßes

$$\overline{w}_1 = w_1, \quad \overline{w}_3 = w_3, \quad \overline{w}_2 w_2 = a^{*2} - \frac{\gamma - 1}{\gamma + 1}(\overline{w}_1^2 + \overline{w}_3^2)$$

werden durch die Gln. (26.11) erfüllt mit

$$\left.\begin{aligned} f(\sigma) \quad &= \overline{w}\sin\sigma, \\ \left(\frac{df}{d\omega}\right)_{\omega=\sigma} &= \hat{w}_2(\sigma)\cot\sigma + \frac{2(\gamma-1)}{\gamma+1}\overline{w}\cos\sigma, \\ w_3'(\sigma) \quad &= -\overline{w}. \end{aligned}\right\} \qquad (26.12)$$

Hierdurch sind die drei Integrationskonstanten für $f(\omega)$ und $w_3'(\omega)$ festgelegt. Die vierte Konstante s' ergibt sich aus der Entropiebeziehung (20.13) des Verdichtungsstoßes

$$\hat{s} - \overline{s} = (\gamma - 1)\ln\left(\frac{p_0}{\hat{p}_0}\right) = \left\{\ln\left[2\gamma\,\overline{M}^2\sin^2\sigma - (\gamma - 1)\right] \right.$$
$$\left. - (\gamma + 1)\ln(\gamma + 1) + \gamma\ln\left[(\gamma - 1) + \frac{2}{\overline{M}^2\sin^2\sigma}\right]\right\}$$

durch Differentiation nach σ [vgl. Gl. (26.5)], also

$$s' = \frac{d}{d\sigma}(\overline{s} - \hat{s}). \qquad (26.13)$$

Nach Ermittlung der vier Integrationskonstanten sind die Lösungen $f(\omega)$ und $w_3'(\omega)$ der Differentialgleichungen (26.9) bestimmt, und es bleibt jetzt lediglich noch der Verdrehungswinkel δ des umströmten Kegels (Öffnungswinkel $2\varkappa$) gegenüber der Kopfwelle zu berechnen. Er ergibt sich aus der Bedingung der tangentialen Strömung

$$w_2 = \hat{w}_2 + \overline{\vartheta}\frac{df}{d\omega}\cos\eta = 0$$

für $\omega = \varkappa - \delta\cos\eta$. Bei Beschränkung auf lineare Glieder in $\overline{\vartheta}$ und δ kommt

$$0 = w_2 = \hat{w}_2(\varkappa - \delta\cos\eta) + \overline{\vartheta}\cos\eta\left[\frac{df}{d\omega}\right]_{\omega=\varkappa-\delta\cos\eta}$$
$$= \hat{w}_2(\varkappa) + \overline{\vartheta}\cos\eta\left[\left(\frac{df}{d\omega}\right)_{\omega=\varkappa} - \frac{\delta}{\overline{\vartheta}}\left(\frac{d\hat{w}_2}{d\omega}\right)_{\omega=\varkappa}\right]. \qquad (26.14)$$

Wegen der Umströmungsbedingung

$$\hat{w}_2(\varkappa) = 0$$

des achsensymmetrischen Falles und der hieraus mit Hilfe der Gln. (21.1) und (21.3) folgenden Beziehung

$$\frac{d\hat{w}_2}{d\omega} = \frac{d^2\hat{w}_1}{d\omega^2} = -2\hat{w}_1 \qquad \text{für } \omega = \varkappa$$

ergibt sich aus Gl. (26.14) als Bestimmungsgleichung für den Verdrehungswinkel

$$\frac{\delta}{\overline{\vartheta}} = -\frac{1}{2\hat{w}_1(\varkappa)}\left(\frac{df}{d\omega}\right)_{\omega=\varkappa}. \qquad (26.15)$$

Bei nicht zu großen MACH-Zahlen $\overline{M}$ der Grundströmung und hin-reichend kleinen Öffnungswinkeln $2\varkappa$ kann man die Entropieschwankungen $\overline{\vartheta}\, s'\cos\eta$ vernachlässigen, d. h. $s' = 0$ setzen. Dann ist die Strömung zwischen Kopfwelle und Kegel wirbelfrei und die in Ziff. 26.2 eingeführte Funktion $\varphi = r\,[w_1(\omega) + \overline{\vartheta}\cos\eta\, f(\omega)]$ ist Potentialfunktion nicht nur für w_1 und w_2, sondern auch für w_3. Daraus folgt dann

$$\overline{\vartheta}\sin\eta\, w_3' = \frac{1}{r\sin\omega}\frac{\partial\varphi}{\partial\eta} = -\overline{\vartheta}\frac{\sin\eta}{\sin\omega}f(\omega), \quad \text{also} \quad w_3' = -\frac{1}{\sin\omega}f(\omega),$$

womit die zweite der Gln. (26.9) identisch erfüllt ist, und anstelle der zwei simultanen Differentialgleichungen hat man nur die erste zu integrieren, nämlich

$$[\hat{a}^2(\omega) - \hat{w}_2^2(\omega)]\frac{d^2f}{d\omega^2} + P(\omega)\frac{df}{d\omega} + \left[Q(\omega) - \frac{\hat{a}^2(\omega)}{\sin^2\omega}\right]f = 0.$$

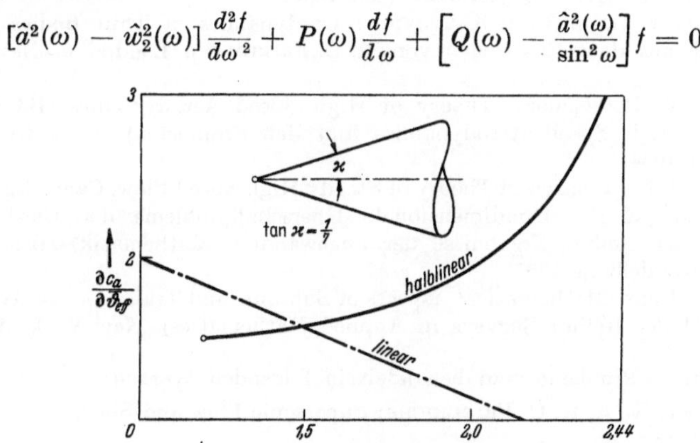

Fig. 120. Auftrieb eines Kegels in linearer und halblinearer Näherung

Einen Vergleich von Ergebnissen der linearen Näherung nach Ziff. 9.4 und der hier behandelten halblinearen Näherung zeigt Fig. 120. Sie zeigt für einen vorgegebenen Kegel $\left(\tan\varkappa = \frac{1}{7}\right)$ den Differentialquotienten $\frac{\partial C_a}{\partial \vartheta_{eff}}$ des Auftriebsbeiwerts nach dem effektiven, d. h. auf den umströmten Kegel bezogenen Anstellwinkel $\vartheta_{eff} = \overline{\vartheta} + \delta$ (vgl. Fig. 119) in Abhängigkeit von der Anströmgeschwindigkeit $\overline{w}/a^*$. In der linearen Näherung nimmt der Auftrieb mit wachsender Geschwindigkeit ab. In der halblinearen Näherung dagegen nimmt er zu, was mit der Erfahrung übereinstimmt. In diesem Sinne ist also das halblineare Verfahren dem linearen auch bezüglich qualitativer Aussagen überlegen.

Literaturhinweise

Aus der großen Fülle der Literatur stellen wir hier einige der ersten Artikel über Gasdynamik sowie einige Lehrbücher zusammen:

[1] ACKERET, J.: Handbuch der Physik VII, S. 289—342. Berlin 1927.

[2] BUSEMANN, A.: Handbuch der Experimentalphysik IV 1, S. 341—460. Leipzig 1931.

[3] DURAND, W. J.: Aerodynamic Theory, Bd. III, S. 209—252. Berlin 1935.

[4] Voltakongreß: Atti dei Convegni 5, R. Accademia d'Italia, 1936.

[5] PRANDTL, L.: Führer durch die Strömungslehre, S. 232—277. Braunschweig 1944.

[6] FERRI, A.: Elements of Aerodynamics of Supersonic Flows. New York 1949.

[7] OSWATITSCH, K.: Gasdynamik. Wien 1952.

[8] FRANKL, F. I., u. E. A. KARPOVICH: Gasdynamics of Thin Bodies (Übersetzung aus dem Russischen von M. D. FRIEDMAN). London u. New York 1953.

[9] SEARS, W. R.: General Theory of High Speed Aerodynamics (Bd. VI der Reihe: High Speed Aerodynamics and Jet Propulsion). Princeton (New Jersey) 1954.

[10] WARD, G. N.: Linearized Theory of Steady High Speed Flow. Cambridge 1955.

[11] DORFNER, K. R.: Dreidimensionale Überschallprobleme der Gasdynamik (Bd. 3 der Reihe: Ergebnisse der angewandten Mathematik). Berlin/Göttingen/Heidelberg 1957.

[12] LIPMAN BERS: Mathematical Aspects of Subsonic and Transonic Gasdynamics (Bd. III der Reihe: Surveys in Applied Mathematics). New York 1958.

Nichtstationäre Probleme sind behandelt in folgenden Werken:

[13] COURANT, R., u. K. O. FRIEDRICHS: Supersonic Flow and Shock Waves. New York 1948.

[14] SAUER, R.: Ecoulements des fluides compressibles. Paris u. Liège 1951.

Über mathematische Grundlagen für stationäre und nichtstationäre hyperbolische Probleme der Gasdynamik kann sich der Leser informieren in dem Buch:

[15] SAUER, R.: Anfangswertprobleme bei partiellen Differentialgleichungen (Bd. LXII der Reihe: Grundlehren der mathematischen Wissenschaften in Einzeldarstellungen), 2. Aufl. Berlin/Göttingen/Heidelberg 1958.

Namen- und Sachverzeichnis